TRAITÉ

DE

GÉOMÉTRIE DESCRIPTIVE

PAR

A. JAVARY

Chef des travaux graphiques à l'École polytechnique
Ancien élève de cette école
Professeur de géométrie descriptive aux lycées Saint-Louis, Louis-le-Grand
et au collège Rollin.

PREMIÈRE PARTIE

LA LIGNE DROITE, LE PLAN, LES POLYÈDRES

RÉPONDANT A LA PREMIÈRE PARTIE DU PROGRAMME
DES CONNAISSANCES EXIGÉES POUR L'ADMISSION A L'ÉCOLE POLYTECHNIQUE,
A L'ÉCOLE NORMALE SUPÉRIEURE, A L'ÉCOLE CENTRALE
ET A L'ENSEIGNEMENT DES CLASSES DE MATHÉMATIQUES ÉLÉMENTAIRES.

Renfermant en outre

les principes de la construction des ombres, la perspective
cavalière, les projections cotées.

PARIS
LIBRAIRIE CH. DELAGRAVE
15, RUE SOUFFLOT, 15

1881

AVANT-PROPOS

Le Traité de géométrie descriptive dont nous commençons aujourd'hui la publication a été étudié surtout au point de vue de l'art du trait et des applications pratiques de la science aux arts des constructions et du dessin.

Ce n'est pas que nous pensions que la géométrie descriptive doive uniquement se borner aux tracés et ne puisse avoir d'autre but que de représenter graphiquement les résultats obtenus par l'analyse algébrique.

Nous croyons au contraire, après Monge, Hachette, Carnot, Poncelet, Dupin et d'autres savants illustres, que la puissance de la géométrie descriptive, bornée dans les questions de *relation métrique*, est sans égale dans les questions de *forme* et de *relation de position*.

Mais nous ne jugeons pas utile de rouvrir ici une discussion déjà ancienne que M. DE LA GOURNERIE a résumée avec une grande impartialité, et avec la haute autorité que lui donne sa science de géomètre appuyée sur la science de l'ingénieur, dans le remarquable discours qu'il a prononcé, au Conservatoire des arts et métiers, à l'ouverture du cours de géométrie descriptive (*).

Nous avons voulu borner notre travail à l'*Art du trait*, et nous nous sommes surtout occupé des questions de *relation de position*, qui peuvent être utiles aux ingénieurs pour se rendre compte de la forme des ouvrages qu'ils ont conçus et des moyens de les exécuter, aux dessinateurs

---

* Discours sur l'art du trait et la géométrie descriptive prononcé le 14 novembre 1854, imprimé chez Gauthier-Villars.

pour représenter sur le papier, d'une manière facile et correcte, les conceptions des ingénieurs.

Les deux premiers volumes sont le développement des leçons que nous faisons depuis plusieurs années dans les lycées Saint-Louis, Louis-le-Grand et au collège Rollin, dans le but de préparer les candidats aux examens pour l'École polytechnique, l'École normale et l'École centrale, et aussi dans le but de les préparer à suivre, plus tard, les cours de ces écoles.

Le premier volume renferme la ligne droite, le plan, les polyèdres.

Le second volume renferme les cônes et cylindres et les surfaces du second degré de révolution.

Nous compléterons plus tard l'étude des surfaces et de leur représentation.

PRÉFACE DU PREMIER VOLUME

Le premier volume contient la ligne droite, le plan, les polyèdres, et nous y avons joint des notions sur les ombres, la perspective cavalière et les projections cotées, en bornant ces applications à la représentation des polyèdres et à la solution des problèmes relatifs à la ligne et au plan.

Nous nous sommes efforcé d'indiquer pour chaque problème des solutions générales pouvant s'appliquer à tous les cas particuliers.

C'est dans cette première partie que se trouvent toutes les méthodes de la géométrie descriptive, et il importe de bien la connaître pour comprendre et apprendre facilement la théorie des surfaces.

Parmi les méthodes dont le développement constitue ce volume, nous n'avons pas cru devoir mettre à part les *changements de plans de projection*. Les changements de plans de projection sont une conséquence directe, immédiate du système de projection, et nous avons indiqué successivement, à propos du point, de la ligne droite, du plan, les constructions qu'il faut faire pour passer d'un plan de projection à un autre; puis nous avons montré qu'on avait intérêt, dans un certain nombre de cas, à prendre des plans de projection auxiliaires sur lesquels on établit des projections partielles, utiles pour faciliter une partie de la construction.

Mais nous ne voulons pas que les changements de plan soient considérés comme un moyen de solution, nous pensons qu'il convient de les réduire à un procédé d'exécution, et en les présentant comme une méthode à part, on s'expose à tromper les élèves sur leur véritable caractère.

Nous expliquons qu'il faut éviter, en général, de changer à la fois les deux plans de projection, excepté pour la solution de quelques problèmes abstraits; et nous posons formellement en principe qu'il faut conserver la projection naturelle sur un plan horizontal, en joignant à cette projection autant de projections auxiliaires sur des plans verticaux qu'il faudra en employer pour bien définir l'objet qu'on doit représenter.

L'expérience de plusieurs années d'enseignement nous a montré qu'en présentant la question de cette manière, on habitue les élèves à exécuter les constructions le plus simplement possible et à se rendre compte de la situation des corps dans l'espace.

Nous avons exposé dans un chapitre spécial la méthode des rotations, utile à connaître, mais qui donne des tracés pénibles, qu'il est difficile de rejeter en dehors de la figure principale à laquelle ils se superposent et qu'ils embarrassent. Les rabattements, qui ne sont qu'un cas particulier des rotations, ont au contraire une importance très grande et nous les avons étudiés avec détails.

Nous avons expliqué avec soin, à propos de l'intersection des polyèdes, la manière de faire la distinction entre les parties vues et les parties cachées, selon qu'on considère les polyèdres réunis, l'un des polyèdres seul, ou le solide commun.

La construction des ombres n'est qu'une application de l'intersection des polyèdres; et l'on trouve l'avantage en présentant les intersections sous cette forme, de montrer aux élèves des choses pratiques, réelles, de les habituer à se rendre compte de la forme des corps et des effets de lumière qu'ils peuvent observer tous les jours.

C'est dans le même but pratique que nous avons donné quelques notions de perspective cavalière.

La perspective cavalière, qui n'est qu'une projection

oblique, peut être, dès la fin du premier livre, comprise par les élèves; c'est sous cette forme qu'on leur montre habituellement les corps de l'espace dans les leçons de géométrie élémentaire; ils peuvent rencontrer dans des livres des figures construites d'après ce système de projection et nous avons jugé utile de le leur faire connaître, en le limitant aux polyèdres et en nous réservant de compléter plus tard ces premières notions.

Enfin, nous avons terminé ce premier volume par l'exposé de la méthode des projections cotées; dans le cours, nous avons traité successivement toutes les questions en rapportant les figures à un seul plan de projection au moyen des cotes des points, ou des angles de pente des plans et des droites. Notre but était de faire comprendre aux élèves les avantages que présente cette manière d'opérer, qui écarte tous les cas particuliers qu'on rencontre dans le système des doubles projections.

Mais les constructions ont été faites au moyen des rabattements des plans verticaux qui contiennent les droites et les points; il était donc utile d'indiquer que dans la méthode, telle qu'on l'applique en réalité aux tracés de fortifications, ou de routes, ces rabattements ne doivent pas être effectués et que les cotes des points à construire doivent être calculées arithmétiquement.

Je suis heureux, en terminant cette note, de remercier M. Digeon, répétiteur de travaux graphiques à l'École polytechnique, qui a bien voulu se charger de la rédaction des dessins et qui a souvent trouvé pour les figures des dispositions avantageuses.

NOTE POUR LES ÉLÈVES

Nous engageons les élèves qui veulent apprendre la géométrie descriptive, non seulement à reproduire les figures qu'ils trouvent dans le livre, mais à refaire d'eux-mêmes les constructions sur d'autres données ; il est très instructif de faire sur le plan vertical les constructions rapportées au plan horizontal dans le livre ; puis il faut changer les dispositions de la figure et répéter les constructions en appliquant toujours les mêmes méthodes.

La géométrie descriptive s'apprend surtout par le crayon, et les élèves, en prenant des données au hasard, rencontreront de petites difficultés d'exécution qu'ils doivent s'habituer à surmonter sans modifier les données.

Ensuite il est nécessaire de faire des épures ; on a trop de tendance, en se contentant de croquis, à forcer la direction des lignes de manière à faciliter les tracés. L'épure oblige à opérer rigoureusement ; en outre, il est trop difficile, surtout pour les commençants, de tracer des croquis assez exactement pour représenter les corps solides avec leurs formes réelles ; l'épure seule peut les montrer et permettre à l'élève de se rendre compte de leur aspect et de leur situation dans l'espace.

Nous renvoyons pour les épures à notre recueil d'épures qui renferme des exemples avec données numériques de tous les cas intéressants. A. J.

ÉLÉMENTS

GÉOMÉTRIE DESCRIPTIVE

GÉNÉRALITÉS

1. Définition. — Le but de la *Géométrie descriptive* est de donner la description complète de figures à trois dimensions de manière qu'on puisse étudier leurs propriétés et résoudre graphiquement les problèmes qui les concernent.

2. Projection. — Lorsqu'un observateur regarde un objet placé devant lui, les différents rayons visuels partant de son œil et aboutissant aux points remarquables de l'objet forment un faisceau, et si l'on coupe ce faisceau par un plan quelconque, les points de rencontre des rayons avec le plan déterminent les images des différents points du corps solide, et constituent une *projection* du corps.

La projection varie donc avec le plan sur lequel elle est faite.

Concevons à présent que le spectateur s'éloigne sur une perpendiculaire au plan, les rayons du faisceau feront entre eux des angles de plus en plus petits, ils seront parallèles entre eux et perpendiculaires au plan quand le spectateur sera à l'infini.

3. Projection orthogonale. — La projection du corps sur le plan sera une *projection orthogonale*.

Lorsque nous possédons la projection orthogonale sur un plan de tous les points d'un corps solide, tous les points du corps sont déterminés par cette projection et par leur distance au plan ; en particulier, si nous considérons la projection p'un corps sur un plan horizontal, si nous écrivons à côté de la projection de chaque point la distance verticale du point au plan, le corps est entièrement déterminé, et il est défini de telle manière que nous pouvons connaître les grandeurs de ses différentes parties, et effectuer des constructions.

4. Échelle d'un dessin. — En général nous ne pourrons pas représenter sur une feuille de dessin la projection d'un objet naturel avec sa véritable grandeur ; nous ferons une figure semblable à cette projection, et la distance verticale de chaque point au-dessus du plan devra être multipliée par le rapport de similitude afin que l'objet qu'on représentera soit semblable à l'objet de l'espace.

Ce rapport de similitude constant entre toutes les lignes de l'objet réel et les lignes joignant les mêmes points de la projection se nomme l'*échelle du dessin*.

5. Projection cotée. — Quand on se sert de la projection sur un plan unique en inscrivant à côté de chaque point sa distance au plan, l'usage de l'échelle est indispensable pour toutes les opérations qu'on veut effectuer.

Ce système de projection se nomme *projection cotée*.

6. Emploi d'une seconde projection. — Au lieu d'inscrire les distances verticales, à côté des points de la projection, on peut représenter ces distances sur un plan vertical. Soit un point A de l'espace, nous le projetons orthogonalement en a sur le plan horizontal H, il sera défini par le point a et par la hauteur Aa ; au lieu d'écrire à côté du point a un chiffre indiquant cette hauteur, nous

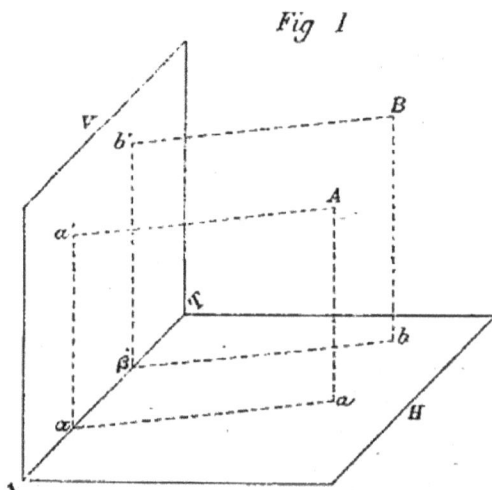
Fig 1

côté du point a un chiffre indiquant cette hauteur, nous

pouvons figurer cette hauteur en vraie grandeur en $\alpha a'$ sur un plan vertical V.

Répétons cette opération pour tous les points d'un corps solide, nous pourrons supprimer sur la projection horizontale toute inscription de hauteur, et mesurer ces hauteurs sur notre plan vertical.

Remarquons que la longueur $\alpha a'$ est parallèle et égale à aA ; donc Aa' et $a\alpha$ sont égales et parallèles.

Si nous considérons un autre point B nous pouvons nous donner sa hauteur Bb en la projetant sur le même plan vertical V par des parallèles à Aa'.

Nous formerons donc ainsi une projection, lieu des points $a'b'$... du corps de l'espace, et cette seconde projection jointe à la première complétera la définition du solide.

Il sera avantageux de mener les droites Aa', Bb' perpendiculaires au plan vertical — le solide sera alors représenté par deux projections orthogonales sur deux plans perpendiculaires entre eux.

7. Double projection orthogonale. — Supposons cette condition remplie, la figure A $a\alpha a'$ sera un rectangle dont le plan est perpendiculaire à LT intersection des deux plans de projection. Imaginons que notre feuille de dessin soit le plan horizontal, et rabattons le plan vertical V autour de LT sur ce plan horizontal ; les deux droites $a'\alpha$ et $a\alpha$ sont toutes deux perpendiculaires à LT qui est perpendiculaire à leur plan, elles viendront se placer dans le prolongement l'une de l'autre ; sur notre dessin nous aurons donc la projection horizontale du point A en a et la projection verticale du même point en a', a et a' étant situés sur une même perpendiculaire à la ligne LT. La distance du point A au plan hori-

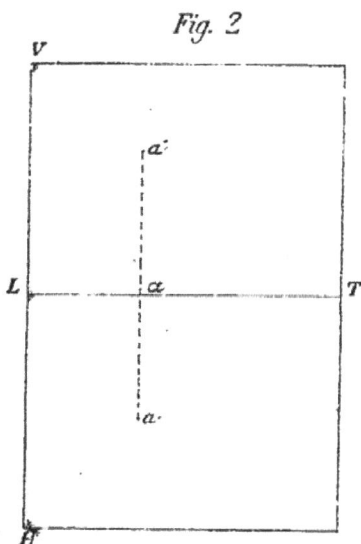

Fig. 2

... zontal est exprimée par *a'α*, la distance du même point au plan vertical est exprimée par *aα*; ces grandeurs ont avec les grandeurs réelles de l'espace le rapport de similitude qui existe entre la projection et le solide réel, l'intervention de l'échelle est inutile, toutes les opérations que nous ferons seront faites à l'échelle du dessin, et nous n'aurons plus qu'à comparer à cette échelle le résultat définitif pour connaître sa vraie grandeur.

Ainsi nous rapporterons tous les points à deux *plans de projection* rectangulaires, en les projetant sur ces plans par des lignes perpendiculaires.

8. La perpendiculaire abaissée du point de l'espace sur l'un des plans de projection est *la projetante* du point. On distingue *la projection horizontale* que nous désignerons toujours par une petite lettre de l'alphabet, — *la projection verticale* que nous désignerons par la même lettre avec un accent. Ainsi le point A de l'espace aura pour projection horizontale le point *a* — et pour projection verticale le point *a'*.

9. Définitions. — Si l'on considère une ligne, la série des projetantes de tous ses points forme une surface qu'on nomme *cylindre projetant*.

10. Si la ligne est droite, toutes les projetantes forment un plan qui est *le plan projetant* de la droite. *La projection de la droite* est l'intersection du plan projetant avec le plan de projection, donc *c'est une ligne droite*.

11. Une figure plane se projette *en vraie grandeur* sur un plan parallèle, car toutes les projetantes forment un cylindre, et la figure plane et sa projection *sont deux sections parallèles* de ce cylindre, par suite sont égales entre elles.

12. Nous avons dit que l'on rabattait sur la feuille de dessin le plan vertical en le faisant tourner autour de son intersection avec le plan horizontal; l'ensemble ainsi formé constitue une *épure.*

13. La ligne d'intersection des deux plans a reçu le nom *de ligne de terre.*

Cette dénomination, due à Monge, exprime bien l'intersection du parement vertical d'un mur sur lequel les architectes dessinent les épures nécessaires pour la taille des pierres avec le sol horizontal.

14. Positions du spectateur. — Il y a donc deux points de vue différents pour une épure. Quand on regarde le plan horizontal, le spectateur est situé à l'infini au-dessus de ce plan, le plan est supposé opaque et cache ce qui est au-dessous de lui. Quand on regarde le plan vertical, le spectateur est situé à l'infini en avant du plan vertical, qui cache ce qui est derrière lui. Le spectateur est toujours supposé *en avant du plan vertical au-dessus du plan horizontal.*

Fig. 3

Donc si nous considérons les 4 angles dièdres droits que forment dans l'espace les deux plans indéfinis, les points situés dans l'angle VLH seront seuls visibles ; les lignes situées dans un quelconque des 3 autres angles sont cachées, et nous représenterons leurs projections au moyen de conventions spéciales indiquant qu'elles ne sont vues par le spectateur qu'à travers les plans de projection.

15. Cet angle dièdre dans lequel se trouvent les lignes vues se nomme *supérieur antérieur ;* nous le désignerons plus brièvement en le nommant *premier dièdre.*

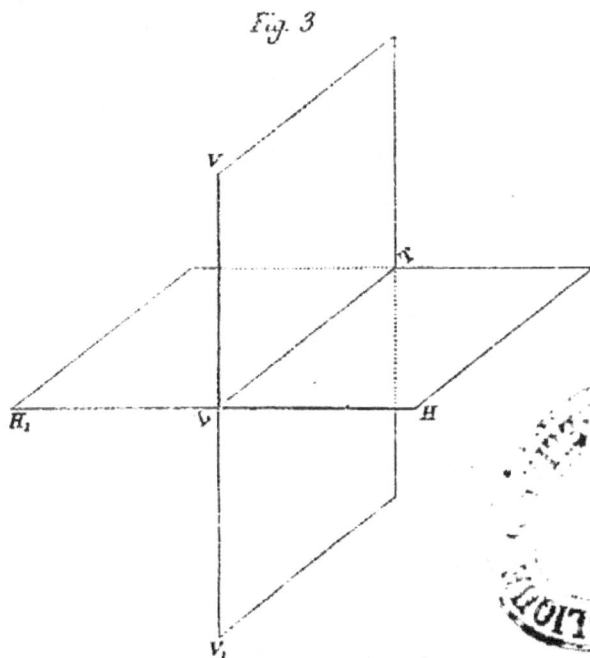

Le complémentaire VLH$_1$ au-dessus du plan horizontal, est le dièdre *supérieur postérieur*, que nous nommerons *second dièdre*. Le dièdre H$_1$LV$_1$ *postérieur inférieur* sera nommé *troisième dièdre*. Le dièdre V$_1$LH *antérieur inférieur* sera nommé *quatrième dièdre*.

16. Conventions. — Dans une épure nous supposons que la partie antérieure du plan horizontal est située dans le bas de la feuille ; la partie supérieure VLT du plan vertical est rabattue au-dessus comme dans la figure 2 ; nous conviendrons que la disposition des lettres L et T rappellera cette situation ; la lettre L étant à gauche de la ligne de terre, le plan horizontal sera au-dessous. Nous verrons plus loin que cette remarque n'est pas inutile pour reconnaître dans certains cas la position des points dans l'espace.

17. Dans la pratique, la projection horizontale prend le nom de *plan*.

Fig. 4

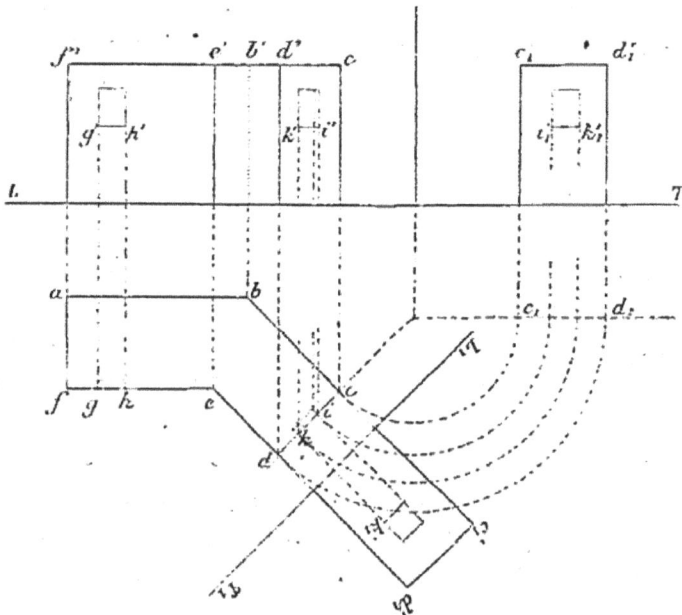

La projecion verticale se nomme *élévation*.
Le plan et une élévation déterminent complètement un

solide, mais ne suffisent pas toujours pour le représenter, et donner à l'œil une idée exacte de sa forme ; il peut être utile pour compléter la représentation de dessiner le corps sous d'autres aspects, d'en faire de nouvelles projections.

Supposons, pour prendre un exemple simple, qu'on veuille définir un édifice, son plan est donné par la figure $a.b.c.d.e.f$: son élévation sur le plan vertical L T est donnée par les lignes verticales $f'e'd'c'$. La face $fe - f'e'$ est bien représentée, une fenêtre telle que $g'h\ g'h'$ est en vraie grandeur puisque la face est parallèle au plan vertical (11). Il n'en est pas de même de la face dc, $d'c'$, les projections $ki - k'i$ d'une fenêtre la définissent bien, mais ne la représentent pas, et s'il y a sur cette face des détails d'ornements, on ne les verra pas en vraie grandeur.

18. Constructions auxiliaires. Rotations. — Pour remédier à cet inconvénient, nous avons deux moyens différents. Nous pouvons faire tourner la face dc de manière à l'amener à être parallèle au plan de projection ; le spectateur ne se déplace pas, il fait tourner l'objet pour le voir sous l'aspect convenable. Il effectue *un mouvement de rotation*. Ainsi si nous faisons tourner la face autour d'un axe situé en O nous pourrons l'amener en $c_1d_1 - c'_1d'_1$ et elle sera projetée en vraie grandeur.

19. Changements de plans. — Mais nous pouvons aussi déplacer le spectateur, c'est-à-dire supposer un nouveau plan de projection derrière la face cd et parallèle à cette face ; ainsi plaçons un plan vertical dont la ligne de terre soit L_1T_1 parallèle à cd, c'est-à-dire plaçons le spectateur à l'infini.

Sur une perpendiculaire à cd, la projection verticale de la face cd sera en vraie grandeur. En suivant la convention que nous avons faite pour le sens du rabattement (16), nous rabattons le plan vertical, au-dessus de L_1T_1, la lettre L_1 étant à gauche, et nous traçons la nouvelle projection $c'_1\ d'_1$. Nous avons fait un *changement de plan de projection*.

20. Toutes les constructions qui ont pour but de connaître les vraies grandeurs des figures sont des *mouvements de rota-*

tion, ou des *changements de plans de projection,* et comme on ne peut opérer aisément que sur des figures en vraie grandeur, on peut dire que toutes les constructions de la géométrie descriptive reposent sur l'emploi de ces deux méthodes ; leurs applications constituent toute la première partie, consacrée à l'étude de la ligne droite et du plan. Leurs résultats sont naturellement identiques, et souvent conduisent aux mêmes constructions. Nous verrons dans quels cas il convient de préférer l'une à l'autre.

Il importe que les élèves se familiarisent avec ces constructions élementaires : tout leur sera facile s'ils connaissent bien cette première partie du cours que nous allons développer avec beaucoup de détails.

LE POINT

21. Un point de l'espace est représenté par ses deux projections, et ces deux projections doivent être situées sur une même perpendiculaire à la ligne de terre (8). Cette condition est essentielle afin que les deux projetantes, l'une perpendiculaire au plan horizontal, l'autre perpendiculaire au plan vertical, qui passent par les projections, se rencontrent.

22. Cote. Éloignement. — Si nous considérons un point situé dans le premier dièdre tel que A (fig. 5), il aura sa projection horizontale en a, sa projection verticale en a', et après le rabattement du plan vertical effectué suivant nos conventions, c'est-à-dire la partie supérieure du plan au-dessus de LT, ces points donneront la figure 6. La distance $a'\alpha = Aa$ est la *cote* du point. — La distance $a\alpha = Aa'$ est l'éloignement du point.

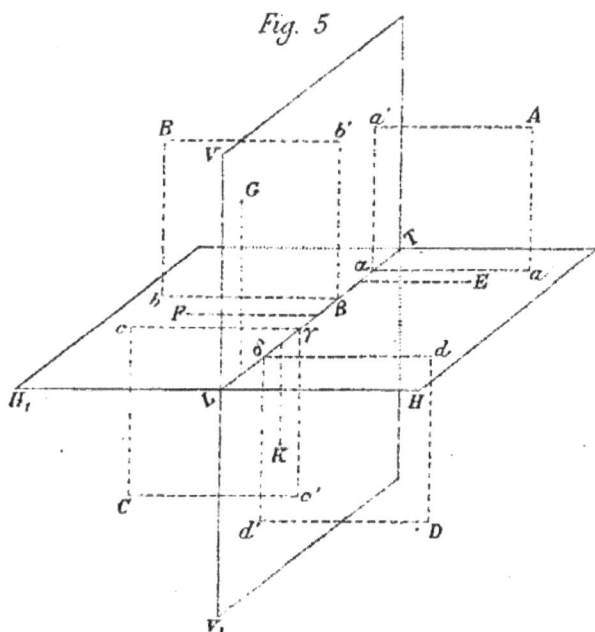

Fig. 5

23. Le point peut être situé dans le deuxième dièdre. Soit B (fig. 5). Sa projection verticale sera en b' au-dessus de la ligne de terre. Sa projection horizontale est en b au delà de la ligne de terre, et après le rabattement du plan vertical, il est clair que ces deux projections seront au-dessus de la ligne de terre (fig. 7) $b'\beta$ représente encore *la cote*, $b\beta$ représente *l'éloignement*.

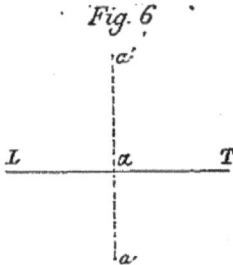

Fig. 6

24. Le point est en C dans le troisième dièdre (fig. 5). Sa projection horizontale est en c au delà de la ligne de terre, sa projection verticale est en c' au-dessous du plan horizontal; dans le rabattement du plan vertical la partie LV, se rabat en dessous sur LH; les projections du point sont donc placées comme dans la figure 8 à l'inverse de la figure 6, — $c'\gamma$ est toujours la *cote*, $c\gamma$ est toujours *l'éloignement*.

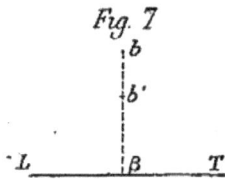

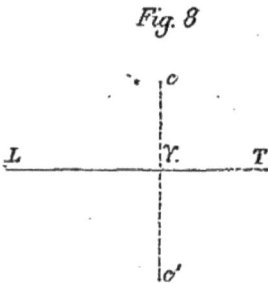

Fig. 7

Fig. 8

25. Le point est en D dans le quatrième dièdre (fig. 5). Sa projection horizontale est en d, sa projection verticale en d', il est clair que le rabattement du plan vertical donne la figure 9 inverse de la figure 7. — $d'\delta$ est la *cote*, $d\delta$ est l'*éloignement* :

Ces changements dans la disposition des projections montrent combien il est essentiel de bien observer les conventions relatives aux signes qui indiquent les projections.

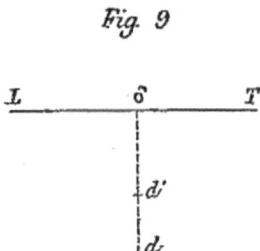

Fig. 9

26. Cas particuliers. — 1° Le point est dans le plan bissecteur du premier dièdre $Aa = Aa' = a'\alpha = a\alpha$. On a la disposition de la figure 6, la cote est égale à l'éloignement.

2º Le point est dans le plan bissecteur du second dièdre.
$B b = B b' = b\beta = b'\beta$. Les deux projections
se confondent après le rabattement, et l'on
doit écrire cette dispo-
sition comme dans la
figure 10, en mettant
la double lettre à côté
du point. Il ne serait
pas exact de dire que
le point n'a qu'une seule projection; il en a bien deux
confondues après le rabat-
tement.

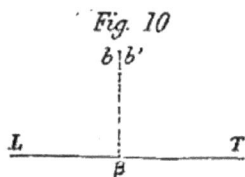

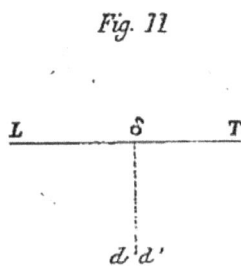

Fig. 10

Fig. 11

3º Le point est dans le
plan bissecteur du troi-
sième dièdre. $Cc' = Cc = c\gamma$
$= c'\gamma$. Même disposition
que la figure 8.

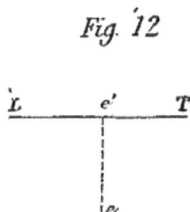

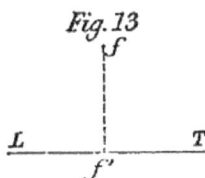

Fig. 12

Fig. 13

4º Le point est dans le plan bissecteur du quatrième dièdre.
$Dd' = Dd = d'\delta = d\delta$. On a la disposition de la
figure 11, et ce cas donne
lieu à la même remarque
que le 2º cas.

5' Le point est dans le
plan horizontal en E, qui
est en même temps sa pro-
jection horizontale (fig. 5). Nous le représenterons comme
dans la figure 12, par ses deux projections ee'; la cote est
nulle, l'éloignement $= e'e$.

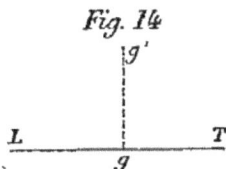

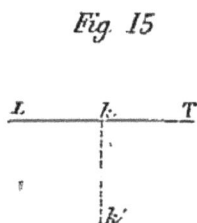

Fig. 14

Fig. 15

6º Le point est en F dans le plan horizontal, derrière le
plan vertical. Il est clair que son épure sera disposée comme
l'indique la figure 13, ff.

7º Le point est en G' dans la partie supérieure du plan
vertical. Ses projections sont $g'g$ (fig. 14).

8º Le point est en K dans la partie inférieure du plan vertical. Ses projections
sont kk' (fig. 15).

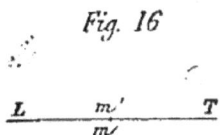

Fig. 16

9º Le point est sur la ligne de terre en
M. Ses projections sont évidemment confondues avec lui en
mm' (fig. 16.)

27. Changement de plans de projection par rapport à un point.

1° *Changement de plan vertical*. On donne un point aa' par ses deux projections sur deux plans rectangulaires caractérisés par la ligne de terre LT (fig. 17). On conserve le même plan horizontal, mais on veut avoir la nouvelle projection du point sur un plan vertical dont l'intersection avec le plan horizontal fixe est la ligne de terre L_1T_1.

Le plan horizontal reste fixe, la projection horizontale a ne change pas, mais les deux projections d'un point sont toujours sur une même perpendiculaire à la ligne de terre (8), donc la nouvelle projection verticale du point sera sur une perpendiculaire à L_1T_1, menée par le point a. Le point était au-dessus du plan horizontal, il y est encore, donc sa projection

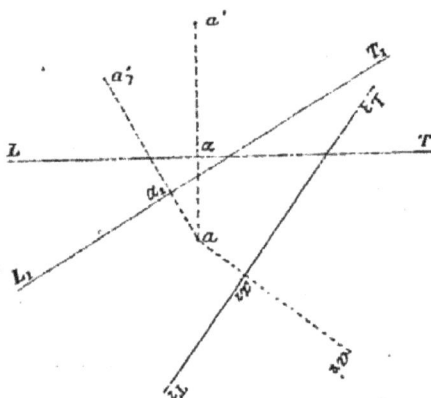

Fig. 17

verticale est au-dessus de la ligne de terre (22), et sa cote est constante et égale à $a'\alpha$; en nous rappelant que le plan vertical doit être rabattu au-dessus de L_1T_1, la lettre L_1 étant à gauche (16), nous placerons la projection verticale en a'_1, tel que $a'_1\alpha_1 = a'\alpha$.

Si nous avions placé la ligne de terre en L_2T_2, nous aurions la projection verticale du point en a'_2, tel que $a'_2\alpha_2 = a'\alpha$.

28. 2° *Changement de plan horizontal*.
On donne le point aa' par ses deux projections sur deux plans rectangulaires caractérisés par la ligne de terre LT (fig. 18). On conserve le même plan vertical, et l'on veut construire la nouvelle projection du point sur un plan horizontal dont l'intersection avec le plan vertical fixe est L_1T_1. Le plan vertical ne change pas, la projection verticale du point reste a', la projection horizontale est sur une perpendiculaire à la ligne de terre L_1T_1 menée par a' 8, et l'éloignement est toujours égal à $a\alpha$; le point était

en avant du plan vertical, il y est encore, sa projection horizontale est au-dessous
de la ligne de terre (22),
la position des lettres L_1
et T_1 indique que la partie antérieure du plan
horizontal est au-des-
sous de $L_1 T_1$ (16), la
projection horizontale
du point viendra en a_1,
tel que $a_1 \alpha_1 = a\alpha$.

Fig. 18

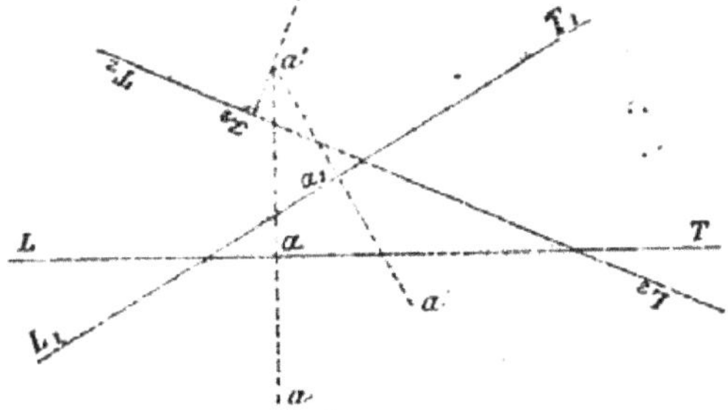

Si la ligne de terre était en $L_2 T_2$, la projection horizontale du point serait en a_2, tel que $a_2 \alpha_2 = a\alpha$. L'application
matérielle des conventions (16) conduit à cette position, que
le raisonnement justifie : la projection verticale est au-dessous de la ligne de terre, le point est au-dessous du plan
horizontal, il est en avant du plan vertical, donc il est dans
le 4e dièdre, et ses projections doivent être placées conformément à la figure 9.

29. 3° *Double changement.* On donne le point aa' par ses deux
projections. Nous
changeons de plan
vertical, $L_1 T_1$ est la
ligne de terre, la pro-
jection verticale est
en a'_1, placée par rapport à $L_1 T_1$, dans la
même position que a'
par rapport à LT,
c'est-à-dire au-dessus
et à égale distance
(27).

Fig 19

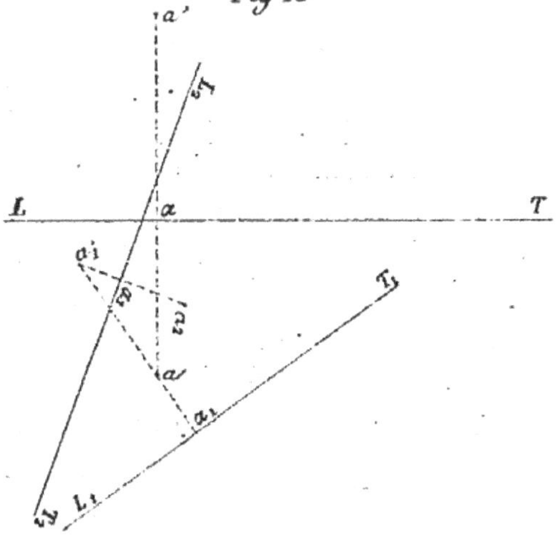

Changeons ensuite
de plan horizontal par
rapport au point $a'_1 a$,
soit $L_2 T_2$ la ligne de terre, la projection verticale a'_1 reste
fixe, la projection horizontale vient en a_2 au-dessus de $L_2 T_2$
comme a est au-dessus de $L_1 T_1$ (28).

Voilà l'application des conventions, c'est ainsi qu'il convient toujours d'opérer; mais la justification du résultat est facile.

Le point donné $a'a$ est dans le premier dièdre. En plaçant le plan vertical en $L_1 T_1$, en avant de la projection horizontale, nous faisons passer le point derrière le plan vertical; en plaçant le plan horizontal en $L_2 T_2$, au-dessus de la projection verticale, nous mettons le point au-dessous du plan horizontal : donc, nous le plaçons derrière le plan vertical, au-dessous du plan horizontal, c'est-à-dire dans le troisième dièdre (24), et ses projections doivent être disposées conformément à la figure 8.

Nous nous dispenserons désormais de ces justifications, mais nous engageons les élèves à les faire, pour bien comprendre la position des figures dans l'espace.

On eût pu faire les changements en ordre inverse.

30. Observations. — Nous devons ajouter une observation importante : nous avions un plan horizontal, c'est-à-dire perpendiculaire à la direction du fil à plomb, et un plan vertical parallèle à cette direction. Nous changeons de plan horizontal, c'est-à-dire que nous prenons un nouveau plan de projection perpendiculaire au plan vertical, mais ce nouveau plan n'est plus perpendiculaire au fil à plomb; si nous changeons ensuite de plan vertical, le nouveau plan vertical sera simplement perpendiculaire au plan dit horizontal, sans avoir aucune relation avec le fil à plomb; c'est par extension et pour conserver les mêmes notations dans l'épure qu'on applique à ces nouveaux plans de projection, placés d'une manière quelconque dans l'espace, les dénominations de plan horizontal et de plan vertical.

D'ailleurs il est évident que, dans les applications de cette construction, la situation de la ligne de terre est en général indiquée par les nécessités de l'épure.

LA LIGNE DROITE

31. Deux points suffisent pour déterminer une droite; donc, si nous prenons deux points aa' et bb' donnés par leurs projections, et si nous imaginons la droite qui joint ces deux points dans l'espace, ces projections horizontales de tous les points de la droite seront sur la projection horizontale ab, et les projections verticales sur $a'b'$.

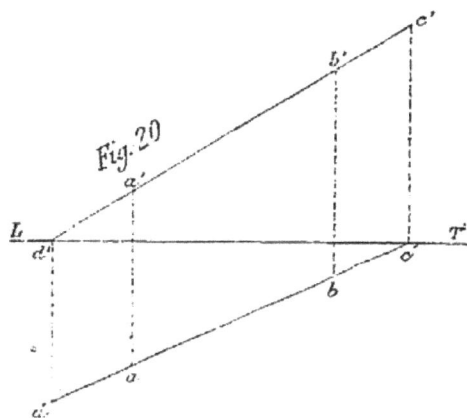

31 bis. *Lorsqu'un point est sur une droite, ses projections sont sur les projections de la droite.*

En effet la projetante du point est située dans le plan projetant, et la trace de cette projetante est sur la trace du plan.

31 ter. *Deux droites parallèles ont leurs projections parallèles.*

Les plans qui projettent les droites sur le plan horizontal, par exemple, sont parallèles parce qu'ils passent par les droites parallèles et aussi par des projetantes parallèles entre elles, donc les traces de ces plans qui sont les projections des droites sont parallèles.

Réciproquement, des droites dont les projections sont parallèles, sont parallèles. Car les droites de l'espace sont les intersections des plans projetants parallèles entre eux.

32. Traces. — On prend quelquefois pour déterminer une droite les deux points où cette droite trace les plans de projection, et qu'on nomme ses *traces*.

33. Problème. — *Étant données les projections* ab, a'b' *d'une droite, trouver ses traces.* (Fig. 20.)

La trace verticale d'une droite est dans le plan vertical, or nous avons vu que tous les points du plan vertical ont leurs projections horizontales sur la ligne de terre (26) ; de plus, la projection horizontale

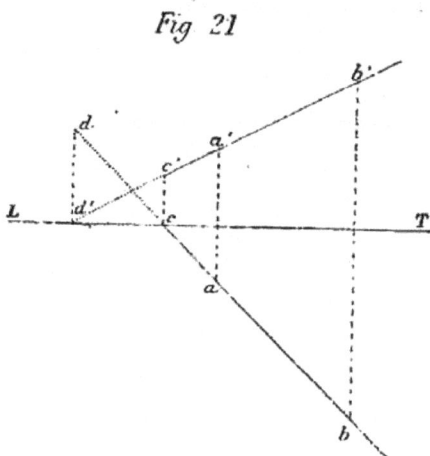

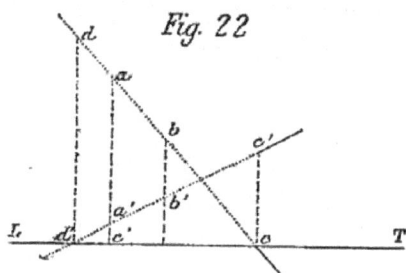

Fig 21

Fig. 22

de tout point de la droite est sur la projection horizontale de cette droite ; donc la projection horizontale de la trace verticale est au point de rencontre de la ligne de terre avec la projection horizontale de la droite : c'est le point c. La projection verticale de ce point se trouve sur une perpendiculaire à la ligne de terre menée par le point c (8), mais elle se trouve aussi sur la projection verticale de la droite ; donc elle est en c'. Donc c' est la trace verticale. En faisant les mêmes raisonnements, on verrait que d' point de rencontre de la projection verticale avec la ligne de terre est la projection verticale de la trace horizontale, donc cette trace horizontale est le point d.

34. Règle. — Prolonger la projection horizontale jusqu'à son point de rencontre avec la ligne de terre, élever par ce point une perpendiculaire à la ligne de terre jusqu'à la rencontre avec la projection verticale : *le point ainsi obtenu est la trace verticale.* Prolonger la projection verticale jusqu'à son point de rencontre avec la ligne de terre, élever en ce point une perpendiculaire à cette ligne jusqu'à la projection horizontale : *le point ainsi obtenu est la trace horizontale.*

35. Problème. — *Étant données les traces d'une droite, trouver ses projections.* (Fig. 20, 21, 22.)

On donne les traces d et c' d'une droite. Le point d est la trace horizontale, c'est un point du plan horizontal, donc sa projection verticale est en d' (26) ; la trace verticale c' est un point de la droite qui est à lui-même sa projection verticale, donc la projection verticale est $d'c'$.

Le point c' est la trace verticale de la droite, ce point est dans le plan vertical, donc sa projection horizontale est au point c (26) ; la trace horizontale d est un point de la droite qui est à lui-même sa projection horizontale. La projection horizontale est donc dc.

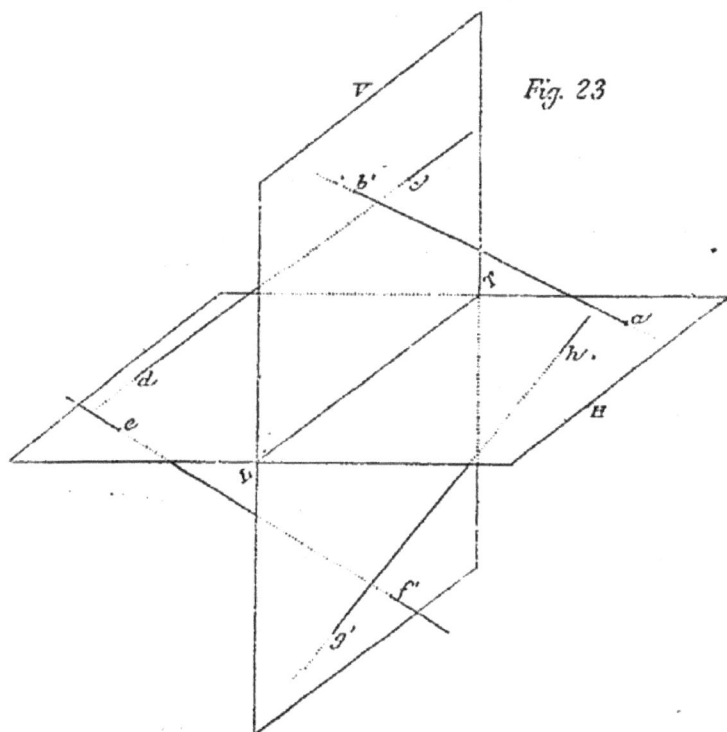

Fig. 23

36. Règle. — On abaisse de la trace verticale une perpendiculaire sur la ligne de terre, on joint le pied de cette perpendiculaire à la trace horizontale ; on abaisse de la trace horizontale une perpendiculaire sur la ligne de terre, on joint le pied de cette perpendiculaire à la trace verticale.

Positions d'une droite.— Une droite peut occuper des positions différentes par rapport aux plans de projection.

37. 1° Considérons une droite limitée à ses traces et située dans le premier dièdre... ab'.

Nous rabattons le plan vertical, dans le sens indiqué par la flèche et qui est conforme aux conventions que nous avons indiquées (16); la trace horizontale est au-dessous de la ligne de terre, et la trace verticale au-dessus ; en construisant ensuite les projections de la droite, nous trouvons que ces projections occupent la position de la figure 24.

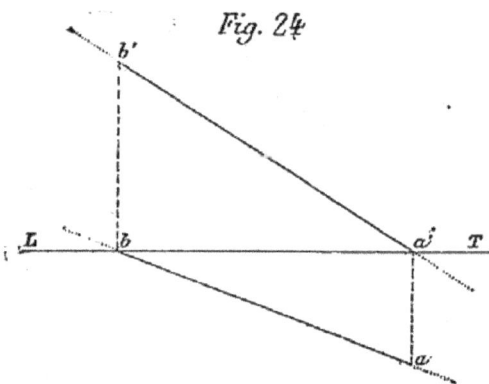

Fig. 24

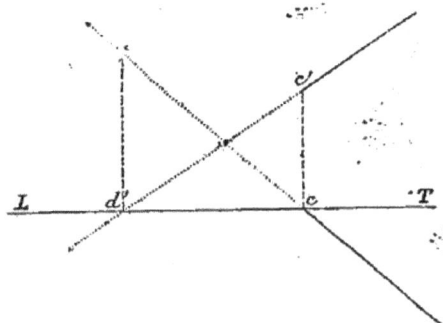

38. 2° La droite est placée dans le second dièdre $c'd$. En faisant le rabattement (16), nous observons que la trace verticale et la trace horizontale sont au-dessus de la ligne de terre ; en traçant les projections, nous trouvons la position de la figure 25. Nous reviendrons tout à l'heure sur la manière de tracer les projections.

Fig. 25

39. 3° La droite est dans le troisième dièdre, c'est $e\,f'$.— Il est facile de voir qu'après le rabattement (16), la trace horizontale sera au-dessus de la ligne de terre et la trace verticale au-dessous ; donc en passant aux projections, ces projections occuperont la position de la figure 26, la projection horizontale au-dessus de la ligne de terre, la projection verticale au-dessous.

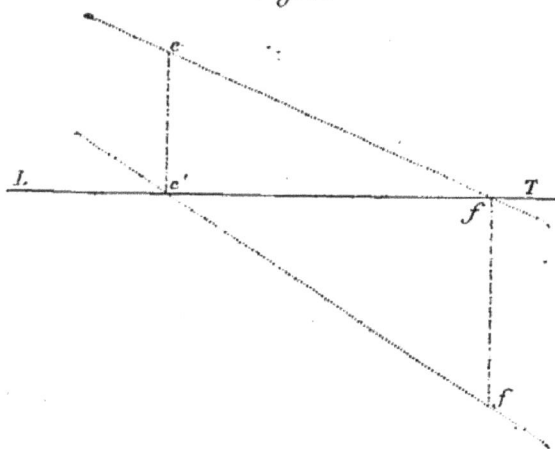

40. 4° La droite est dans le quatrième dièdre, c'est *g'h*.

Les deux traces seront toutes deux au-dessous de la ligne de terre, et la droite

Fig. 26

aura ses projections comme il est indiqué sur la figure 27, toutes deux au-dessous de la ligne de terre.

Fig 27

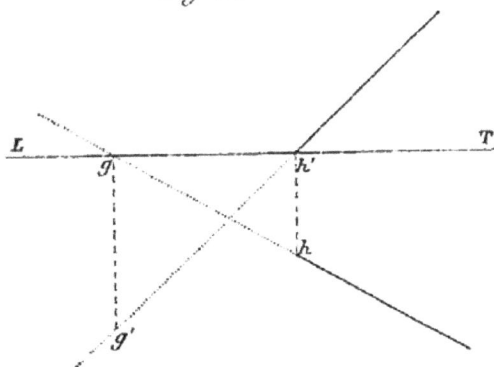

41. Conventions relatives au dessin. — On suppose que les lignes de projection sont opaques, l'observateur est placé au-dessus du plan horizontal, mais en avant du plan vertical, il ne voit donc que les points situés dans le premier angle dièdre (14).

Ainsi, la portion *ab'* de la droite est vue, les prolongements sont cachés. (*Fig.* 23.)

Les lignes cachées se représentent ordinairement par des points ronds, égaux et également espacés (la ligne est dite *ponctuée*). Nous avons appliqué cette convention sur la figure 24.

Dans la droite *dc'*, le prolongement seul en avant du plan vertical est vu. (*Fig.* 25.)

La droite *ef'* n'a aucun point dans le premier dièdre, elle est cachée tout entière. (*Fig.* 26.)

La proite $g'h$ passe au-dessus du plan horizontal au point h. Le prolongement de la droite au delà du point h est le seul vu. (*Fig. 27.*)

42. Positions particulières. — *La droite est parallèle au plan horizontal.*

On dit que c'est une *droite horizontale.*

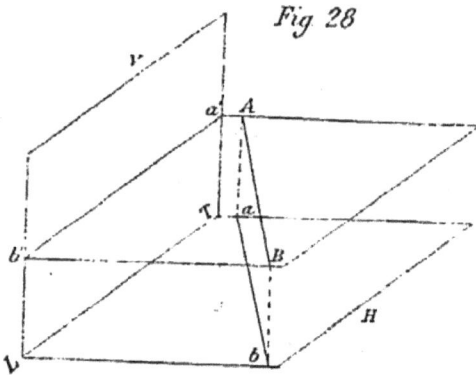

Fig 28

AB est la droite de l'espace. Sa projection horizontale n'a pas de direction déterminée ; le plan qui la projette verticalement passant par une droite parallèle au plan horizontal et étant perpendiculaire au plan vertical est parallèle au plan horizontal, donc sa trace verticale, qui est la projection verticale $a'b'$ de la droite, est parallèle à la ligne de terre ; les deux projections de la droite sont donc ab, $a'b'$.

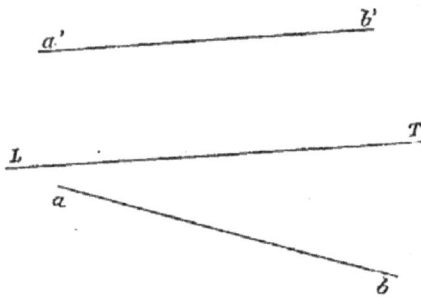

Fig. 29

43. *La droite est parallèle au plan vertical.*

On l'appelle une *droite de front.*

Le plan qui la projette sur le plan horizontal passe par une droite parallèle au plan vertical et est perpendiculaire au plan horizontal, donc il est parallèle au plan vertical et la projection horizontale est parallèle à la ligne de terre. Les deux projections ont alors la position indiquée dans la figure 30.

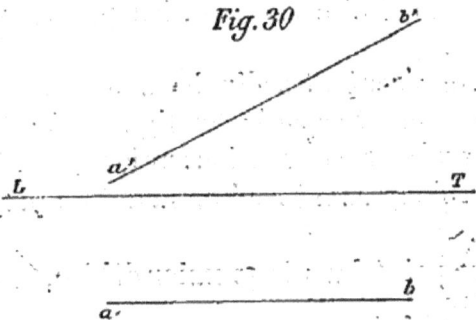

Fig. 30

44. *La droite est parallèle à la ligne de terre.*

La ligne de terre étant à la fois dans le plan horizontal et dans le plan vertical, la parallèle à cette droite sera parallèle au plan horizontal et aura sa projection verticale parallèle à la ligne de terre; elle sera parallèle au plan vertical et aura

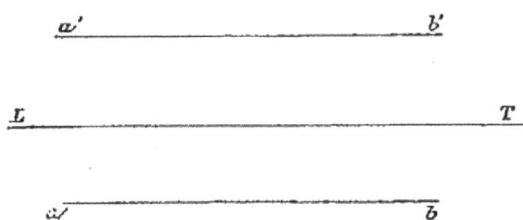

Fig. 31

sa projection horizontale parallèle à la ligne de terre ; donc les deux projections de la droite seront parallèles à la ligne de terre.

45. *La droite est perpendiculaire au plan vertical.*

Les lignes qui projettent les différents points de la droite sur le plan vertical, sont toutes confondues, et la projection verticale se réduit à un point a'. Le plan qui projette la droite sur le plan horizontal est perpendiculaire à la fois sur le plan horizontal et sur le plan vertical, donc il est perdendiculaire à la ligne de terre, et la projection horizontale de la droite est ab perpendiculaire à LT.

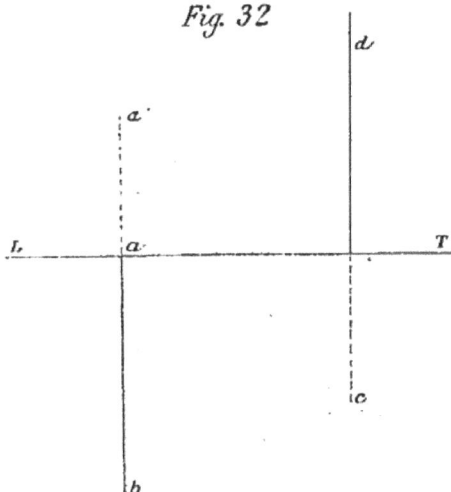

Fig. 32

46. *La droite est perpendiculaire au plan horizontal.*

On l'appelle *droite verticale*, réellement parallèle à la direction de la pesanteur. (*Fig.* 32.)

Il est facile de voir que sa projection horizontale se réduit à un point, et que sa projection verticale est perpendiculaire à la ligne de terre. C'est la droite c, $c'd'$.

47. *La droite est dans le plan horizontal.* — C'est un cas particulier de la droite horizontale. Sa projection verticale est la ligne de terre, sa projection horizontale n'a pas de direction déterminée.

48. *La droite est dans le plan vertical.* — C'est un cas particulier de la droite de] front, sa projection horizontale est la ligne de terre, et sa projection verticale n'a pas de direction déterminée.

49. *La droite a ses projections perpendiculaires à la ligne de terre.* — Jusqu'à présent les droites que nous avons considérées étaient déterminées par leurs deux projections. Il y a un cas dans lequel les deux projections d'une droite ne suffisent pas pour la déterminer, c'est celui où elles sont perpendiculaires à la ligne de terre ; il faut évidemment qu'elles soient sur une même perpendiculaire à la ligne de terre ; alors les deux plans qui projettent la droite sont confondus, et la droite n'est plus] déterminée ; il faut alors en donner deux points aa' et bb'.[(*Fig.* 33, n° 59.)

Nous indiquerons un peu plus loin le moyen d'obtenir les traces de cette droite.

50. *Droite parallèle au plan bissecteur du 1er dièdre.*
Prenons une droite ab. $a'b'$ placée dans le plan bissecteur du

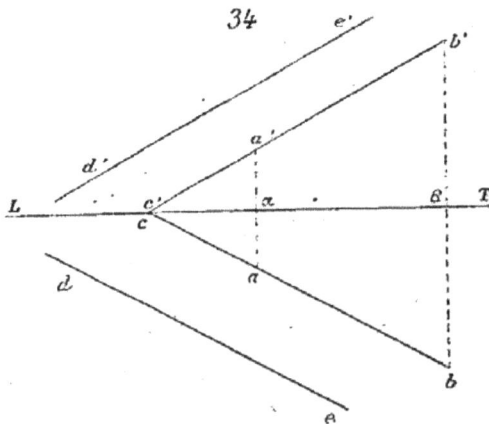

premier dièdre ; elle rencontréra la ligne de terre, donc ses deux projections couperont cette ligne en un même point cc' ; les autres points de la droite auront leurs projections à égale distance de la ligne de terre (26) $a'\alpha = a\alpha$, $b'\beta = b\beta$, donc les deux projections feront le même angle avec la ligne de terre. Menons des parallèles quelconques de, $d'e'$ à ces projections, nous aurons une droite parallèle au plan bissecteur du premier dièdre (31 *ter*) ; donc : les projections d'une droite parallèle au plan bissecteur du

1er dièdre font des angles égaux avec le même côté de la ligne de terre.

51. *Droite parallèle au plan bissecteur du 2e dièdre.*

Prenons une droite dans le plan bissecteur du 2e dièdre. Tous les points auront leurs projections confondues (26); les deux projections de la droite se superposeront; la droite, bien qu'ayant ses projections en ligne droite, est parfaitement définie, les plans qui la projettent ne se confondent pas. Ce sera la droite ab, $a'b'$; une parallèle quelconque (31 *ter*) *de*, $d'e'$ aura ses projections pa-

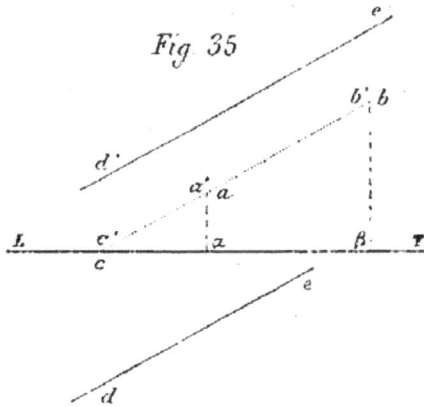

Fig 35

rallèles entre elles et sera parallèle au plan bissecteur. Donc : les projections d'une droite parallèle au plan bissecteur du second dièdre sont parallèles entre elles.

Changements de plans de projection.

52. Problème.
— *Une droite* ab. a'b' *est donnée par ses deux projections. Changer de plan vertical par rapport à cette droite.*

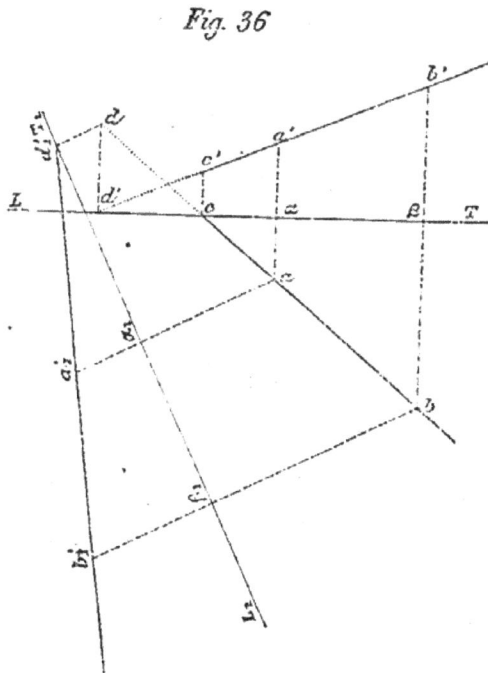

Fig. 36

Nous prenons un plan vertical caractérisé par la ligne de terre $L_1 T_1$; nous cherchons les nouvelles projections verticales de deux points de la droite (27). Nous ne répéterons pas les raisonnements que nous avons faits à l'occasion du changement de plan par rapport à un point. Nous ferons observer seulement que, d'après le sens des lettres L_1 et T_1 (16), la partie supérieure du plan vertical est rabattue sur la gauche de la figure. La projection horizontale a ne change pas, nous abaissons de ce point la perpendiculaire $a a'_1$; sur la ligne de terre, et nous prenons dans le même sens, c'est-à-dire au-dessus de la ligne de terre, une cote égale à l'ancienne — $\alpha_1 a'_1 = \alpha a'$. (27).

De même le point b a pour projection verticale b'_1. La nouvelle projection verticale de la droite est donc $a'_1 b'_1$. Comme vérification, nous remarquons que la trace horizontale d se projette sur la ligne de terre en d'_1; ce point reste toujours la trace horizontale de la droite; la trace verticale c' qui a pour projection horizontale c a pour nouvelle projection verticale c'_1 et ce point n'est plus la trace verticale.

Nous allons faire immédiatement des applications de cette construction

53. Problème. — *Trouver la distance comprise entre deux points a, a', et b, b' donnés par leurs projections.*

Nous menons la droite ab. $a'\,b$: Une droite se projette en vraie grandeur sur un plan qui lui est parallèle (11); nous allons donc prendre un plan de projection parallèle à la droite; nous pouvons prendre ce plan vertical, et alors il sera parallèle au plan qui projette la droite sur le plan horizontal; donc sa trace horizontale qui sera la nouvelle ligne de terre sera parallèle à la projection horizontale. Soit $L_1 T_1$ parallèle à ab, la trace du nouveau plan vertical; nous faisons le changement de plan (52), ab a pour projection $a'_1 b'_1$, verticale et la longueur $a'_1 b'_1$ est la vraie longueur de la droite.

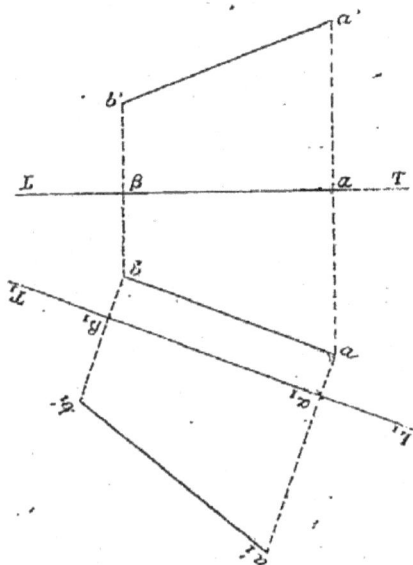

Fig 37

54. — On peut prendre un plan parallèle à la droite et perpendiculaire au plan vertical, ce plan est parallèle au plan qui projette la droite sur le plan vertical, et la ligne de terre $L_1 T_1$ parallèle à la projection verticale de la droite — on fait alors le changement de plan horizontal (28) ; la nouvelle projection horizontale de la droite est $a_1 b_1$ qui est la vraie longueur. (*Fig.* 38, n° 55.)

Le problème peut se poser de cette manière :

55. — *On donne les projections horizontales de deux points et les cotes de ces deux points ; trouver leur distance.*

a et b sont les projections horizontales des deux points, dont on connaît la cote. —

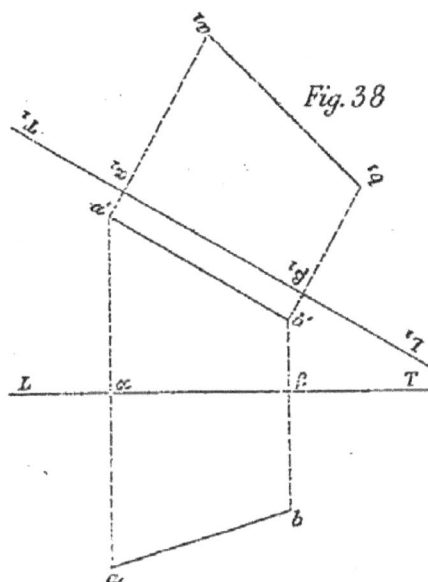

Fig. 38

On ne donne pas de plan vertical, alors nous prenons le plan vertical qui projette horizontalement la droite, la trace est ab, les projections verticales des deux points sont sur des perpendiculaires à LT à des distances de LT égales aux cotes données (22) ; donc $a'\ b'$ est la projection verticale et la *vraie grandeur* puisque la droite est dans le plan vertical.

56. Problème. — *Trouver les angles que fait avec les plans de projection une droite donnée par ses projections.* (Fig. 37.)

La droite donnée est ab, $a'b'$.

L'angle d'une droite avec un plan est l'angle que fait cette droite avec sa projection sur ce plan.

Nous devons donc chercher l'angle qui fait la droite avec sa projection horizontale.

Pour qu'un angle se projette en vraie grandeur sur un plan, il faut que les deux côtés de cet angle soient parallèles au plan ; nous allons prendre un plan de projection

parallèle en même temps à la droite et sa projection horizontale, c'est-à-dire un plan parallèle au plan qui projette la
droite. Nous changeons de plan vertical; et nous prenons la
ligne de terre L_1T_1 parallèle à la projection horizontale ab.

La nouvelle projection verticale de la droite est $a'_1 b'_1$ (52).
La projection horizontale ab se projette sur la ligne de terre
et l'angle cherché est l'angle $a'_1 c L_1$.

57. — Si nous voulons construire l'angle de la droite avec
le plan vertical, nous prendrons un plan parallèle à la projection verticale de la droite. (*Fig.* 38, n° 55.)

$L_1 T_1$ parallèle à $a' b'$ sera la ligne de terre, et la projection
horizontale nouvelle $a_1 b_1$ (28) fera avec $L_1 T_1$ l'angle cherché.

58. — On peut se proposer de trouver l'angle qui fait avec
le plan horizontal la droite

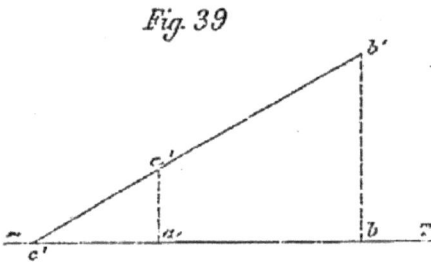

Fig. 39

ab donnée par les pro-
jections horizontales de
deux de ses points et par
leurs cotes. (*Fig.* 39.)

Nous prenons pour
plan vertical le plan qui
projette la droite; la ligne
de terre est LT, la projection de la droite est $a'b'$, l'angle $b'c'$T
est l'angle cherché.

59. Problème. — *Soit la droite* ab a'b' *dont les deux projections sont perpendiculaires à la ligne de terre, et définie par les
deux points* a,a' *et* b,b'. *Trouver ses traces.*

Nous faisons un changement de plan vertical et nous prenons le plan vertical $L_1 T_1$ parallèle à la droite, la ligne de
terre $L_1 T_1$ est parallèle à la projection horizontale ab. La
nouvelle projection verticale est $a'_1 b'_1$ (52). Dans cette position, la règle ordinaire nous permet de construire la trace horizontale c, qui ne varie pas dans le changement de plan vertical. Remarquons maintenant que la trace verticale est le *point
dont l'éloignement est nul,* puisqu'elle est dans le plan vertical (26) et comme l'éloignement des points ne varie pas

dans le changement de plan vertical (27), le point est le point projeté en d, d'_1 ; d'_1 est la nouvelle projection verticale dans le système $L_1 T_1$, du point qui est la trace verticale, et par suite si nous revenons à l'ancien système LT, ce point est d' à la même cote que d'_1.

Fig. 33

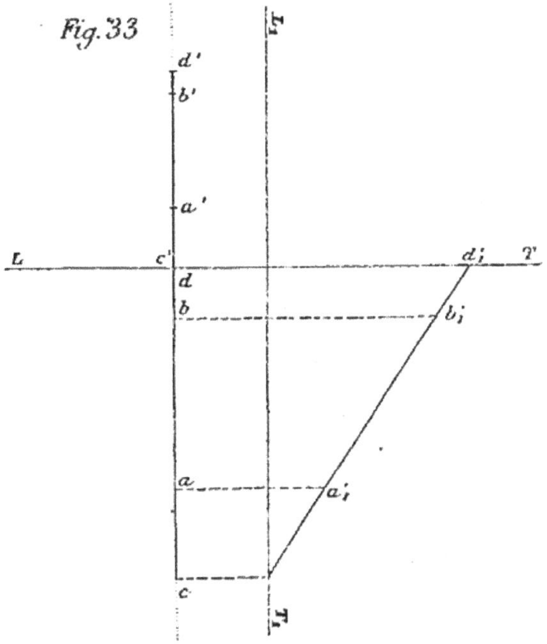

On peut employer les changements de plans de projection pour amener une droite dans une situation déterminée, commode pour la résolution d'un problème donné.

Ainsi les questions que nous venons de résoudre *ont exigé que la droite fût amenée à être parallèle à l'un des plans de projection.*

Nous allons déplacer les plans de projection de manière à amener l'un d'eux à être perpendiculaire à la droite.

60. Problème. — *Une droite étant donnée par ses deux projections, amener cette droite à être perpendiculaire au plan horizontal.*

La droite est ab. $a'b'$.

Une droite perpendiculaire au plan horizontal est un cas particulier d'une droite parallèle au plan vertical.

Nous allons rendre d'abord la droite parallèle au plan vertical.

Une droite parallèle au plan vertical a sa projection horizontale parallèle à la ligne de terre (43), nous allons prendre la ligne de terre $L_1 T_1$ parallèle à ab, et nous changerons le plan vertical, puisque la projection horizontale doit être conservée.

La nouvelle projection verticale sera $a'_1 b'_1$, (52).

Après ce premier changement de plan, la droite a pour projection dans le système $L_1 T_1 ab$ et $a'_1 b'_1$, une droite perpendiculaire au plan horizontal à la projection verticale perpendiculaire à la ligne de terre (46). Nous prendrons donc une ligne de terre $L_2 T_2$ perpendiculaire à la projection verticale $a'_1 b'_1$ et nous changerons de plan horizontal, puisque la projection verticale doit rester perpendiculaire à la ligne de terre. — La projection horizontale de la droite va se réduire à un point, et en effet les éloignements de tous les points de la droite sont égaux à αa ou βb, donc les projections horizontales de tous les points de la droite seront confondues en un seul point $a_1 b_1$.

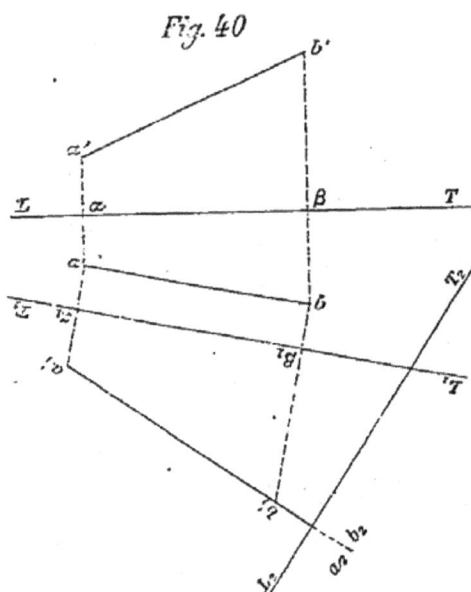

Fig. 40

61. *Si nous voulons amener la droite à être perpendiculaire au plan vertical.*

Nous remarquerons que la droite perpendiculaire au plan vertical est un cas particulier de la droite parallèle au plan horizontal. — Nous amènerons d'abord la droite à être parallèle au plan horizontal, en prenant la ligne de terre $L_1 T_1$ parallèle à la projection verticale $a'b'$ (42), et en changeant de plan horizontal (54).

$a_1 b_1$ est la nouvelle projection horizontale. Les projec-
droite après ce premier changement sont $a'b'$ et $a_1 b_1$, c'est sur cette nouvelle droite que nous opérons. La droite perpendiculaire au plan vertical a sa projection horizontale perpendiculaire à ligne de terre (45). Nous prendrons $L_2 T_2$ perpendiculaire à $a_1 b_1$. — La projection verticale de la droite doit être réduite à un point, et en effet tous les points

de la droite ont la même cote $\alpha a' = \beta b'$; la projection verticale est le point $a'_1 b'_1$.

62. — Problème. *Amener une droite à être parallèle à la ligne de terre.*

La droite donnée est ab, $a'b'$.

Une droite parallèle à la ligne de terre est parallèle au plan horizontal et au plan vertical (44). Nous allons amener la droite à être d'abord parallèle au plan vertical.

D'après ce que nous avons établi plus haut, nous prendrons la ligne de terre parallèle à la projection horizontale de la droite (43). $L_1 T_1$ est la ligne de terre, nous changeons de plan vertical, la nouvelle projection verticale est $a'_1 b'_1$. La droite, après ce premier changement de plan est $ab, a'_1 b'_1$. Nous l'amenons à être parallèle au plan horizontal, en changeant de plan horizon-

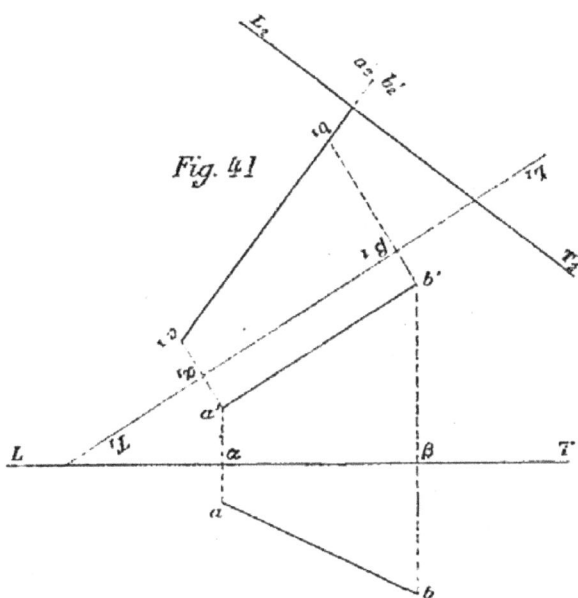

Fig. 41

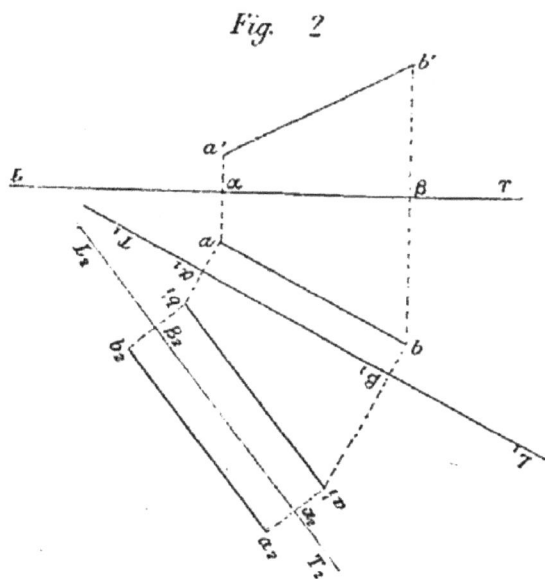

Fig. 2

tal et en prenant la ligne de terre parallèle à la projection verticale (42). — Soit donc L_2T_2 la ligne de terre; tous les points de la droite ont le même éloignement $\alpha a = \beta b$, donc la nouvelle projection horizontale est a_2b_2, parallèle à la ligne de terre L_2T_2.

Les projections définitives sont donc $a'_1b'_1$, a_2b_2.

62 *bis.* **Théorème.** — *Lorsque deux droites se coupent, les points de rencontre de leurs projections sont sur une perpendiculaire à la ligne de terre.*

En effet, le point de rencontre des deux droites étant un point de chacune d'elles, doit avoir sa projection à la fois sur les projections des deux droites, donc à leur point de rencontre, et les projections d'un point sont sur une même perpendiculaire à la ligne de terre (8).

La réciproque est évidemment vraie.

DU PLAN

63. Un plan peut être déterminé géométriquement : 1° par trois points ; 2° une droite et un point ; 3° deux droites qui se coupent ou qui sont parallèles. Ces trois déterminations n'en font visiblement qu'une seule ; car, dans le premier cas, on peut joindre les points deux à deux, pour obtenir deux droites, dans le second, joindre le point à un autre pris sur la droite ; ou mener par le point une parallèle à la droite. En général, toutes les fois qu'une surface sera définie géométriquement, il sera utile de vérifier si les données permettent de résoudre ce problème : Étant donnée l'une des projections d'un point de la surface, trouver l'autre projection. Si le problème peut être résolu, on pourra construire graphiquement autant de points de la surface qu'on voudra et, par suite, la représenter.

64. Problème. — *Un plan est défini par trois points* aa', bb',cc', *on donne la projection horizontale* d *d'un point* D *du plan. Trouver sa projection verticale.*

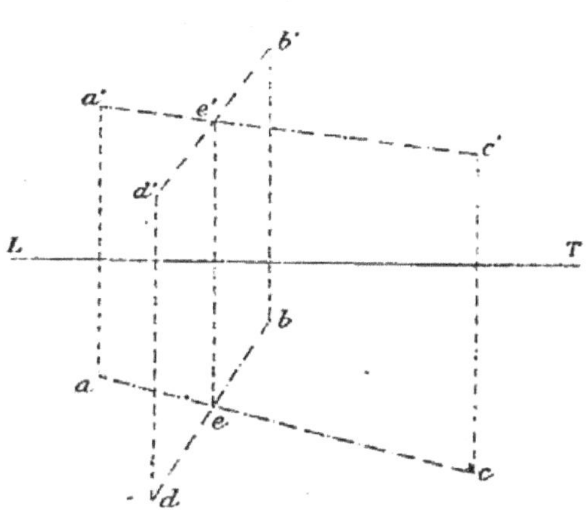

Imaginons qu'on joigne le point D au point B par exemple : la droite DB aura pour projection horizontale *db*, et sa projection verticale passera par le point *b'*; mais la droite DB et la droite AC qui

Fig. 43

joint les points A et C, sont dans un même plan et se rencontrent ;

leurs projections horizontales *db* et *ac* se coupent au point *e*, donc leurs projections verticales se couperont en *e'* (62 *bis*); par conséquent, la projection verticale de *db* passera par *é*, et par *b'* ; ce sera *e'b'* et le point *d* ayant sa projection verticale sur cette ligne, aura pour projection verticale *d'*. Le problème est donc résolu. — Il n'est pas difficile d'imaginer la solution dans le cas où l'on connaît d'abord la projection verticale du point.

65. Définition. — Si l'on considère les intersections du plan avec les plans de projection, intersections qu'on

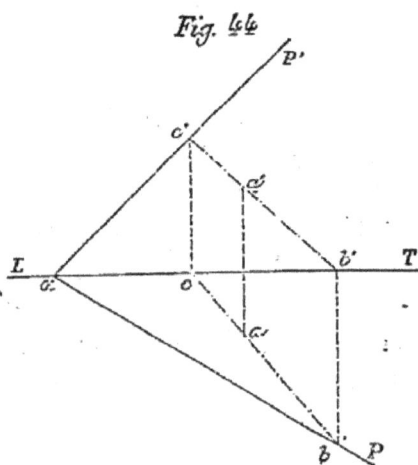

Fig. 44

nomme *traces*, ces traces sont deux lignes du plan, l'une d'elles est dans le plan horizontal, et l'autre dans le plan vertical : elles se rencontrent en un même point de la ligne de terre. On se donne souvent dans le système des doubles projections, un plan par ses traces P'α, Pα.

Il est évident que deux plans parallèles ont leurs traces sur un même plan parallèle. (5° livre.)

66. — Théorème. *Lorsqu'une droite est contenue dans un plan, les traces sont sur les traces du plan.* (5° livre.)

Nous allons appliquer ce théorème à la solution de plusieurs problèmes.

67. 1° Problème. — Étant donnée l'une des projections d'une droite située dans un plan connu par ses traces, trouver l'autre projection.

On définit ce plan P, par les traces αP', αP ; on donne la projection verticale *a'b'* d'une droite de ce plan.

La droite dans le plan, sa trace verticale est sur la trace du plan ; mais cette trace verticale est en même temps sur la projection verticale de la droite, donc elle est en *a'*, dont la projection horizontale est le point *a*. La trace horizontale

de la droite a pour projection verticale b', donc elle se trouve
sur la perpendicu-
laire bb' à la ligne de
terre, elle doit être
en même temps sur
la trace horizontale
du plan, donc elle est
en b. La projection
horizontale de la
droite est ab.

Fig. 44 bis

68. Problème.
— On donne la pro-
jection verticale a'
d'un point du plan : trouver sa projection horizontale (*fig.* 44).

Par le point A de l'espace, menons une droite dans le plan,
sa projection verticale passera par a', soit $t'a'c'$; si cette ligne
est dans le plan, sa trace verticale, est sur la trace verticale
du plan ; en même temps elle est sur la projection verticale
$b'a'c'$, donc elle est en c'. — Sa trace horizontale a pour projection verticale b', donc elle doit se trouver sur la projetante
bb' ; elle est en même temps sur la trace horizontale du plan,
donc elle est en b ; nous avons les deux traces c' et b de la
droite, sa projection horizontale est donc cb ; le point A est
sur cette droite, sa projection verticale en a', sa projection
horizontale est en a.

Lignes caractéristiques du plan. — On peut
considérer dans un plan certaines lignes particulières.

69. 1° Droites horizontales. — Ce sont des lignes
menées dans le plan, parallèles à sa trace horizontale ; leur projection horizontale est donc parallèle à la trace horizontale
du plan, et comme elles sont horizontales, leur projection
verticale est parallèle à la ligne de terre.

Ainsi la droite ab, $a'b'$ dont la projection horizontale ab est
parallèle à αP, dont la projection verticale $a'b'$ est parallèle à
la ligne de terre, et qui a sa trace verticale sur la trace verticale du plan au point $a'a$, est une horizontale du plan.

70. Si l'on connaît la projection verticale c' d'un point du plan, au lieu de mener par le point C de l'espace une droite quelconque du plan, on peut mener l'horizontale dont la projection verticale est $a'b'$; la trace verticale de cette horizontale est en a',a, et sa projection horizontale est ab; par suite le point c' a sa projection horizontale en c.

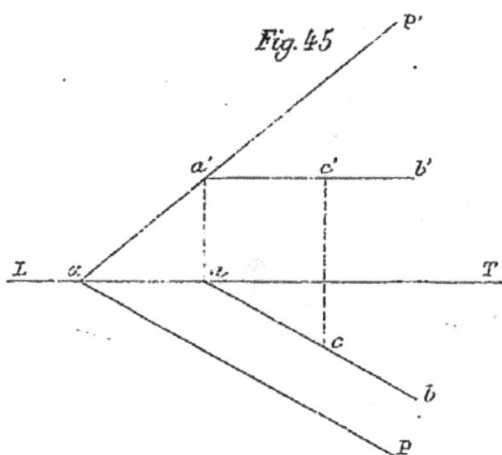

Fig. 45

Si l'on connaît la projection c on mènera la projection horizontale bca de l'horizontale. La trace verticale de cette ligne doit se trouver sur la trace verticale du plan; elle est en a' et la projection verticale de l'horizontale est $a'b'$ parallèle à la ligne de terre; le point c a pour projection verticale le point c'.

71. 2° **Ligne de front.** — Ce sont des lignes menées dans le plan, parallèles à sa trace verticale, elles sont donc parallèles au plan vertical; par suite leur projection horizontale est parallèle à la ligne de terre, et leur projection verticale est parallèle à la trace verticale du plan.

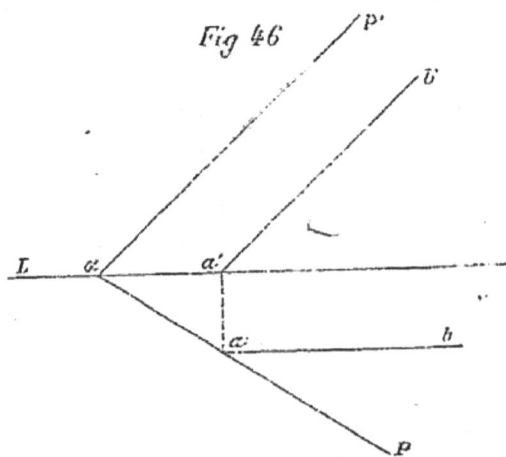

Fig 46

Ainsi la droite ab, $a'b'$ dont la projection verticale $a'b'$ est parallèle à αP', dont la projection horizontale ab est parallèle à la ligne de terre, et qui a pour trace horizontale le point a sur la trace horizontale αP, est une ligne de front du plan P'αP. Cette ligne de front peut aussi servir à construire la seconde projection d'un point du plan, lorsque la première est donnée.

Les constructions sont absolument semblables à celles du cas précédent, et nous ne les répéterons pas.

72. 3° **Lignes de plus grande pente.** — On considère un plan P et un plan H horizontal. Ces deux plans se coupent suivant la droite AB. D'un point C pris dans le plan P on abaisse une perpendiculaire CD sur AB; CD jouit de la propriété de faire avec le plan horizontal H le même angle que le plan P. De plus, de toutes les droites qu'on peut mener dans le plan P par le point C, c'est celle qui fait le plus grand angle avec le plan horizontal.

Cette droite s'appelle *la ligne de plus grande pente du plan* P *par rapport au plan* H. Sa projection horizontale DF est perpendiculaire à AB en vertu du théorème des trois perpendiculaires. Elle n'est pas déterminée de position, et il y en a une infinité qui sont parallèles entre elles.

Une ligne de plus grande pente d'un plan suffit pour le déterminer.

On peut, en effet, mener par sa trace D sur le plan H une perpendiculaire à la projection horizontale DF. Cette perpendiculaire AB est la trace du plan P, qui sera alors déterminé par la droite AB et la droite CD.

73. Coupons le plan P par un plan parallèle au plan H; l'intersection sera une certaine droite GL parallèle à AB, et par suite perpendiculaire à CD. Nous en concluons que la ligne de plus grande pente du plan P par rapport au plan horizontal H est perpendiculaire à toutes les parallèles au plan H, contenues dans P, c'est-à-dire à toutes les horizontales du

Fig. 47

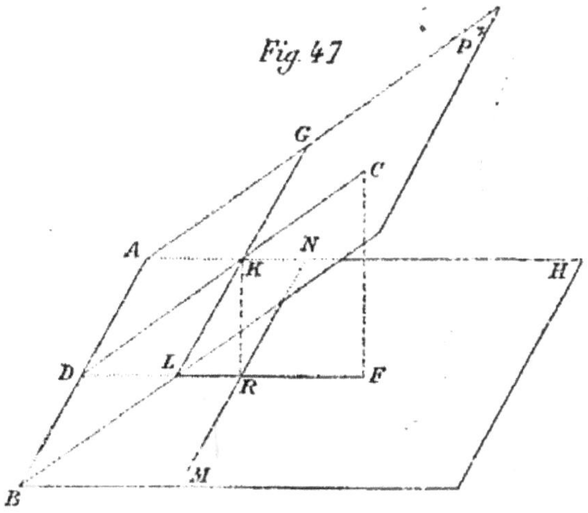

plan. Projetons GL en MN sur le plan HMN est parallèle à GL et par suite à AB.

Ainsi les projections horizontales des lignes de plus grande pente du plan par rapport au plan horizontal sont perpendiculaires aux projections des horizontales du plan.

Nous pouvons répéter par rapport à un plan vertical tout ce que nous venons de dire par rapport au plan horizontal, et définir le plan au moyen de sa ligne de plus grande pente par rapport au plan vertical.

74. Problème. — *On donne les projections* ab a′b′ *d'une ligne de plus grande pente d'un plan par rapport au plan horizontal ; on connaît la projection horizontale d'un point* c *du plan. Trouver sa projection verticale.*

Le point C de l'espace étant un point du plan on peut mener par ce point une horizontale dont la projection horizontale cd sera perpendiculaire à ab (73). Cette horizontale et la ligne de plus grande pente se coupent, la projection horizontale de leur point d'intersection est d dont la projection verticale est d′, la projection verticale de l'horizontale menée par le point cherché c passe donc par d′ (62 *bis*), et elle est parallèle à la ligne de terre, c'est donc c′d′ ; le point projeté en c doit avoir sa projection verticale en c′.

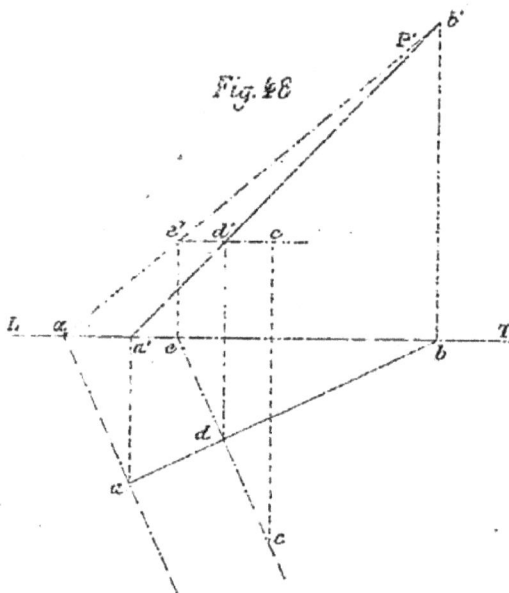

75. *Même problème, données différentes.* Dans les applications de la géométrie descriptive, on emploie presque toujours un seul plan de projection, et le plan est défini par sa ligne de plus grande pente.

Soit *ab* la projection horizontale de la ligne de plus grande pente d'un plan P. *a* est la trace horizontale, on connaît l'angle qu'elle fait avec le plan horizontal. On donne la projection horizontale d'un point *c* du plan on demande la cote de ce point.

Par le point C de l'espace imaginons une horizontale du plan, sa projection horizontale est perpendiculaire à *ab* (73); c'est donc la droite *ad* qui rencontre *ab* au point projeté en *d*, et ce point aura la même cote que le point *c*; nous pouvons construire la cote du point *d* : nous prenons pour cela un plan vertical parallèle à *ab*; la projection verticale de la droite fait avec LT l'angle donné, et la cote du point *d* est *δd'* qui est égale à la cote du point C.

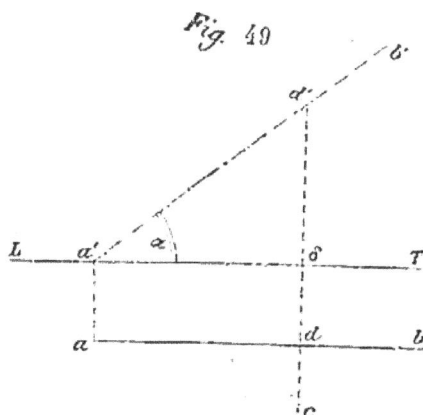

76. *Il est très important de remarquer qu'un plan est complètement déterminé par la connaissance d'une de ses lignes de plus grande pente par rapport à l'un des plans de projection*, puisque nous pouvons construire dans ce plan autant de points que nous le voudrons.

Nous concluons encore de ce qui précède que par un point du plan on peut mener dans ce plan trois lignes caractéristiques : 1° une ligne horizontale; 2° une ligne de front; 3° une ligne de plus grande pente soit par rapport au plan horizontal, soit par rapport au plan vertical.

77. Problème. — *Construire les traces d'un plan défini par trois points.*

Un plan étant déterminé par trois points ou par deux droites qui se coupent on peut se proposer de construire ses traces sur les plans de projection.

Si l'on a trois points, on les joint deux à deux pour obtenir deux droites.

Les traces du plan passent par les traces des deux droites, il suffit donc de construire ces traces, de joindre les traces verticales ensemble, et ensemble les traces horizontales ; les deux lignes obtenues doivent se couper au même point de la ligne de terre (65). (La figure montre la construction.)

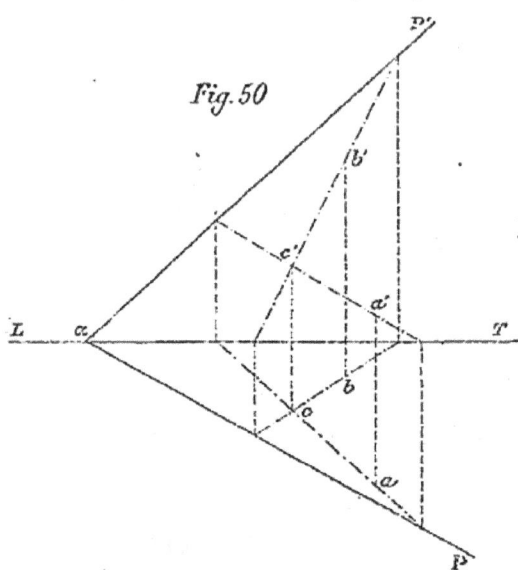

78. Cas particulier. — Il peut arriver que les traces des droites données soient situées en dehors des limites de l'épure.

Ainsi les droites données sont ab, ab' — cd, $c'd'$ qui se coupent au point ee'. Les traces de ces droites sortiront du papier.

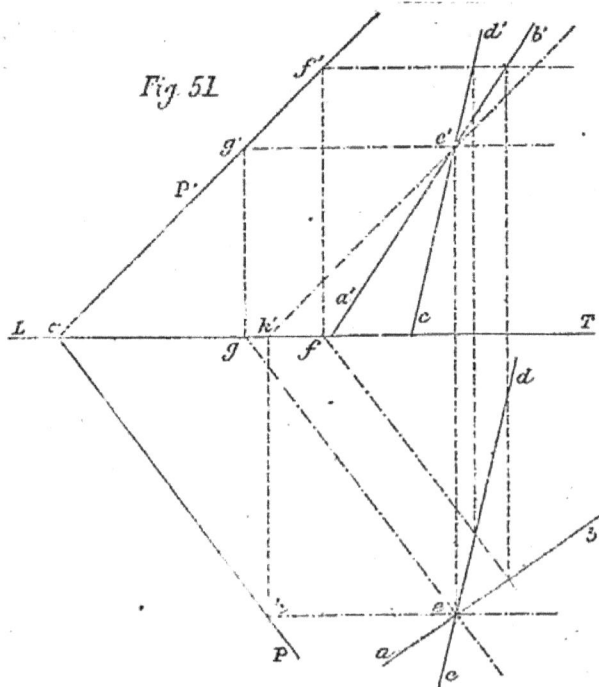

Nous allons prendre d'autres droites du plan, en joignant deux à deux des points choisis arbitrairement sur les droites données.

Il est en général commode de déterminer une horizontale du plan qui sera parallèle à la trace horizontale (69); pour cela, nous menons arbitrairement $d'b'$ parallèle à la ligne de terre ; $d'b'$ peut être regardée comme la projection verticale d'une horizontale du plan et rencontre les droites données aux points d',d b',b; $d'b'$ a donc pour projection horizontale db (62 *bis*); sa trace verticale est f'.

Nous pouvons mener une seconde horizontale, nous la la faisons passer par le point ee' en conduisant $e'g'$, eg parallèle à $d'b'$, db, la trace de cette droite est g'; donc $g'f'$ est la trace verticale du plan. Nous la prolongeons jusqu'à sa rencontre en α avec la ligne de terre, et nous menons par α une parallèle à bf ou eg. Nous avons la trace horizontale. Si le point α se trouve en dehors des limites de l'épure, nous déterminerons facilement un point de la trace horizontale au moyen d'une ligne de front du plan (71). Nous connaissons la trace verticale, nous pouvons donc mener par par ee' une ligne de front ek, $e'k'$ ($e'k'$ parallèle à $g'f'$, ek parallèle à la ligne de terre). Le point k, trace de cette droite, est un point de la trace horizontale.

Nous pourrions déterminer les traces horizontales de deux lignes de front, en déduire la trace horizontale, et ensuite la trace verticale du plan.

Diverses positions d'un plan par rapport aux plans de projection.

79. *Plan perpendiculaire au plan horizontal.* — Le plan perpendiculaire au plan horizontal coupera le plan vertical suivant une droite verticale. Par conséquent, la trace verticale sera perpendiculaire à la ligne de terre. Ainsi le plan PαP' est perpendiculaire au plan horizontal.

Tous les points du plan se projettent sur sa trace horizontale, car toutes les proje-

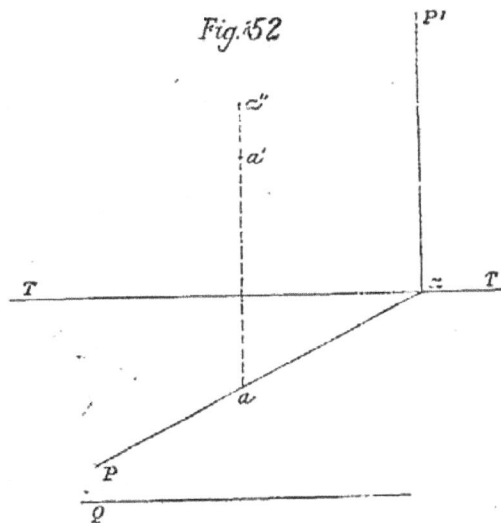

Fig. 52

tantes verticales sont contenues dans le plan. Il en résulte que

tous les points situés sur une même projetante verticale $a'a''$...
auront une même projection a; un point du plan ne sera donc
pas déterminé par sa projection horizontale : toutes les droites
du plan se projetteront sur sa trace horizontale; ainsi, quand
un plan est défini par deux droites dont les projections horizontales sont confondues, ce plan est vertical.

80. *Plan de front.* — Comme cas particulier du plan vertical, nous signalerons ce plan parallèle au plan vertical, *plan
de front*, dont la trace horizontale Q sera évidemment parallèle à la ligne de terre. (*Fig* 52.)

81. *Plan perpendiculaire au plan vertical.* — L'intersection
du plan P avec le plan horizontal est une droite perpendicu-

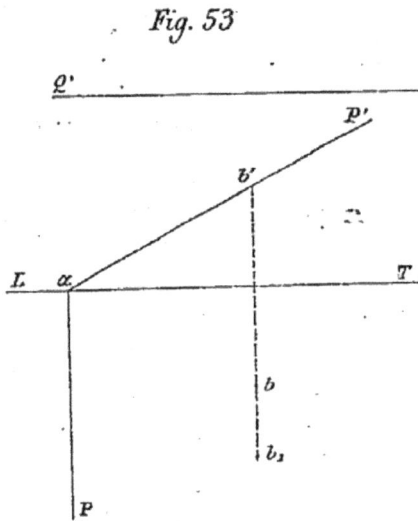

Fig. 53

laire au plan vertical; la
trace Pα est donc perpendiculaire à la ligne de terre, la
trace verticale est quel-
conque.

Tous les points du plan
se projettent sur sa trace
verticale pour la même raison que plus haut, et un
point du plan ne sera pas déterminé par sa projection
verticale.

Quand un plan est défini
par deux droites dont les
projections verticales sont
confondues, ce plan est perpendiculaire au plan vertical.

82. *Plan horizontal.* (Fig. 53.) — Le plan horizontal est un
cas particulier du plan perpendiculaire au plan vertical. Sa
trace verticale est une droite telle que Q′ parallèle à la ligne
de terre.

83. *Plan de profil.* — Le plan peut être perpendiculaire à
la fois avec deux plans de projection; il sera perpendiculaire
à la ligne de terre, et ses deux traces seront perpendiculaires

à la ligne de terre; un point quelconque tel que aa' est un point du plan; une des projections d'un point ne suffit pas pour le déterminer.

84. *Plan parallèle à la ligne de terre.* — Le plan P, étant parallèle à la ligne de terre, est parallèle à une droite du plan vertical; donc sa trace verticale est parallèle à cette droite, c'est-à-dire à la ligne de terre. Pour la même raison, la trace horizontale est parallèle à la ligne de terre. Les deux traces sont donc P et P'.

On donne la projection horizontale a d'un point du plan; on se propose de déterminer sa projection verticale.

On ne peut employer l'horizontale, car elle est parallèle à la ligne de terre et il faudrait une construction spéciale pour tracer sa projection verticale; la ligne de front est en même temps une horizontale et est dans le même cas; la ligne de plus grande pente, par rapport au plan horizontal, est ab;

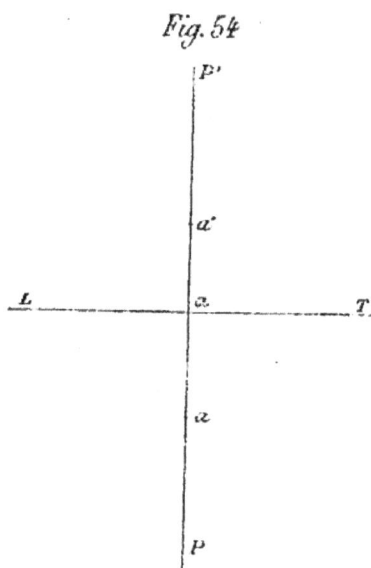

Fig. 54

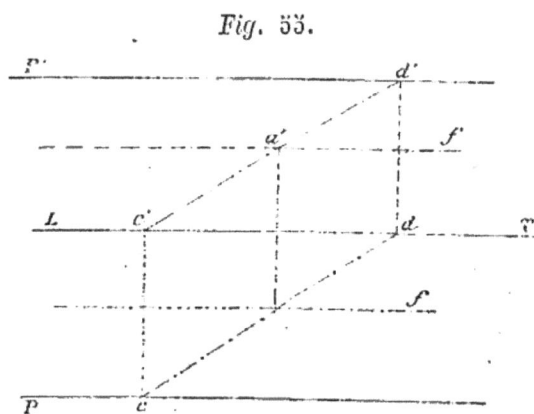

Fig. 55.

c'est une droite de profil; il faudrait faire un changement de plan pour obtenir le point situé sur cette droite. Nous ne pouvons donc nous servir d'aucune des lignes caractéristiques du plan. Nous conduisons par ce point a une droite oblique cad quelconque du plan, sa projection verticale sera $c'd'$ et nous pourrons prendre le point a' sur cette droite. C'est au moyen d'une droite oblique telle que $cd — c'd'$ que nous pourrons construire facilement des horizontales et des lignes de front du plan, telles que af, $a'f'$, en prenant à volonté des points sur cette droite.

85. *Plan passant par la ligne de terre.* — Le plan passant par la ligne de terre ne sera déterminé que si l'on ajoute à cette droite un point tel que aa'.

On donne la projection verticale b' d'un point du plan. Trouver sa projection horizontale.

Ce plan est un cas particulier d'un plan parallèle à la ligne de terre. Nous remarquons encore qu'on ne peut employer ni horizontale, ni ligne de front, ni ligne de plus grande pente.

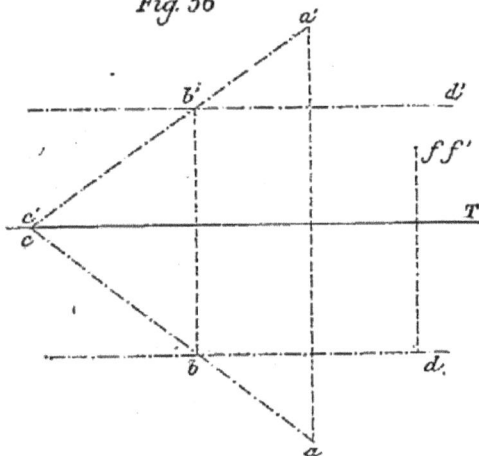

Fig. 56

Nous joignons le point b' au point a', et nous obtenons la projection verticale d'une droite contenue dans le plan. Cette droite rencontre la ligne de terre au point c', c qui appartient à la fois aux deux projections; par conséquent la projection horizontale de la droite est ca. Par suite, le point b' aura sa projection horizontale en b.

C'est à l'aide d'une oblique telle que ca $c'a'$ qu'on déterminera les deux projections d'une ligne horizontale bd, $b'd'$ du plan; ligne qui est en même temps une droite de front.

86. *Plans bissecteurs.* — En prenant les projections $a'a'$ du point également distantes de la ligne de terre, on déterminera le plan bissecteur du premier et du troisième dièdre.

En prenant les projections confondues ff', on déterminera le plan bissecteur du deuxième et du quatrième dièdre.

87. *Plans perpendiculaires aux plans bissecteurs.*

Je me propose de construire un plan perpendiculaire au plan bissecteur du premier dièdre.

Il suffira de faire passer ce plan par une perpendiculaire au plan bissecteur.

Je vais construire la perpendiculaire.

Soit AB cette perpendiculaire. Le plan qui la projette verticalement sera perpendiculaire au plan bissecteur P et au plan vertical, donc il sera perpendiculaire à la ligne de terre.

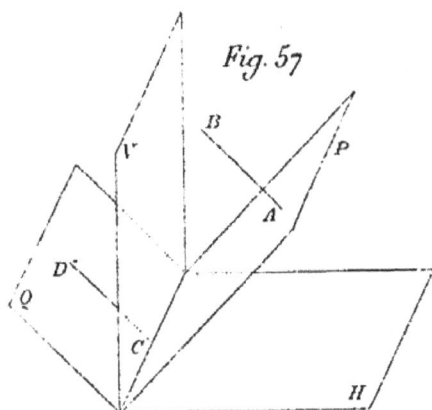

De même, le plan qui la projette horizontalement sera perpendiculaire à la ligne de terre. Ces deux plans sont confondus et les deux projections de AB sont sur une même perpendiculaire à la ligne de terre.

Fig. 57

Si je mène la perpendiculaire au plan bissecteur P par un point C de la ligne de terre, cette perpendiculaire CD aura le point C dans le plan bissecteur Q du second dièdre, et comme les deux plans bissecteurs sont perpendicaires entre eux, elle sera tout entière dans le plan bissecteur Q.

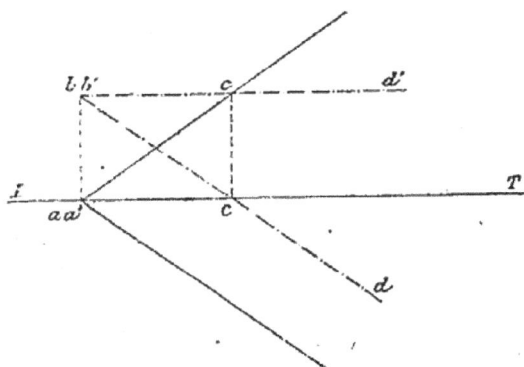

Cela posé, je mène une semblable droite ab, $a'b'$ ayant ses projections confondues sur une même perpendiculaire à la ligne de terre. J'exprime qu'elle est dans le plan bissecteur du deuxième dièdre en marquant que les deux projections bb' d'un même point se confondent (23), et qu'elle rencontre la ligne de terre au point aa'. Je vais faire passer

Fig. 58

un plan quelconque par cette droite. Je choisis arbitrairement la direction de la trace horizontale du plan, et je mène par le point bb' une horizontale du plan, bcd, $b'c'd'$; je fais passer un plan par cette droite, ce plan contient le point bb' ; la trace verticale du plan passera par c' trace verticale de la droite.

Puisque le plan doit contenir le point aa', situé sur la ligne de terre, ses traces se couperont en ce point. La trace verticale sera donc ac'. La trace horizontale aP parallèle à cd.

Il est évident que ces traces font des angles égaux avec la ligne de terre, l'angle $c'a'c$ est égal à l'angle $b'ca$.

Ainsi le plan perpendiculaire au plan bissecteur du premier dièdre a pour traces deux lignes qui font des angles égaux avec le même côté de la ligne de terre.

La réciproque est vraie.

88. *Tout plan dont les traces font des angles égaux avec le même côté de la ligne de terre est perpendiculaire au plan bissecteur du premier dièdre.*

Soit le plan donné $P'a'P$. — l'angle $P'a'T = Pa'T$.

Nous menons par le point a' une perpendiculaire au plan bissecteur du premier dièdre, nous venons de voir que ses deux projections sont ab $a'b'$, il faut montrer que cette droite est dans le plan P ; le point $a'a$ s'y trouve déjà, montrons qu'un autre point bb' y est contenu ; menons l'horizontale du plan $c'd'$, cd dont la projection verticale passe par le point b', prolon-

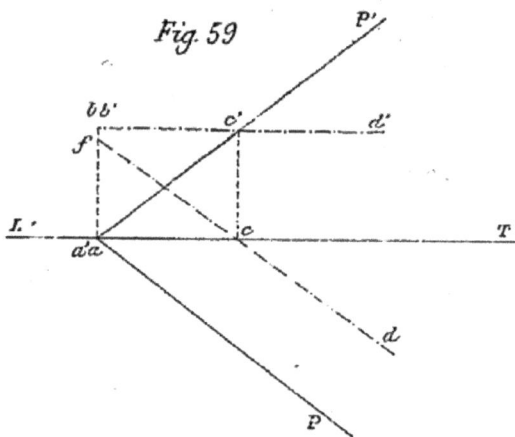

Fig. 59

geons cd qui rencontre ab en un point f différent de b. Les deux triangles fca, $ac'c$ sont égaux, car ac est commun, ils sont rectangles, et l'angle $c'ac$ est par hypothèse égal à l'angle fca, donc $af = cc'$ et le point f se confond avec le point b.

Par conséquent le point bb' est dans le plan P ; par suite la droite ab, $a'b'$.

89. *Je me propose maintenant de construire un plan perpendiculaire au plan bissecteur du deuxième dièdre.*

Nous ferons passer ce plan par une perpendiculaire au plan bissecteur du deuxième dièdre menée par un point de la ligne de terre. En répétant les mêmes raisonnements que dans le cas précédent, nous verrons que cette perpendiculaire est située dans le plan bissecteur du premier dièdre; c'est une droite telle que $ab, a'b'(ab = a'b')$; nous menons une horizontale quelconque bc, $b'c'$ que nous prenons pour une horizontale du plan; sa trace verticale

Fig 60

est c', la trace verticale du plan est donc $a'c'$, la trace horizontale est aP parallèle à bc, et par suite située dans le prolongement de a'P'.

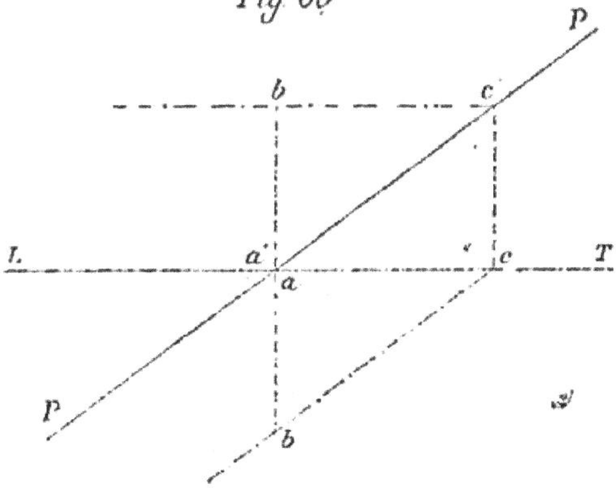

Ainsi *un plan perpendiculaire au plan bissecteur du deuxième dièdre a ses traces en ligne droite.*

La réciproque est vraie et se démontre exactement comme pour le plan perpendiculaire au plan bissecteur du premier dièdre.

90. — Changements de plans de projection par rapport à un plan.

Changement de plan vertical. On donne un plan par ses traces P'αP, on demande de trouver la nouvelle trace verticale du plan sur un plan vertical de projection caractérisé par la ligne de terre L_1T_1.

Fig. 61

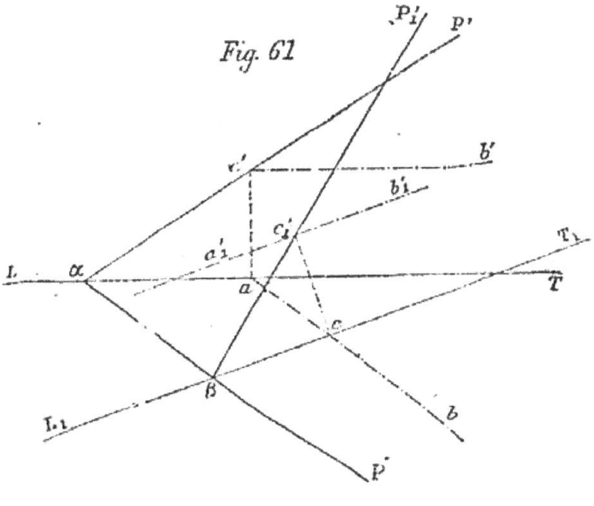

La trace horizontale du plan ne change pas, elle coupe la ligne de terre $L_1 T_1$ au point β qui est un point de la nouvelle trace verticale.

Pour trouver un autre point de cette trace nous allons prendre une droite du plan, effectuer le changement de plan par rapport à cette droite, et construire sa trace verticale dans le nouveau système.

Il est commode de prendre une horizontale ab $a'b'$: nouvelle projection verticale de cette horizontale sera parallèle à la nouvelle ligne de terre, et sa cote ne changera pas (puisque le plan horizontal ne change pas) (52); la nouvelle projection verticale de ab sera donc $a'_1 b'_1$ parallèle à $L_1 T_7$ et à la même cote que $a'b'$.

Je construis la trace verticale c_1' de la droite ab' $a_1 b_1$ (32), c'est un point de la nouvelle trace verticale, je le joins au point β et j'ai la trace verticale β P'_1.

Autrement.

91. Je considère le plan vertical LT, et le plan vertical $L_1 T_1$. Ces deux plans verticaux se coupent suivant une droite verticale qui passe par le point de rencontre a des deux lignes de terre.

Cette droite verticale est projetée dans le système LT suivant aa' (46), et elle rencontre la trace verticale $\alpha P'$ au point a'; ce point a' est donc un point du plan situé réellement à la fois dans le plan vertical LT et dans le plan vertical $L_1 T_1$; c'est donc un point de la trace du plan sur le vertical $L_1 T_1$; or dans le sys-

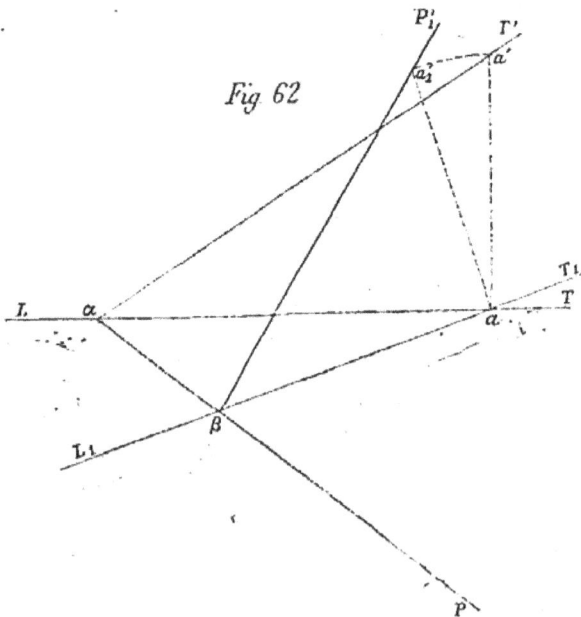

Fig 62

tème L_1T_1 la droite aa' est projetée suivant aa'_1 (46), (la distance $aa'_1 = aa'$) le point a'_1 est donc un point de la nouvelle trace verticale. En le joignant au point β nous aurons la trace verticale $\beta P_1'$.

Il faut remarquer que le point a' est le seul point de l'ancienne trace du plan qui devienne, après le changement de plan, un point de la nouvelle trace.

On devra employer cette construction toutes les fois qu'elle sera possible, c'est-à-dire toutes les fois que la verticale aa' menée par le point de croisement des lignes de terre rencontrera la trace verticale du plan dans les limites de l'épure.

92. *Changement de plan horizontal.*

On donne le plan $P'\alpha P$, on veut trouver sa trace horizontale sur un plan horizontal caractérisé par la ligne de terre L_1T_1.

Nous aurons en β un point de la nouvelle trace horizontale, nous en déterminerons un second en prenant une droite de front ab, $a'b'$ par rapport à laquelle nous ferons le changement de plan horizontal. La projection horizontale de cette droite de front sera a_1b_1 parallèle à L_1T_1 et ayant le même éloignement que ab (54); nous construisons sa trace horizontale c_1, la trace horizontale du plan est $\beta c_1 P_1$.

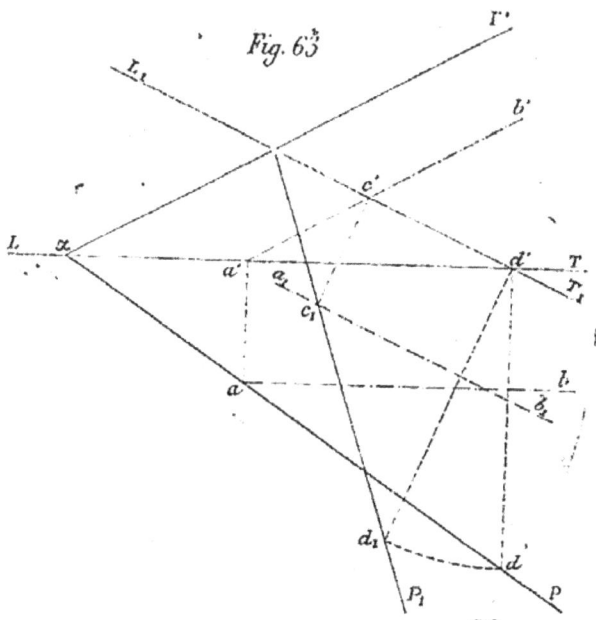

Fig. 63

93. *Autrement.* (Voir le raisonnement 91.) Nous menons par le point d' où se croisent les deux lignes de terre la perpendiculaire $d'd$ à LT, la perpendiculaire $d'd_1$ à L_1T_1, nous prenons $d'd_1 = d'd$, le point d_1 appartient à la nouvelle trace horizontale.

Application.

Ce changement de plan a une application immédiate.

94. *Angle d'un plan avec le plan horizontal.*

Considérons un plan P'αP. Nous voulons construire l'angle qu'il fait avec le plan horizontal.

Cet angle est égal à celui que fait avec le plan horizontal la ligne de plus grande pente du plan (72).

Nous construisons la ligne de plus grande pente du plan, sa projection horizontale est ab perpendiculaire à αP, sa projection verticale est $a'b'$.

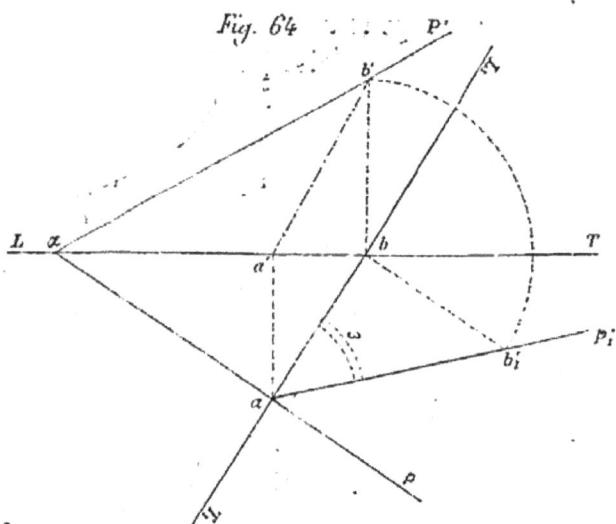

Fig. 64

Pour déterminer l'angle de cette droite avec le plan horizontal, nous changeons de plan vertical, et nous prenons L_1T_1 parallèle à la droite et ici confondue avec elle (56); la nouvelle projection verticale de la droite est ab'_1 qui nous fait connaître l'angle ω cherché.

Or, dans ce changement, la droite ab, $a'b'$ — située dans le plan P — est placée dans le plan vertical L_1T_1, c'est la trace du plan P; le plan P a donc pour traces dans le second système PαP'. Il est perpendiculaire au plan vertical puisque αP est perpendiculaire à L_1T_1, et sa trace verticale fait avec la ligne de terre l'angle cherché du plan avec le plan horizontal.

95. *Ainsi pour avoir l'angle d'un plan avec le plan horizontal nous ferons un changement de plan vertical*, en prenant la ligne

de terre perpendiculaire à la trace horizontale du plan, c'est-
à dire que nous amènerons le plan vertical à être *perpendiculaire au plan donné.*

96. *Pour avoir l'angle d'un plan avec le plan vertical* nous
ferons un changement
de plan horizontal, nous
amènerons le plan hori-
zontal à être perpendi-
culaire au plan donné
en prenant une ligne de
terre perpendiculaire à
sa trace verticale.

La construction qui
est celle d'un change-
ment de plan ordinaire
est effectuée sur la fi-
gure 65 ; l'angle 6 est
l'angle du plan avec le
plan vertical.

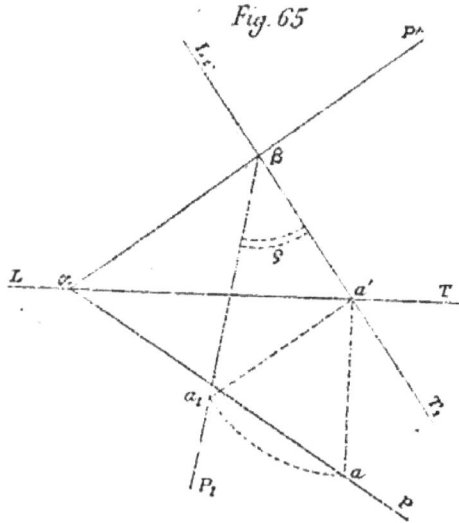

Fig. 65

Nota — On donne souvent dans la pratique un plan par sa
trace horizontale et l'angle qu'il fait avec le plan horizontal.
Nous résoudrons plus loin différents problèmes sur le plan
ainsi donné.

96 *bis*. Problème. — *On donne un plan par ses traces,
amener l'un des plans de projection à être perpendiculaire à ce plan.*

Nous avons indiqué dans les paragraphes précédents les
constructions à effectuer.

97. Problème. — *On donne un plan par ses traces,
amener l'un des plans de projection à être parallèle à ce plan.* (Fig. 66.)

Le plan donné est P'αP. Nous voulons prendre un plan
horizontal parallèle à ce plan. Un plan parallèle au plan horizontal est un cas particulier d'un plan perpendiculaire au
plan vertical (82). Nous allons d'abord rendre le plan vertical
perpendiculaire au plan donné. Nous prenons la ligne de
terre L_1T_1 perpendiculaire à la trace horizontale (94) ; nous
menons la verticale aa' par le point de croisement des lignes

de terre (93), nous la ramenons en aa', et nous obtenons la nouvelle trace verticale $\beta a'_1$. Un plan parallèle au plan horizontal a sa trace verticale parallèle à la ligne de terre (82), nous prenons la ligne de terre L_2T_2 parallèle à la trace verticale du plan ; le plan horizontal caractérisé par $\overline{L_2T_2}$

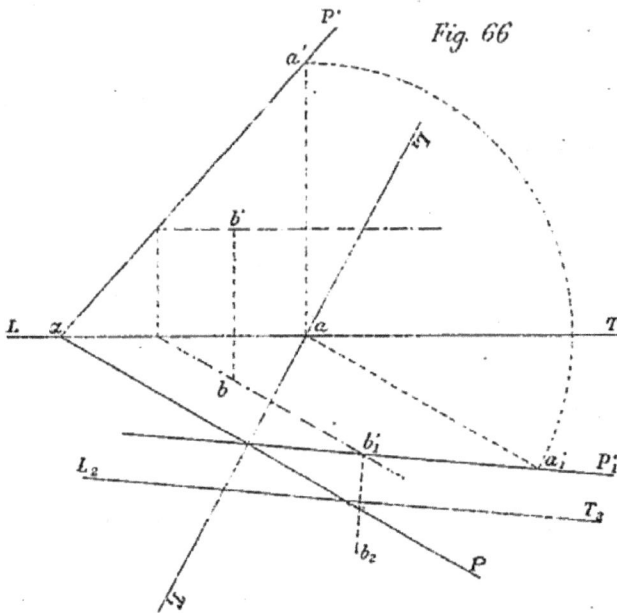

Fig. 66

est parallèle au plan P, dont la trace verticale est alors P'_1.

Prenons un point bb' du plan P'. Voyons ce qu'il devient après les changements de plan.

Nous avons changé de plan vertical ; le point bb' a pour projection bb'_1 ; nous avons dû trouver que b'_1 était situé sur la trace verticale du plan puisque le plan est perpendiculaire au plan vertical (81).

Nous avons ensuite changé de plan horizontal, le point bb'_1 est venu en b'_1b_2.

Nous aurions pu amener le plan vertical à être parallèle au plan P en faisant d'abord un changement de plan horizontal, le nouveau plan horizontal perpendiculaire au plan, ensuite en faisant un changement de plan vertical, et prenant la ligne de terre parallèle à la seconde trace horizontale.

98. Applications. — *On donne un plan P par ses traces ; deux droites* ab, a'b', cd, c'd' *situées dans ce plan, construire l'angle de ces deux droites.* (Fig. 67.)

L'angle de deux droites se projette en vraie grandeur sur

un plan parallèle aux deux droites (11). Nous allons prendre
un plan de projection parallèle à P.

Nous allons amener d'abord le plan vertical à être perpen-

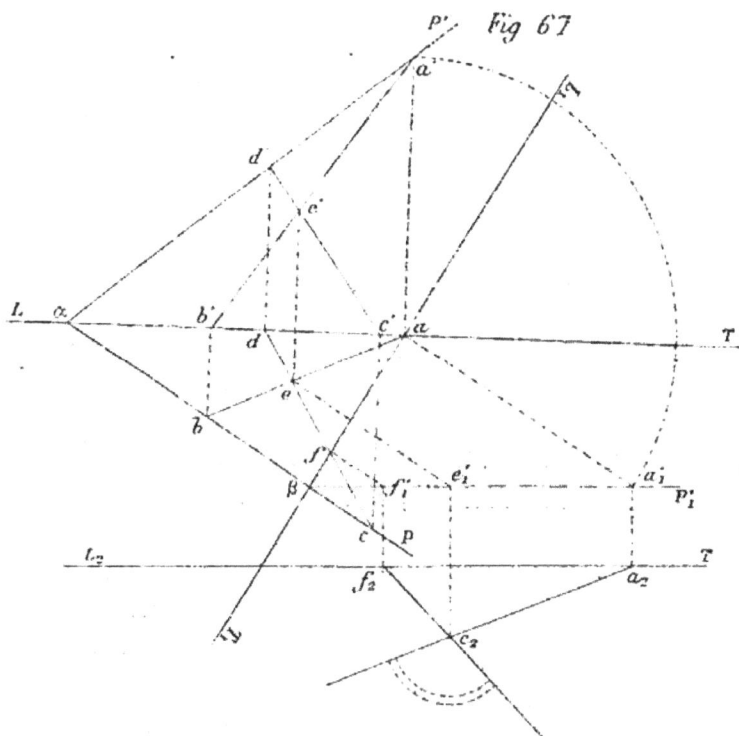

Fig 67

diculaire à P (95); pour cela nous prenons la ligne de terre
L_1-T_1 perpendiculaire à αP, et nous construisons la nouvelle
trace verticale $6P'_1$ —; les projections verticales des deux
droites sont confondues avec cette trace verticale, le sommet
ee' de l'angle est projeté en e'_1; les nouvelles traces verticales
des droites sont a'_1 et f'_1.

Nous prenons ensuite un plan horizontal parallèle à $βe'_1$,
la ligne de terre est L_2T_2. Nous construisons les projections
horizontales f_2e_2, a_2e_2 des 2 droites, et ces projections horizontales font entre elles l'angle cherché.

99. Problème. — *Changer de plans de projection par
rapport à un plan de manière que la ligne de terre soit parallèle au
plan. (Fig. 68.)*

Si la ligne de terre est parallèle au plan, les traces du plan
seront parallèles à cette ligne (84); si l'une des traces est

parallèle à la ligne de terre, l'autre le sera nécessairement.

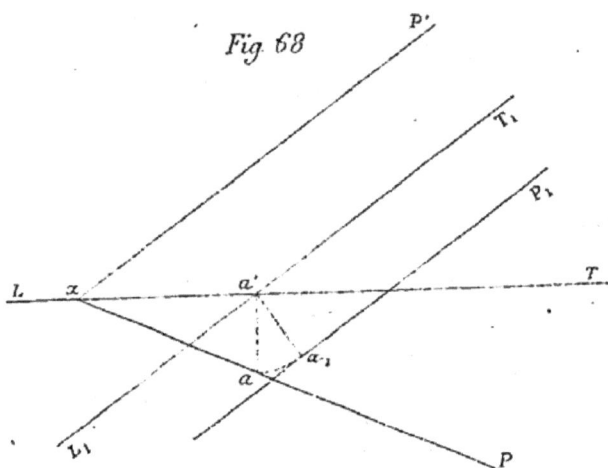

Nous pouvons donc arriver au résultat proposé par un seul changement, en prenant une ligne de terre parallèle à l'une des traces du plan donné, et nous pouvons faire la construction de deux manières différentes, soit en nous servant de la trace verticale, soit en nous servant de la trace horizontale.

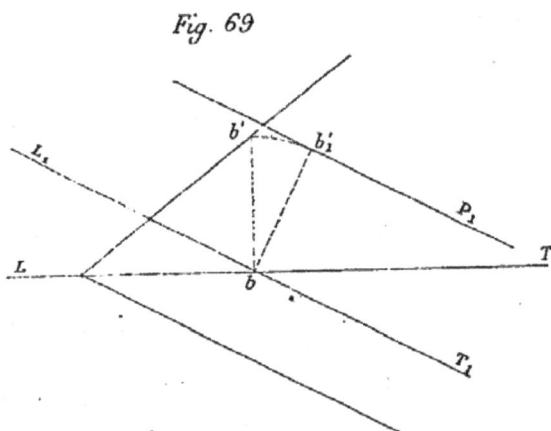

Fig 68

Ainsi, nous avons pris la ligne de terre L_1T_1 parallèle à $\alpha P'$, et d'après ce que nous avons dit, il suffira de connaître un point de la trace horizontale nouvelle.

Fig. 69

Nous construirons ce point à la manière ordinaire en a_1; a_1P_1 sera la trace horizontale cherchée (92). (Fig. 69.)

Nous avons répété la construction en opérant par la trace horizontale.

100. S'il arrive qu'on ne puisse employer la perpendiculaire menée par le point de croisement des lignes de terre on doit se servir d'une droite du plan. (Fig. 70.)

Ainsi le plan donné est $P'\alpha P$, nous prenons L_1T_1 parallèle à la trace verticale, la perpendiculaire à LT menée par le point de rencontre des deux lignes de terre rencontre la trace

Fig. 70

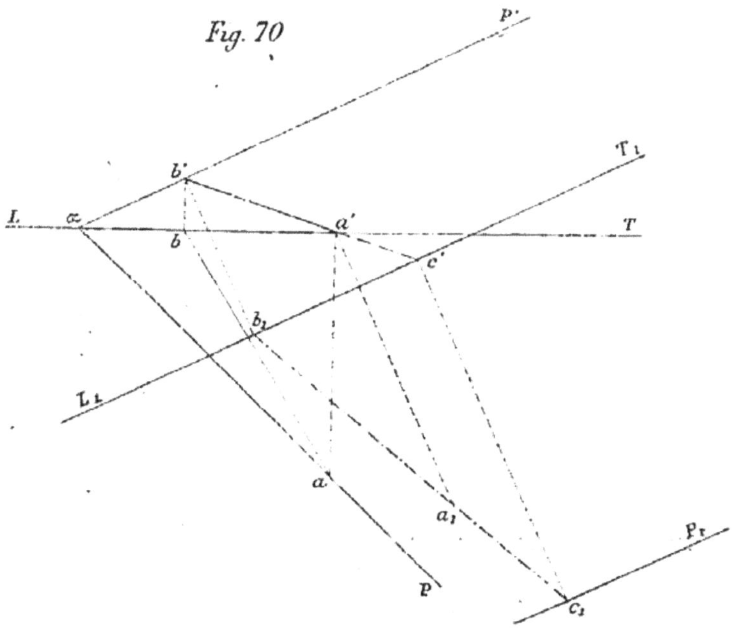

horizontale du plan en dehors des limites de l'épure ; nous prenons une droite du plan $a'b'$, ab, nous faisons par rapport à cette droite le changement de plan horizontal ; a_1b_1 est la nouvelle projection horizontale. — Ainsi $a'b'$, a_1b_1 est une droite du plan rapportée au nouveau plan de projection ; prenons la trace horizontale de cette droite en c_1, c_1 est un point de la trace horizontale cherchée, cette trace est alors P_1c_1.

101. Problème. — *Amener la ligne de terre à être dans un plan donné.*(Fig. 71.)

Ce problème est un cas particulier du précédent. Nous pouvons amener la ligne de terre à coïncider, soit avec la trace verticale, soit avec la trace horizontale du plan. Seulement, dans ce cas, le plan n'a plus qu'une trace, il n'est plus déterminé, il faut y ajouter un point (85).

Ainsi le plan PαP'. — Nous prenons la trace horizontale pour ligne de terre L_1T_1 le changement est tout effectué ; mais il faut, pour déterminer le plan, prendre un point aa

du plan primitif et chercher ses projections aa_1' dans le nouveau système.

La ligne de terre L_1T_1 et le point aa'_1 déterminent le plan.

102. Problème. — *Mener par un point un plan parallèle à un plan.*

Le plan est donné par ses traces. (Fig. 72.)

On donne le plan PαP' et le point aa'. Le plan cherché étant parallèle au plan P, les horizontales de ces deux plans sont parallèles; nous pouvons donc mener par le point aa' une droite parallèle à une horizontale du plan P; ce sera une horizontale du plan cherché.

Soit ab, $a'b'$ cette horizontale, sa trace

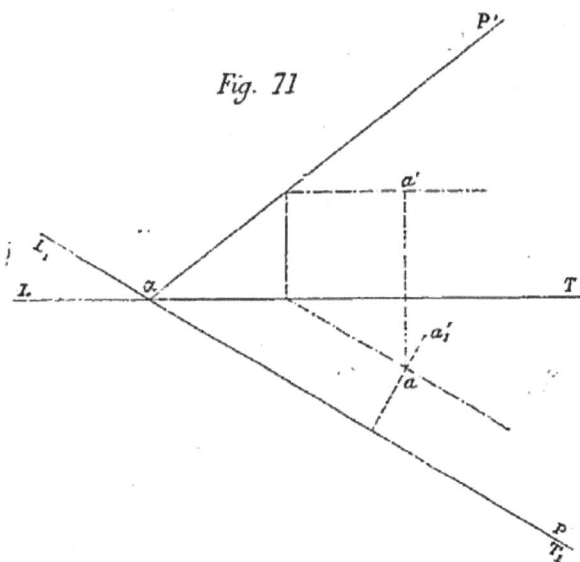

Fig. 71

point aa'. Le plan cherché étant parallèle au

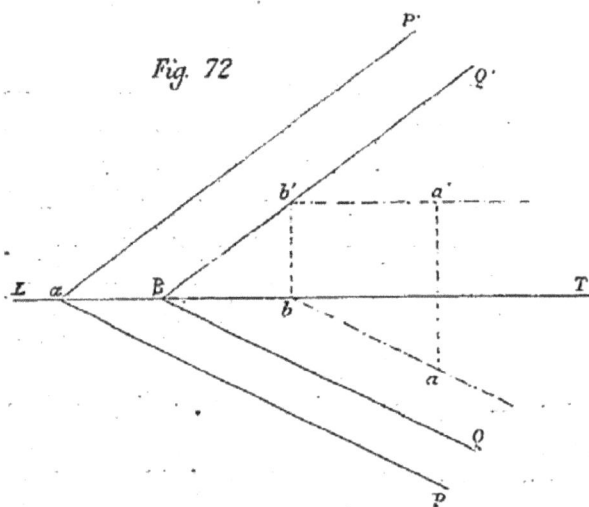

Fig. 72

verticale b' appartiendra à la trace verticale du plan cherché, et comme deux plans parallèles ont leurs traces sur un même plan parallèle, QβQ' sera le plan.

103. Problème. — *Mener par un point un plan parallèle à deux droites.* (Fig. 73.)

On donne deux droites ab, ab'; cd, $c'd'$, on veut mener par le point ee' un plan parallèle à ces deux droites.

Le plan cherché doit être parallèle à ab, $a'b'$; une parallèle à ab menée par un point du plan, y sera tout entière,

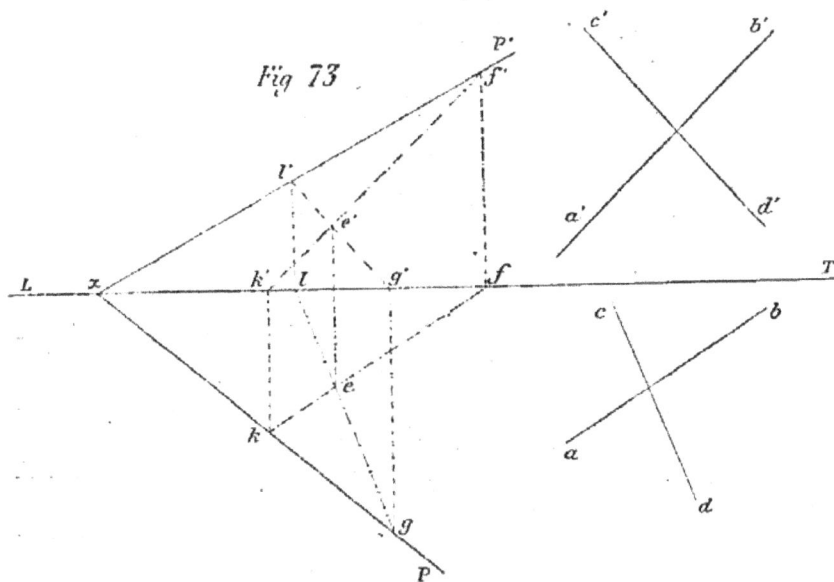

Fig 73

donc nous menons par ce point ee' une droite $ef, e'f'$ parallèle à ab' $a'b'$ (31 ter) ; cette droite sera située dans le plan P.

De même nous menons par ce point ee' une droite eg, $e'g'$, parallèle à cd, $c'd'$ (31 ter) ; cette droite sera encore contenue dans le plan P ; le plan cherché est celui qui passe par les 2 droites ; il est donc déterminé ; on peut construire ses traces qui passent par les traces des deux

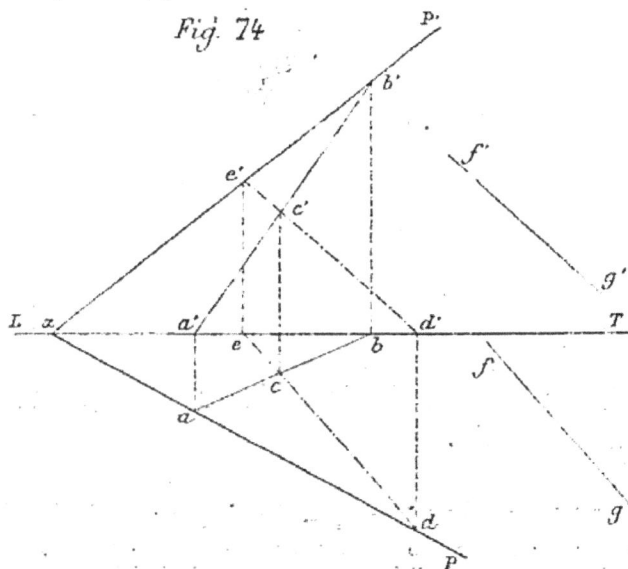

Fig. 74

droites : la trace verticale est $f'e'\alpha$; la trace horizontale est $gk\alpha$; comme vérification, elles doivent se rencontrer au même point α de la ligne de terre (77).

103 bis. Problème. — *Mener par une droite un plan parallèle à une autre droite.* (Fig. 74.)

On donne les deux droites ab, $a'b'$ — fg, $f'g'$; on veut mener par ab, $a'b'$ un plan parallèle à fg, $f'g'$.

Par un point c, c' pris sur ab, ab' conduisons une droite cd, $c'd'$ parallèle à fg, $f'g'$ (31 ter); le plan déterminé par la droite ab, $a'b'$ et la droite cd, $c'd'$ sera le plan cherché ; ses traces sont P'αP.

104. Problème. — *On donne un plan par sa trace horizontale et l'angle qu'il fait avec le plan horizontal.*

On donne la projection horizontale d'un point et sa cote. Mener par le point un plan parallèle au plan. (Fig. 74 bis.)

La trace donnée est Pα. Je mène un plan vertical LT perpendiculaire à Pα, la trace verticale du plan est ab' faisant avec LT l'angle α du plan avec le plan horizontal (94-95).

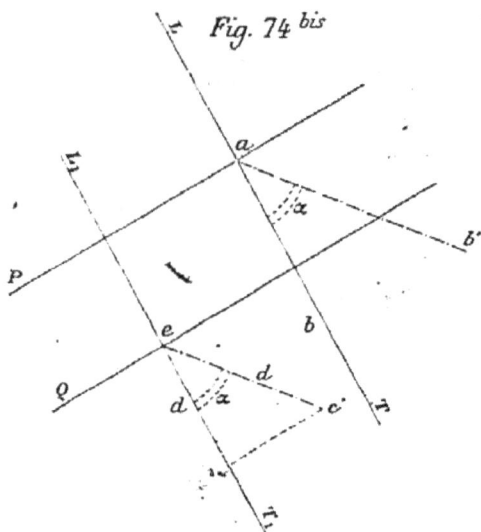
Fig. 74 bis

Le point donné est c : je mène par ce point un plan vertical L_1T_1 parallèle à LT; c', tel que cc' représente la cote donnée, est la projection verticale de c, et la trace verticale sur L_1T_1 du plan cherché Q, qui est parallèle à P, sera $c'e$ faisant avec L_1T_1 l'angle α; e est donc un point de la trace horizontale du plan Q. Cette trace est eQ parallèle à Pα.

105. Problème.— *On donne une droite ab par sa projection horizontale sa trace horizontale a et l'angle qu'elle fait avec le* plan horizontal. On définit une droite cd de la même manière, mener par ab un plan à parallèle à cd. (Fig. 74 ter.)

Nous prenons un point e sur ab, et nous menons par ce point une parallèle ef à cd ; nous allons chercher la trace de cette droite.

Nous prenons un plan vertical passant par ab ; ab est la ligne de terre et la projection verticale est ab' faisant avec ab l'angle α donné (56) ; ee' est la côte du point e.

Nous prenons un plan vertical dont ef est la ligne de terre le point e vient en e'_1, tel que $ee'_1 = ee'_2$, et nous menons par ce point e'_1/ faisant avec ef l'angle 6 égal à l'angle de la droite cd (56) ; le point f est la trace de ef. La trace du plan est donc af. Nous déterminerons l'angle de ce plan avec le plan horizontal, en prenant un plan vertical dont la ligne de terre est eh perpendiculaire à sa trace horizontale (95).

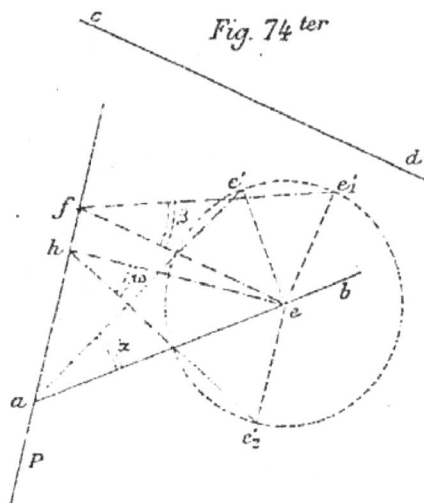

Fig. 74 ter

Ce plan vertical coupe le plan P suivant une ligne de plus grande pente qui passe par les points e et h ; e vient en e'_2 tel que $ee'_2 = ee'$, e'_2h fait une he l'angle Ω cherché.

Problème. — Construire l'intersection de deux plans.

106. 1er cas. *Les deux plans sont donnés par leurs traces.* (Fig. 75.)

La trace verticale de l'intersection se trouve à la fois sur les traces verticales des deux plans, puisque l'intersection est une droite contenue dans chacun d'eux, elle est à leur point de rencontre b'.

La trace horizontale est au point de rencontre des traces horizontales, pour la même raison. Elle est au point a ; on a donc les deux projections a'b' ab de la droite cherchée.

On doit toujours opérer de la même manière, quelle que soit la situation des traces des plans, lorsque ces traces se rencontrent.

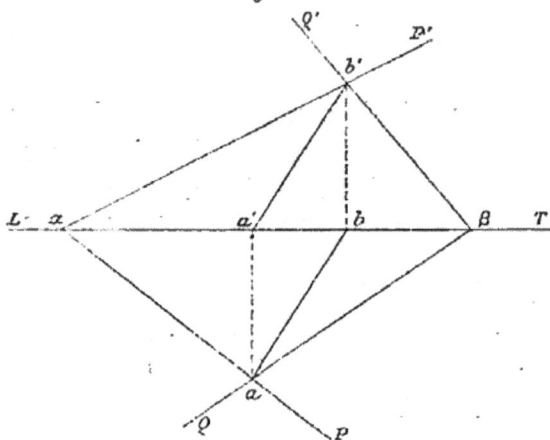

Fig. 75

107. 2ᵉ cas. *L'un des plans est horizontal ou de front.* (Fig. 76.)

Soit le plan P'αP et le plan horizontal Q'.

L'intersection étant dans le plan Q' sera projetée sur la trace verticale du plan; sa trace verticale est en *a'* point de rencontre des traces verticales des deux plans et la projection *a* est un point de la projection horizontale; c'est d'ailleurs une droite horizontale du plan P; donc elle est parallèle à sa trace horizontale (69), ses deux projections sont *a'b'* confondues avec Q' et *ab* parallèle à αP.

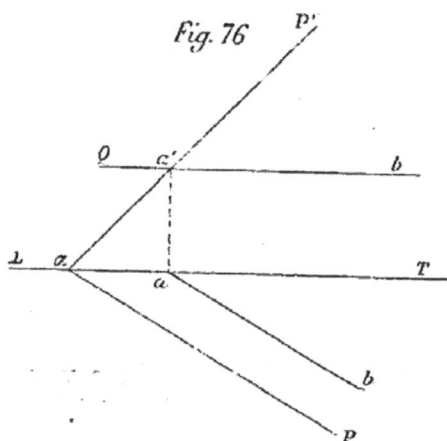

Fig. 76

Si l'on donne le plan P'αP et le plan de front Q, l'intersection est la droite de front *ab*, *a'b'*.

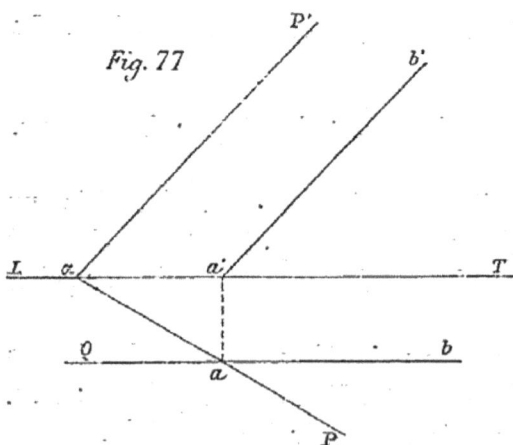

Fig. 77

108. 3ᵉ cas. *Les traces des deux plans*

ne se rencontrent pas dans les limites de l'épure. (Fig. 78.)

Les deux plans sont P'αP et Q'βQ.

On coupe les deux plans par un troisième choisi de manière à donner des intersections faciles à construire.

Prenons par exemple un plan horizontal dont la trace verticale soit R'; il coupe le plan P suivant une horizontale projetée verticalement en $b'a'$ et horizontalement en ba (107), il coupe le plan Q suivant une horizontale projetée verticalement en $c'a'$ et horizontalement en ca (107).

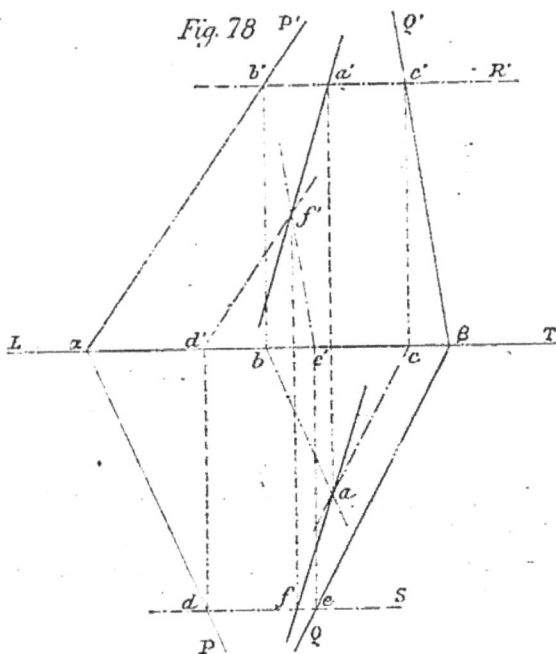

Fig. 78

Ces deux horizontales étant dans le même plan se rencontrent au point dont la projection horizontale est a et dont la projection verticale est a' située sur la projection verticale commune des deux horizontales (62 *bis*).

On pourrait obtenir un second point d'intersection de la même manière, en employant un second plan horizontal. Nous avons indiqué la construction du second point par un plan de front dont la trace horizontale est S : il coupe le plan P suivant une droite de front dont la projection horizontale est df, la trace horizontale est d, et la projection verticale est $d'f'$; il coupe le plan Q suivant une droite de front dont la projection horizontale est ef et la projection verticale $e'f'$; ces deux lignes de front se coupent au point f' dont f est la projection horizontale. On a donc deux points de l'intersection qui est projetée suivant $a'f'$, af.

109. 4ᵉ cas. *Les traces sur un même plan sont parallèles.* (Fig. 79.)

Les deux plans passent alors par deux droites parallèles, l'intersection est parallèle à ces droites.

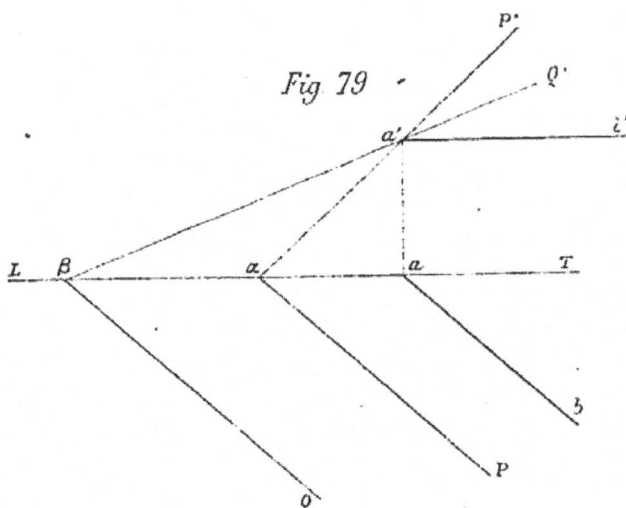

Fig 79

Par exemple, si les deux plans ont leurs traces horizontales parallèles, l'intersection est une horizontale $a'b'$, ab dont la trace verticale est au point de rencontre a' des traces verticales et qui est parallèle aux deux traces.

110. 5ᵉ cas. *Les deux plans sont donnés chacun par trois points et l'on ne peut construire leurs traces.* (Fig. 80.)

Le plan P est déterminé par les trois points aa', bb', cc' ; le plan Q est déterminé par les trois points dd', ee', ff'.

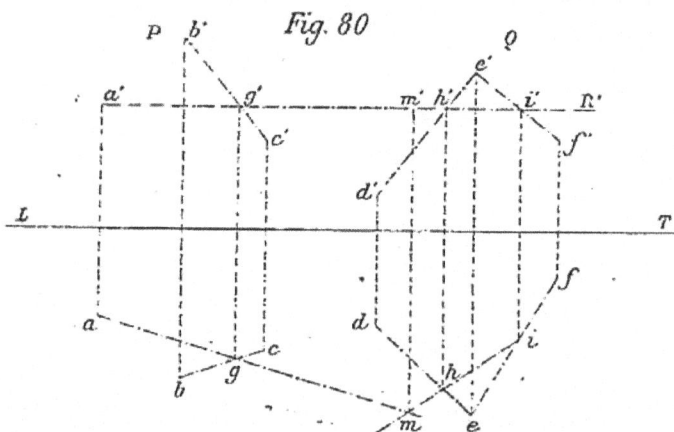

Fig. 80

Nous menons par le point aa' le plan horizontal R' ; le point $g'g$ de la droite bc, $b'c'$ a la même cote que ce plan horizontal donc il y est contenu ; c'est un point de l'horizontale du plan P située dans le plan R' et cette horizontale est ag — $a'g'$ (31) ; le point hh' de la droite ed $e'd'$ et le point ii' de la droite ef, $e'f$, sont dans le plan horizontal R' et déterminent dans le plan

Q l'horizontale *hi*, *h'i'* ; les deux horizontales se rencontrent au point *mm'* qui est un point de l'intersection. On obtiendrait un second point au moyen d'un autre plan horizontal auxiliaire. On pourrait encore employer des plans de front; nous ne faisons pas la construction.

110. bis. — Nous faisons observer immédiatement, d'après ce que nous venons de voir, que le point de rencontre d'une droite avec un plan horizontal a pour projection verticale le point où se croisent la projection verticale de la droite et la trace verticale du plan horizontal. Nous obtiendrons de même le point de rencontre d'une droite avec un plan, de front.

111. 6e cas. — *Les 2 plans sont parallèles à la ligne de terre.*
L'un des plans a pour traces PP'.
Le second plan a pour traces Q'Q'. (Fig. 81.)
L'intersection sera parallèle à la ligne de terre, il suffit d'en construire un point.

.Nous coupons les 2 plans par un plan auxiliaire, et nous prenons un plan R'αR perpendiculaire au plan vertical.

L'intersection avec le plan P aura pour projection horizontale la droite *a b* (106), (projection verticale αR');

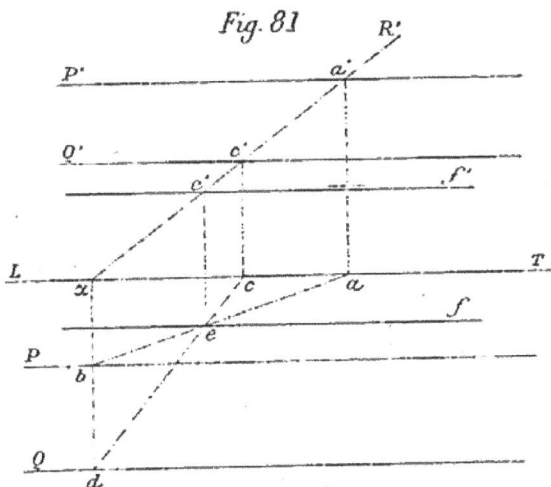

Fig. 81

l'intersection avec le plan Q aura pour projection horizontale *cd* (106) (projection verticale sur αR'). Ces 2 droites se coupent au point *e* dont la projection verticale est *e'*; le point *ee'* est un point de l'intersection dont les projections sont *ef*, *e'f'*.

112. 7e cas. — *L'un des points passe par la ligne de terre et un point.* (Fig. 82.)

On considère un plan Q passant par la ligne de terre et le point *a a'*, et le plan P'αP donné par ses traces. Nous coupons par le plan horizontal R' qui contient le point *a'a* ; il coupe le plan Q suivant une horizontal parallèle à la ligne de terre et passant par le point *aa'* ; *ac* est la projection horizontale de cette droite (107). Ce même plan R' coupe le plan P suivant une horizontale *b'c'*, *bc* ; les deux horizontales se rencontrent au point *cc'* qui est un point de l'intersection des deux plans.

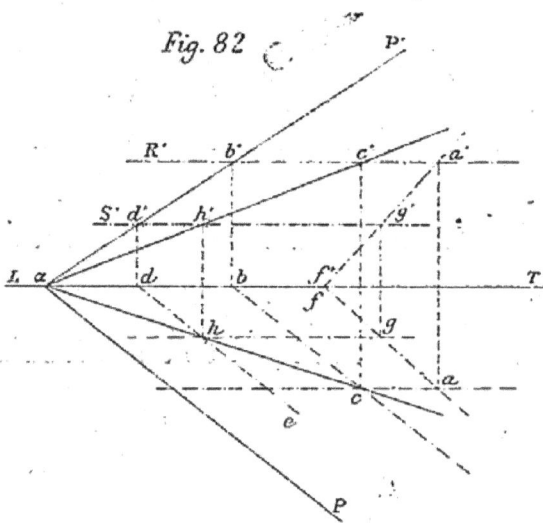

D'ailleurs le point α est un autre point de cette intersection, puisque c'est le point où le plan P rencontre la ligne de terre, et il est à la fois la trace horizontale et la trace verticale de l'intersec-

Fig. 82

tion ; l'intersection a donc pour projection αc, αc'. Le point α peut être éloigné, et il faut construire un autre point.

Nous pouvons employer un autre plan auxiliaire S' horizontal ; ce plan coupe le plan P suivant l'horizontale *de*, *d'e'* et le plan Q suivant une parallèle à la ligne de terre dont la projection verticale est *d'e'* et dont nous devons construire la projection horizontale ; nous en obtiendrons un point en menant dans le plan Q l'oblique quelconque *a'f' af* ; le point *g'* de cette droite situé sur la trace S' et dont la projection horizontale est le point *g* est un point situé dans le plan horizontal S' et dans le plan Q ; l'horizontale du plan Q est alors *gh*, *g'h'* ; les deux horizontales se rencontrent au point *h*, *h'*, qui est un point de l'intersection cherchée.

113. 8ᵉ cas. — *Les traces des 2 plans sont séparément en ligne droite.* (Fig. 83.)

Les deux plans sont perpendiculaires au plan bissecteur

du second dièdre, l'intersection est donc perpendiculaire à ce
plan bissecteur;
sa trace hori-
zontale est au
point a sur les
deux traces ho-
rizontales, sa
trace verticale
est en b' point
de rencontre
des traces ver-
ticales, ses pro-
jections sont ab,

Fig. 83

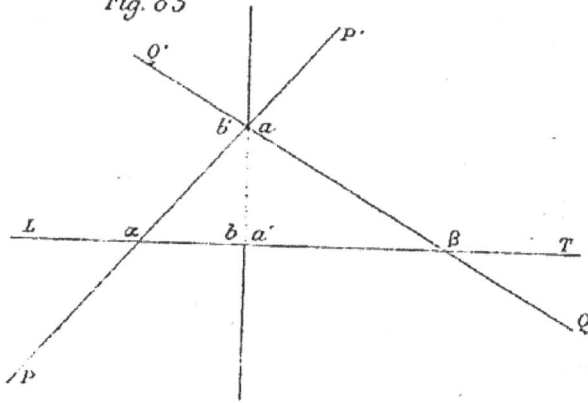

$a'b'$; c'est une droite dont les deux projections sont situées sur
une même perpendiculaire à la ligne de terre et dont les
traces sont confondues au point ab'.

114. 9e cas. — *Les deux plans sont donnés chacun par sa
trace horizontale et un point.* (Fig. 84).

On donne le plan P par sa trace horizontale P et le point pp'.

On donne le plan Q par sa trace horizontale Q et le point $q\ q'$

Nous employons comme plan auxiliaire le plan vertical
qui contient
la droite pq,
$p'q'$; la trace
du plan est
$apqb$; il cou-
pe le plan P
suivant une
droite dont
la trace hori-
zontale est
en b et qui
passe par le
point $p'p'$; la
projection
verticale de
cette droite

Fig. 84

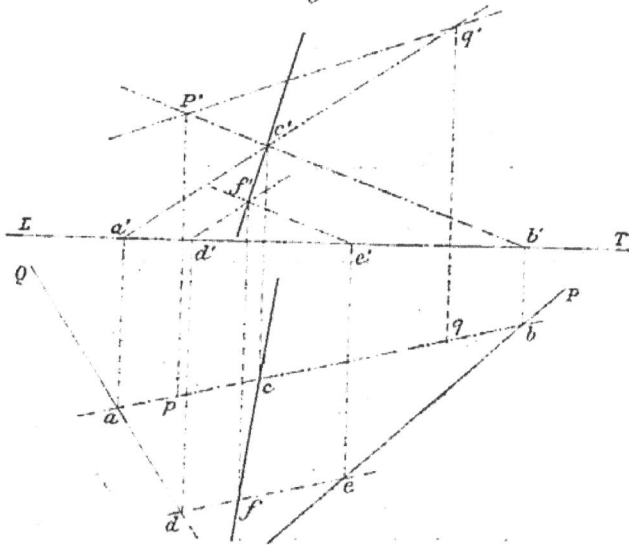

est $b'p'$; il coupe le plan Q suivant une droite dont la trace horizontale est au point a et qui passe par le point qq', la projection verticale de cette droite est $a'q'$.

Les 2 lignes $b'p'$, et $a'q'$ se rencontrent au point c' qui est la projection verticale d'un point de l'intersection ; c est la projection horizontale de ce point.

Pour obtenir un autre point, nous employons un second plan vertical parallèle au premier. Sa trace horizontale est de ; il coupe le plan P suivant une droite $e'f'$ parallèle à $b'c'$, et le plan Q suivant une droite $d'f'$ parallèle à $a'c'$; les projections horizontales des 2 droites sont confondues suivant de.

Le point de rencontre f' de leurs projections verticales est la projection verticale d'un point de l'intersection dont f est la projection horizontale.

L'intersection est donc cf, $c'f'$.

115. 10e **cas.** — *Les 2 plans sont donnés chacun par une ligne de plus grande pente.* (Fig. 85.)

ab, $a'b'$ est la ligne de plus grande pente d'un plan P par rapport au plan horizontal.

cd, $c'd'$ est la ligne de plus grande pente d'un plan Q par au plan horizontal.

Nous coupons les deux plans par un plan auxiliaire horizontal dont la trace verticale est R'. Ce plan coupe le plan P suivant une horizontale qui passe par le point dont les projections sont ee', et dont la projection horizontale eg est perpendiculaire à la projection hori-

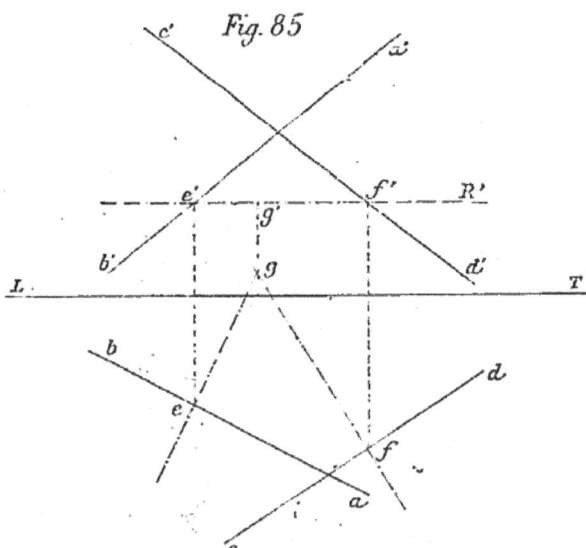

Fig. 85

zontale ab de la ligne de plus grande pente (73) ; de même le plan R' coupe le plan Q suivant une horizontale qui passe par le point $f'f$ et dont la projection horizontale fg est perpendiculaire à la projection horizontale cd de la ligne de plus grande pdnte (73). Ces deux horizontales se rencontrent au point g dont la projection verticale est g'; le point gg' est un point de l'intersection des deux plans.

On en construira un second en employant un second plan auxiliaire horizontal.

116. 10 *bis.* — *Le plan* P *est donné par sa ligne de plus grande pente* ab, a'b' *par rapport au plan horizontal. Le plan Q est donné par sa ligne de plus grande pente* cd, c'd' *par rapport au plan vertical.* (Fig. 86.)

Nous figurons dans le plan P l'horizontale eg-$e'g'$, et dans le plan Q, la ligne de front kh, $k'h'$. Le plan horizontal R' qui contient l'horizontale $e'g'$, eg du plan P, coupe la ligne cd, $c'd'$ au point ff' (110 bis); il coupe la ligne kh, $k'h'$ au point kk'; kf, $k'f'$ est une horizontale du plan Q; elle croise l'horizontale du plan

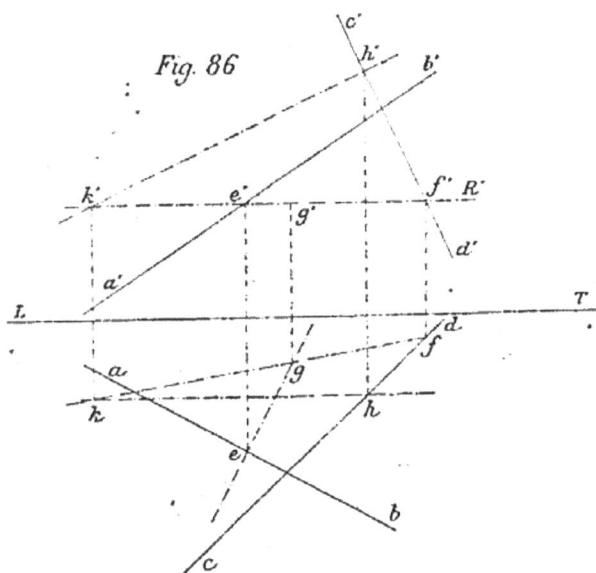

Fig. 86

P au point gg' qui est un point de l'intersection.

Un second plan horizontal donnera un autre point.

117. 11e **cas.** — *On donne deux plans par leurs traces horizontales et les angles qu'ils font auec le plàn horizontal, construire leur intersection.* (Fig. 87.)

On donne le plan P par sa trace horizontale Pα; on connaît son angle avec le plan horizontal. Nous prenons un plan vertical perpendiculaire à Pα, la ligne de terre est LT ; la trace verticale du plan est P' faisant avec LT l'angle donné (94).

De même nous prenons un plan vertical perpendiculaire à la trace horizontale $6Q$; la ligne de terre est L_1T_1, la trace verticale du plan est $\beta Q'$ faisant avec L_1T_1 l'angle donné (94).

Pour construire un point de l'intersection nous allons

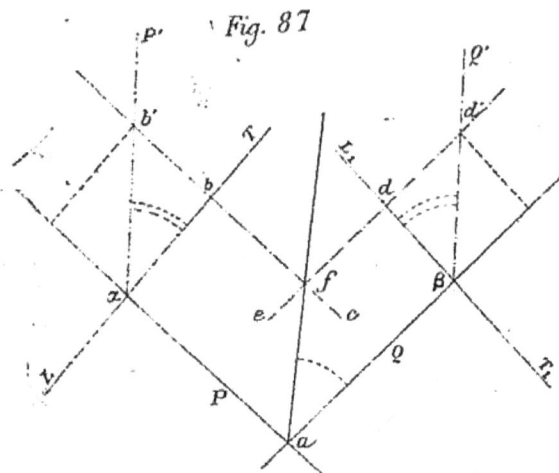

Fig. 87

tracer dans chacun des plans une horizontale, ces deux horizontales étant à la même cote, c'est-à-dire dans le même plan horizontal une horizontale située dans le plan P sera perpendiculaire au plan vertical LT, et la trace verticale sera en un point b', ($b'b$ est sa cote) ; sa projection horizontale sera la ligne bc perpendiculaire a la ligne de terre LT.

Dans le plan Q nous prenons une horizontale dont la trace sera en un point d' tel que $d'd = b'b$, de sera la projection horizontale de cette ligne ; bc et de se rencontrent en un point f qui est la projection horizontale d'un point de l'intersection, point dont la cote est égale à b b'. Dans notre exemple les traces des deux plans se coupent au point a, et la projection horizontale de l'intersection est af. — Si l'on voulait construire un autre point on prendrait deux autres horizontales à la même cote.

118. Problème. — Construire l'intersection de trois plans donnés par leurs traces. (Fig. 88.)

Les trois plans donnés sont $P\alpha P' - Q 6 Q'$ et $R \gamma R'$. On construit les intersections de ces plans deux à deux, on obtient trois droites qui se rencontrent au point cherché. —

L'intersection du plan P et du plan Q est la droite ab $a'b'$. L'intersection du plan P et du plan R est la droite cd c' d'. L'intersection du plan Q et du plan R est la droite ef $e'f'$. Ces trois droites passent par le point m, m' qui est le point cherché.

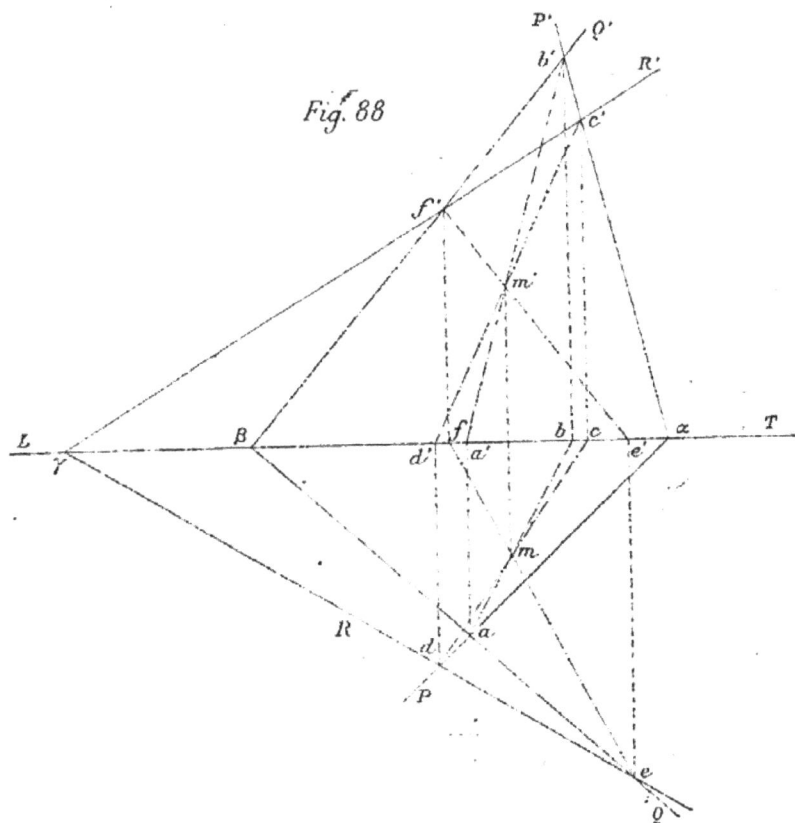

Fig. 88

119. Problème. — Construire le point de rencontre d'une droite et d'un plan. (Fig. 89.)

La méthode consiste à mener par la droite un plan; ce plan coupe le plan donné suivant une ligne d'intersection qui rencontre la droite au point demandé. Tout plan passant par la droite peut servir à résoudre la question, il suffit que les traces passent par les traces de la droite; on doit seulement le choisir tel que son intersection avec le plan donné soit facile à obtenir.

En général, on cherche à employer un des plans qui projettent la droite. Nous supposerons d'abord que le plan est donné par ses traces.

On donne le plan P' α P, et la droite ab. $a'b'$, nous considérons le plan qui projette la droite sur le plan vertical; c'est le plan perpendiculaire au plan vertical dont la trace verticale est $c'b'$ et dont la trace horizontale est la perpendiculaire $b'd$ à la ligne de terre. — Ce plan coupe le plan P′αP suivant la droite $c'd'$, cd (106). La projection horizontale cd rencontre ab au point e, projection horizontale du point cherché dont la projection verticale est e'.

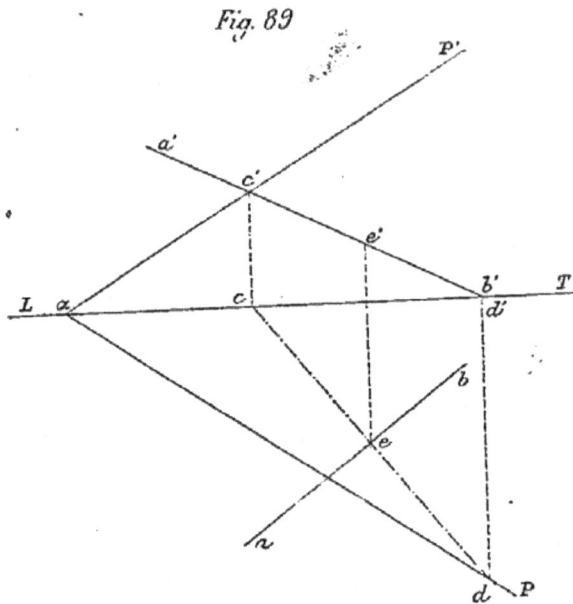

Fig. 89

On eût pu, dans cette figure, se servir aussi du plan qui projette la droite ab sur le plan horizontal.

120. — *Dans le cas où ces plans auxiliaires ne peuvent servir* parce que leurs traces ne coupent pas les traces du plan donné dans les limites de l'épure, on se sert d'un plan quelconque passant par la droite, il est souvent commode

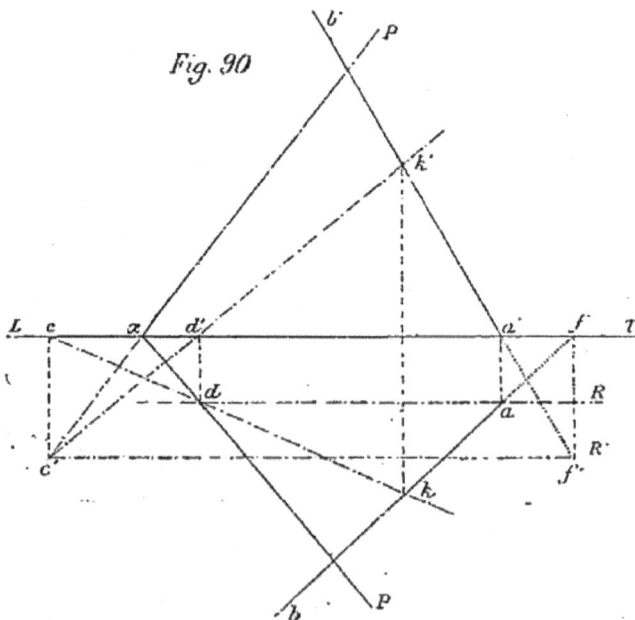

Fig. 90

de prendre le plan passant par la droite et parallèle à la ligne de terre. Le plan donné est PαP′ ; la droite est ab, $a'b'$. On voit que les traces des plans qui projettent la droite croiseraient les traces du plan P en dehors des limites de l'épure.

Nous construisons les traces a. et f' de la droite ab, $a'b'$, nous faisons passer par ces traces les droites RR′ parallèles a la ligne de terre ; nous déterminons ainsi un plan RR′ passant par la droite ; ses traces rencontrent les traces du plan P aux points c' et d ; la droite d'intersection des deux plans est cd, $c'd'$ qui coupe la droite ab, $a'b'$ au point cherché KK′.

121. Cas particuliers. 1er. — *La droite donnée est perpendiculaire à l'un des plans de projection. Le plan est donné par ses traces.* (Fig. 91.)

Le plan donné est PαP. La droite est perpendiculaire au plan vertical, et ses projections sont a', ab.

Tout plan passant par la droite sera perpendiculaire au plan vertical. Prenons parmi ces plans le plan horizontal $a'd'$; il coupe le plan P suivant l'horizontale dont la projection est dc (107), qui détermine le point de rencontre cherché c.

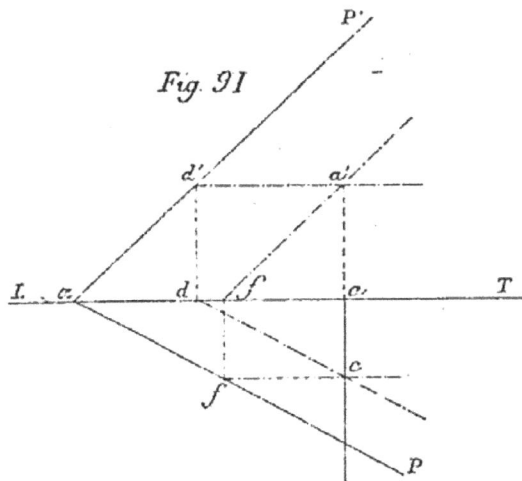

Fig. 91

122. — *Autrement.* Supposons connu le point de rencontre du plan et de la droite, nous pouvons imaginer par ce point une ligne de front du plan. La projection verticale de cette ligne de front passera nécessairement par le point a' puisque ce point est la projection verticale de tous les points de la droite, elle sera donc $a'f'$, nous pouvons en déduire sa projection horizontale fc qui passera par le point cherché c.

123. 2ᵉ cas. — *Le plan est perpendiculaire à un plan de projection.* (Fig. 92.)

Le plan P′ α P est vertical, les projections de la droite sont ab, a′b′. Tous les points du plan sont projetés sur sa trace horizontale, le point de rencontre aura sa projection horizontale sur cette trace, mais ce point est en même temps un point de la droite, c'est nécessairement le point de la droite dont la projection horizontale est le point c et dont la projection verticale est le point c′.

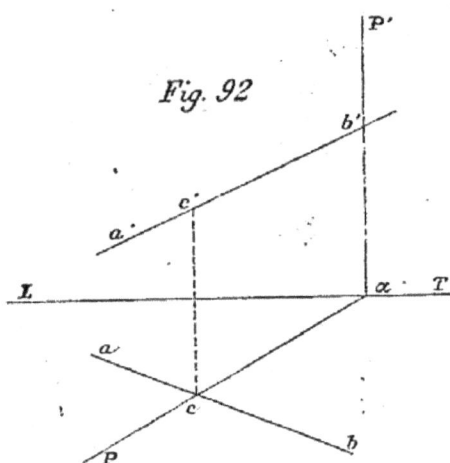

Fig. 92

124. 3ᵉ cas. — *Le plan est déterminé par deux droites.* (Fig. 93.)

Les deux droites qui déterminent le plan P sont ab, a′b′ et ac. a′c′. On veut connaître le point de rencontre de ce plan avec la droite de. d′e′. Nous considérons le plan vertical qui projette la droite de sur le plan horizontal, ce plan aura pour trace horizontale la droite de.

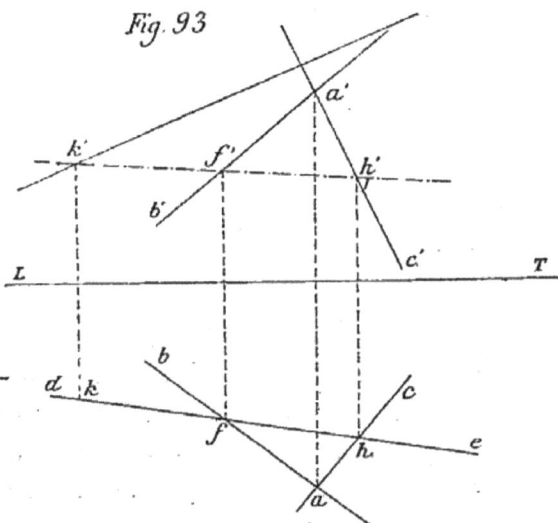

Nous prenons les points de rencontre de ce plan avec les deux droites données, il coupe la droite ab, a′b′ au point ff′, et coupe la droite ac, a′c′ au point hh (123) la droite fh, f′h′ est donc l'intersection du plan P avec le plan vertical de.

Fig. 93

La projection verticale $f'h'$ croise $d'e'$ au point K' qui est la projection verticale du point cherché, ce point K se projette K sur de.

125. — On peut employer une construction analogue quand le plan est donné par ses traces, et que les traces des plans projetants de la droite ne peuvent être utilisées. (Fig. 94.)

Le plan est P'αP, la droite ab, $a'b'$.

On ne peut utiliser les traces des plans projetants. Nous traçons une horizontale cd, $c'd'$ du plan, et nous considérons le plan comme déterminé par sa trace horizontale αP et cette horizontale.

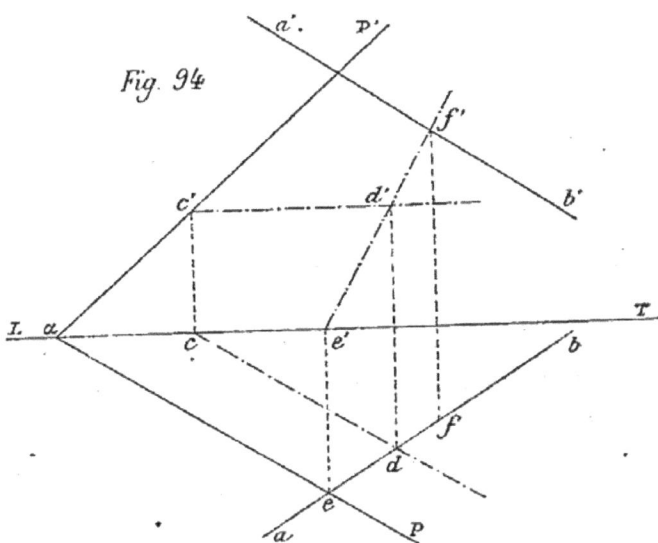

Fig. 94

Nous appliquons la construction précédente au plan projetant horizontalement la droite; l'intersection de ce plan avec le plan P est ed, $e'd'$ qui coupe la droite $a'b'$, ab au point cherché $f'f$.

126. 4ᵉ cas. — *Le plan a ses traces en ligne droite, et la droite a ses projections en ligne droite.* (Fig. 95.)

La construction ordinaire s'applique sans modification. On considère le plan que projette la droite sur le plan horizontal par exemple. Le plan est P' αP, la droite ab, $a'b'$, le point mm' est le point d'intersection de la droite et du plan. Figurons une autre droite eK, $e'K'$, et construisons de même son intersection nn' avec le plan. Les points α —m, m' — n,n' sont en ligne droite. En effet, les droites ab, $a'b'$ et du second dièdre eK, $e'K'$ sont des droites du plan bissecteur, du second dièdre,

le lieu des points d'intersection de ces droites avec le plan P
est l'intersection du second plan bissecteur avec le plan P :

Fig. 95

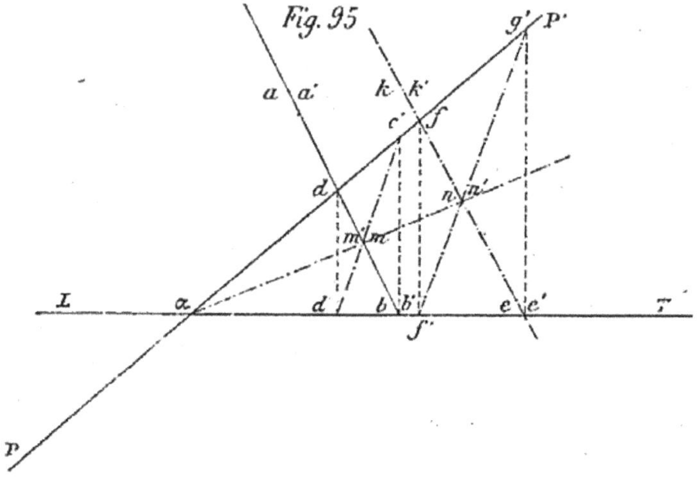

127. — *Démonstrations de théorèmes de géométrie plane.* Or si
l'on considère la figure comme une figure plane nous démon-
trons ainsi un théorème de transversales que nous pouvons
énoncer : (Fig. 95 *bis.*)

On donne deux droites qui se coupent AB *et* AC, *on mène une*
transversale quelconque DE.

Des points D *et* E *on abaisse des perpendiculaires sur l'une des*
droites, *et l'on mène la seconde dia-*
Fig. 95 *bis*
gonale du trapèze ainsi formé, elle
coupe la transversale DE *en un point*
H : *le lieu des points* H *est une ligne*
droite qui passe par le point A.

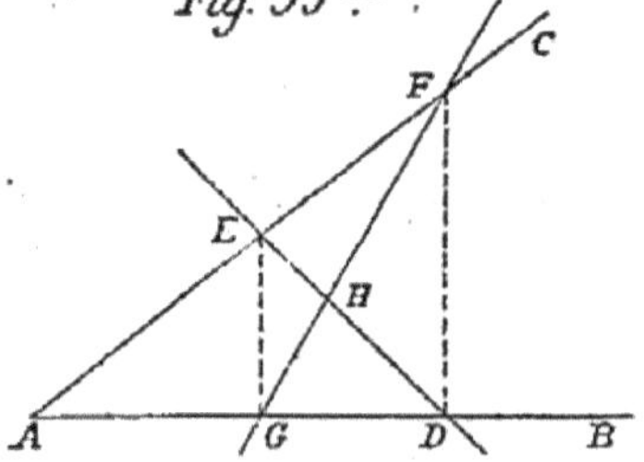

Nous trouvons ainsi une exemple de démonstration d'un théorème de géométrie plane, démonstration résultant d'une propriété
des figures de l'espace, dont la figure plane est la projection.
Voici un autre exemple d'une démonstration semblable.

128. — *On donne deux droites* P *et* Q *dont le point de rencontre*
est éloigné; on demande de mener par un point m *une droite passant*
par le point de rencontre des droites P *et* Q. (Fig. 95 *ter.*)

Nous pouvons dire que la droite P est la trace d'un plan

qui est déterminé par cette trace et le point dont la projection est m ; de même nous considérons un second plan déterminé par Q et le point m, la droite que nous cherchons est la projection de l'intersection de ces deux plans.

Traçons la droite mb du plan P, la droite ma du plan Q. Nous pouvons imaginer le plan passant par ces deux droites ; ce plan aura pour trace horizontale la droite ab. Coupons les deux plans par un plan parallèle, nous traçons R_1 parallèle à R, ce plan auxiliaire détermine dans le plan P une droite $b_1 m_1$ parallèle à bm, dans le plan Q une droite $a_1 m_1$ parallèle à am, et ces deux droites se rencontrent en un point m,

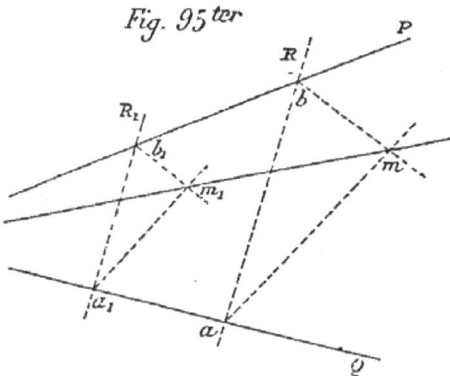

Fig. 95 ter

qui est la projection horizontale d'un point de l'intersection des deux plans : la droite cherchée est donc $m\, m_1$ qui passera par le point de rencontre des traces P et Q.

On pourrait multiplier ainsi ces exemples, et nous reviendrons encore sur des faits de ce genre tantôt en employant une figure plane pour démontrer une propriété de figures de l'espace, tantôt justifiant une construction plane en la considérant comme la projection de figures à trois dimensions.

129. — 5° cas. *On donne un plan par sa trace horizontale et l'angle qu'il fait avec le plan horizontal. On donne une droite par sa projection horizontale, sa trace horizontale et l'angle qu'elle fait avec le plan horizontal. Déterminer la projection et la cote du point de rencontre de la droite et du plan.* (Fig. 96.)

P est la trace horizontale du plan — ab est la projection horizontale de la droite, a est la trace horizontale.

Nous prenons le plan vertical qui projette la droite, et nous cherchons son intersection avec le plan.

Le point b est la trace horizontale de cette ligne qui est projetée suivant ba, cherchons la cote du point projeté en c; pour l'obtenir, nous menons la ligne de plus grande pente

qui passe par le point ; cd est cette ligne perpendiculaire à P.
Nous prenons cd' pour ligne de terre, et la projection verticale est dc_1 qui fait avec dc un angle égal à l'angle α que fait
ce plan avec le plan horizon-
tal : c, c'_1 est la cote du point c',
et la ligne d'intersection du
plan P avec le plan qui projette horizontalement la droite
ab est déterminée.

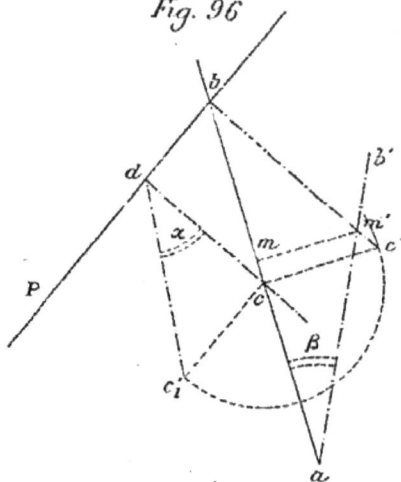

Fig. 96

Nous considérons le plan
vertical ab ; la droite ab se
projette suivant ab' faisant
avec ab l'angle donné β de la
droite avec le plan horizontal ;
la droite bc a pour projection
bc', le point c étant tel que
$cc' = cc'_1$ les deux droites se
rencontrent au point m' dont la projection horizontale est m ;
c'est le point cherché et sa cote est mm'.

130. — 6ᵉ cas. *On donne deux droites* ab, cd *par leurs projection horizontale, leurs traces horizontales* a, *et* c. *Les angles* α *et*
6 *qu'ils font avec le plan horizontal. — Ces deux droites déterminent un plan.*

On donne une troisième droite fg *par la projection horizontale, sa trace* f,
l'angle γ *qu'elle
fait avec le plan
horizontal.*

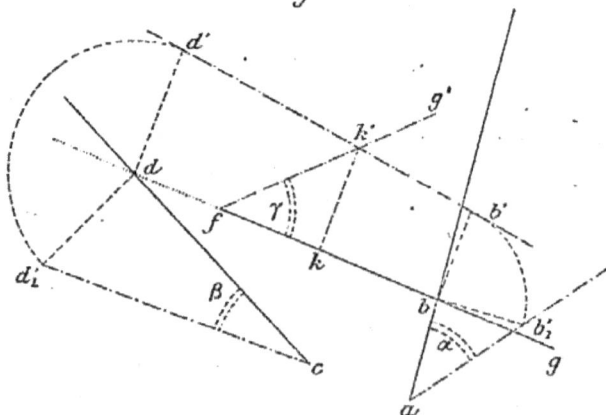

Fig. 97

*Déterminer
le point de ren-
contre de cette
droite avec le
plan des deux
premières* (fig.
97.)

Nous indi-
quons les con-
structions.

Le plan vertical *fg* coupe les 2 droites aux points *b* et *d*; la cote du point *b* s'obtient sur le plan vertical *ab*; la droite *ab* vient en *ab′₁*, faisant avec *ab* l'angle α; *bb′₁* est la cote de *b*. On considère ensuite le plan vertical *cd*, la droite *cd′₁* fait avec *cd* l'angle β; *dd′₁* est la cote de *d*.

On prend pour troisième plan vertical *fg*, la droite vient en *fg′* faisant avec *fg* l'angle γ; la droite *bd* — vient en *b′d′* en prenant les cotes déjà obtenues pour les points *b* et *d* — *fg′* et *b′d′* se croisent au point *k′* qui est le point cherché, sa projection horizontale est le point *k*, sa cote est *kk′*.

Applications. Problème. — *Construire une droite passant par un point et rencontrant deux droites données.*

On donne la droite *ab*, *a′b′*, le droite *cd*, *c′d′*, on veut mener par le point *ee′* une droite qui rencontre ces deux droites.

131. 1ʳᵉ solution (fig. 98). — On mène par chacune des droites et le point un plan. Ces plans se coupent suivant une ligne qui passe par le point *ee′*, puisque les deux plans con-

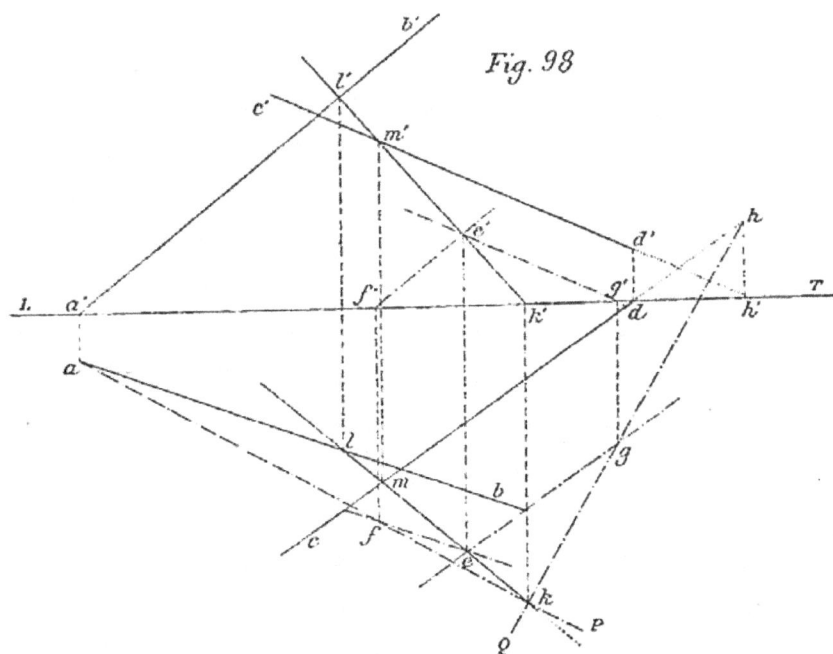

Fig. 98

tiennent ce point, et qui rencontre les deux droites puisqu'elle est dans un plan avec chacune d'elles. — Le premier plan sera mené par *ab*, *a′b′* et le point *ee′* ; — pour le déterminer nous faisons passer par *ee′* une parallèle *ef*, *e′f′* à la droite (63).

Le second plan sera mené par *cd*, *c′d′* et le point *ee′* ; pour le déterminer nous faisons passer par *ee′* une parallèle à *e′g′* *eg* a la droite (63).

Nous devons construire un point de l'intersection de ces deux plans, essayons si leurs traces horizontale se coupent. La trace horizontale P du premier passe par les traces horizontales *a et f* des deux droites ; la trace horizontale Q du second plan passe par les traces horizontales *g* et *h* des deux droites ; l'intersection des droites P et Q est le point *k*, *k′*, qui appartient à la droite cherchée. Cette droite est *ke k′e′*, qui rencontre les deux droites en *l*, *l′* et en *m*, *m′*.

Si les traces horizontales des deux plans ne se coupent pas dans l'épure, on emploiera un plan horizontal auxiliaire, et l'on déterminera dans chacun des plans une horizontale. Le point commun à ces deux horizontales sera un point de l'intersection (110.)

132. 2e solution (fig. 99.) — On mène un plan par l'une

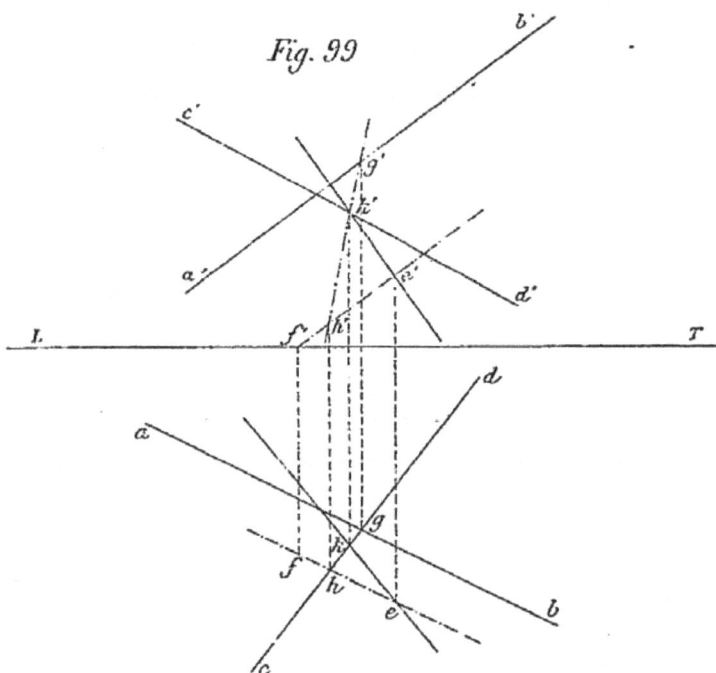

Fig. 99

des droites et par le point, on cherche l'intersection de la seconde avec ce plan, on joint le point ainsi obtenu au point donné. — La droite déterminée de cette manière est bien la droite cherchée : elle passe par le point, on la mène par un point de la seconde droite, et elle est dans un plan avec la première.

Les droites données sont ab, $a'b'$ et cd, $c'd'$, le point donné est ee'.

Nous déterminons le plan passant par $a'b'$, ab et le point ee en conduisant par ee' la droite ef, $e'f'$ parallèle à ab, $a'b'$ (63), le plan est déterminé par deux droites, et nous prenons, en opérant comme nous l'avons indiqué (124), son intersection avec cd, $c'd'$ (nous avons employé le plan qui projette la droite cd, $c'd'$ sur le plan horizontal), — la droite et le plan se coupent au point kk', et la droite cherchée est ke, $k'e'$ qui rencontre la première droite en ll'.

2e **Problème.** — *Construire une droite parallèle à une direction donnée et rencontrant deux droites données.*

ab, $a'b'$, — cd, $c'd'$ sont les deux droites, la direction donnée est ef, $e'f'$.

133. 1re solution. — Nous menons par chacune des droites un plan parallèle à ef $e'f'$, ces deux plans se coupent suivant la ligne cherchée. (Fig. 100.)

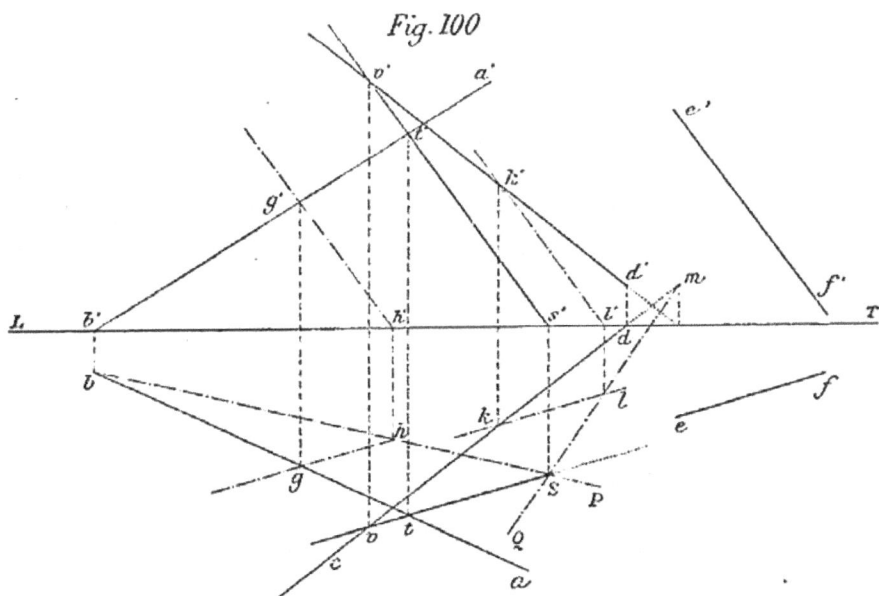

Fig. 100

Nous construisons le premier plan en traçant une parallèle *g'h'*, *gh* à *ef*, *e'f'* par un point *g*, *g'* pris sur *ab*, *a'b'*. La trace horizontale P de ce plan est la droite *bh* (103 *bis*).

Nous déterminons le second plan en traçant par le point *k*, *k'* pris sur *cd*, *c'd'* la parallèle *k'l'*, *kl* à *ef*, *e'f'* ; la trace Q de ce second plan est *lm* (103 *bis*.)

Les traces P et Q se coupent au point *s*, trace horizontale de la droite demandée, qui est parallèle à *ef*, *e'f'* ; c'est donc *stv*, *s't'v'* qui rencontre les deux lignes données aux points *tl'* et *vv'*.

134. 2ᵉ **solution.** — On mène, par l'une des droites, un plan parallèle à la direction donnée. — On prend l'intersection de la seconde droite avec ce plan, et l'on mène par le point obtenu une parallèle à la direction donnée.

(Nous ne construirons pas cette solution, que les exemples précédents permettront au lecteur de retrouver facilement.)

Exercice. — *Chacune des droites est dans un plan de profil.*

DROITES ET PLANS

135. Théorème. — *Quand une droite est perpendiculaire à un plan, la projection de la droite sur un second plan est perpendiculaire à l'intersection de deux plans.* (Fig. 101.)

Considérons un plan P, une droite AB perpendiculaire à ce plan ; le plan P coupe le plan H, suivant la droite CD. — Nous projetons AB sur H en abaissant les perpendiculaires Aa et Bb, qui forment un plan dont ab est la trace ; ab est la projection de droite et rencontre GD au point E. Le plan Aa et Bb est perpendiculaire au plan P et au plan H, puisqu'il contient des perpendiculaires à ces deux plans. Donc il est perpendiculaire à leur intersection CD ; réci-

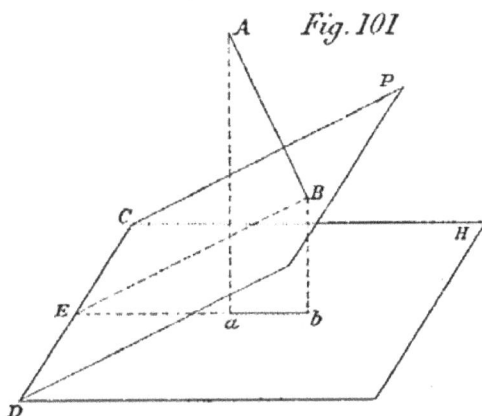

Fig. 101

proquement, CD, perpendiculaire au plan Aa et Bb, est perpendiculaire à ab, qui passe par son pied dans ce plan.

136. *Réciproque.* — La réciproque de cette proposition n'est vraie que si les projections d'une droite sur deux plans sont perpendiculaires aux traces du plan sur les deux mêmes plans. (Fig. 101 *bis*.)

Considérons un plan P'αP et une droite ab, $a'b'$.

ab est perpendiculaire à αP, $a'b'$ est perpendiculaire à αP'. Le plan que projette verticalement la droite AB de l'espace a pour trace verticale $a'b'$, perpendiculaire à $\alpha P'$, donc ce plan est perpendiculaire au plan P.

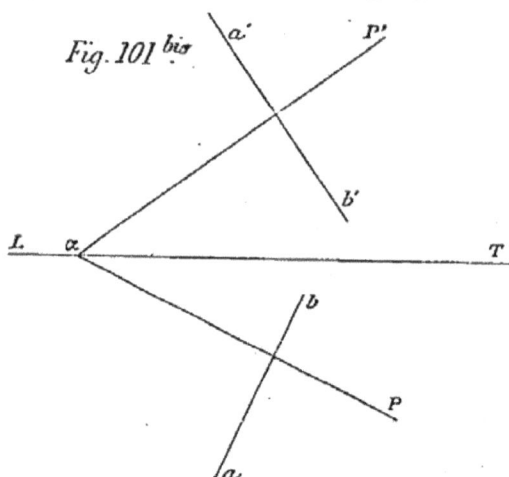

Fig. 101 ^{bis}

Le plan qui projette horizontalement la droite AB de l'espace a pour trace horizontale ab, perpendiculaire à αP, donc ce plan est perpendiculaire au plan P.

La droite est donc l'intersection de deux plans perpendiculaires au plan P, elle est perpendiculaire au plan.

137. Théorème. — *Un angle droit dont un des côtés est parallèle à un plan se projette sur ce plan suivant un angle droit.* (Fig. 102.)

CAB est un angle droit dont la projection sur le plan P est cab, AB est parallèle au plan; je dis quel'angle cab est droit.

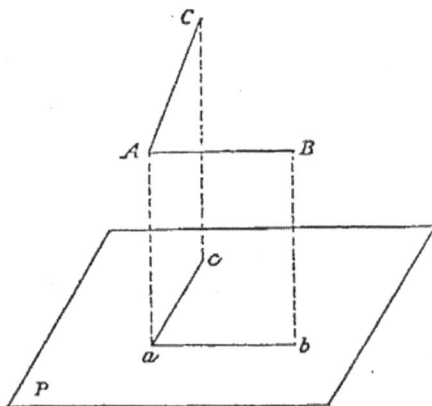

Fig. 102

AB et ab sont parallèles; or AB est perpendiculaire à la droite AC et à la droite Aa, puisque cette droite est perpendiculaire au plan P; donc AB est perpendiculaire au plan CAa, dont la trace sur le plan P est ac, projection de AC; donc ab est perpendiculaire sur ac.

138. 1ᵉʳ Réciproque. — *Un angle droit qui se projette sur un plan suivant un angle droit a un de ses côtés parallèle au plan.* (Fig. 102 bis.)

CAB est un angle droit, sa projection cab sur le plan P

est un angle droit, je dis qu'un des côtés est parallèle au plan.

Supposons que AB ne soit pas parallèle au plan P, nous pouvons mener par le point A dans le plan AB*ba* une droite AB,, parallèle au plan P, et par suite parallèle à *ab*; *ab* est perpendiculaire à *ac* et à *a*A, donc, au plan CA*ac*; sa parallèle AB, est aussi perpendiculaire à ce plan et, par suite, à la droite AC; donc la droite AC est perpendiculaire aux droites AB et AB,, par suite au plan BA *ab*, et comme ce plan est lui-même perpendiculaire à P, AC est parallèle à P.

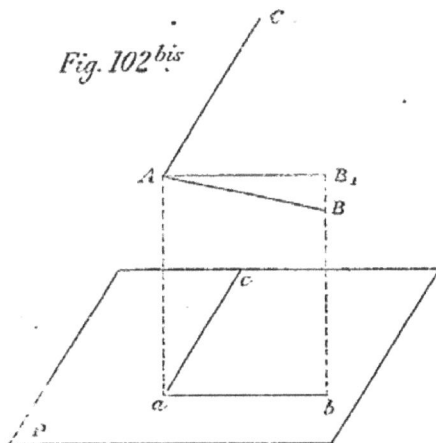

Fig. 102bis

139. 2° *Réciproque.* — *Un angle qui se projette suivant un angle droit et qui a un de ses côtés parallèle au plan est un angle droit.* (Fig. 102 *ter.*)

L'angle ACB se projette suivant l'angle droit *acb*.

AB est parallèle au plan P et, par suite, à *ab*.

Je dis que l'angle ACB est un angle droit.

ab est perpendiculaire à *ac* et à *a*A; donc au plan *ac*AC', AB, qui lui est parallèle, est aussi perpendiculaire à ce plan et, par suite, à la droite AC.

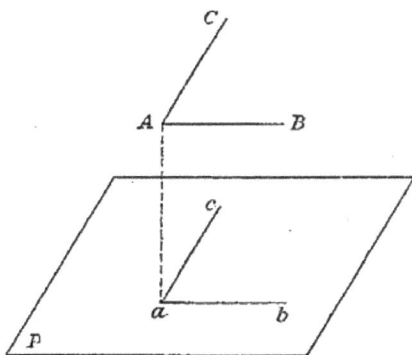

Fig 102ter

Problème. — *Mener par un point une perpendiculaire à un plan et trouver la distance du point au plan.*

140. 1er **cas.** —*On donne le plan par ses traces* P'αP,(fig. 103) :

Le point est *aa'*. Les projections de la droite sont perpendiculaires aux traces du plan (135), on mène donc *a'd'* perpen diculaire à P'α, *ad* perpendiculaire à Pα. *ad*, *a'd'* sont les deux projections de la perpendiculaire cherchée. Nous construisons le point de rencontre de cette droite et du plan, en employant

le plan auxiliaire qui la projette horizontalement; il coupe P'αP, suivant *bc*, *b'c'*, qui rencontre *ad*, *a'd'* au point cherché *dd'* (119).

La distance du point au plan est la vraie longueur de *ad*, *a'd'*. Nous faisons un changement de plan vertical, en prenant pour ligne de terre L_1T_1, la projection *ad* (53). La nouvelle projection verticale de *ad* est $a'_1d'_1$, qui fait connaître la grandeur demandée. — Re-

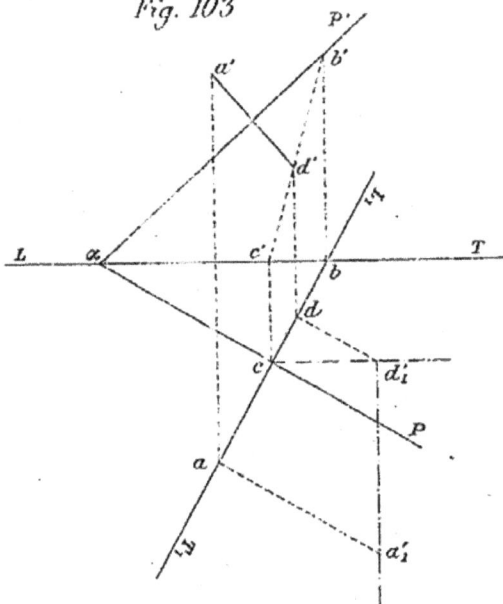
Fig. 103

marquons que si nous joignons le point *c* au point d'_1, la droite cd'_1 représente la trace du plan P sur le plan vertical L_1T_1, cette ligne est la ligne de plus grande pente du point P par rapport au plan horizontal, et elle doit être perpendiculaire à $a'_1d'_1$ (72).

141. 2ᵉ **cas.** — *On donne le plan par trois points, a,a' b,b' c,c'.* On veut mener la perpendiculaire par le point *dd'*. (Fig. 104.)

Nous allons tracer la projection horizontale de la droite en la menant perpendiculaire à une horizontale du plan. Nous coupons le plan donné par un plan horizontal passant par le point *aa'*; ce plan horizontal coupe la droite *b'c'*, *bc* au point *f,f'*; *af*, *a'f'* est l'horizontale du plan (107), et *dg* perpendiculaire à cette horizontale est la projection de la perpendiculaire au plan.

Nous prenons pour plan vertical le plan qui projette *dg*, le point *d,d'* a sa projection verticale en d'_1; le plan vertical

dg coupe le plan donné, suivant une droite dont nous pouvons construire la projection verticale ;

En effet, l'horizontale $gf, g'f'$ est rencontrée au point $g'g'_1$ (123) (gg'_1 étant la côte de l'horizontale), la droite bc est rencontrée au point hh'_1, ($hh'_1 = hh'$) ; donc g'_1h' est la trace verticale du plan donné sur le plan donné sur le plan L_1T_1. La perpendiculaire cherchée fait un angle droit avec cette ligne, c'est donc $d'_1k'_1$; le point kk' est le pied de la perpendiculaire. Sa projection verticale est $d'k'$, et sa vraie grandeur ou la distance du point au plan est d'_1k_1.

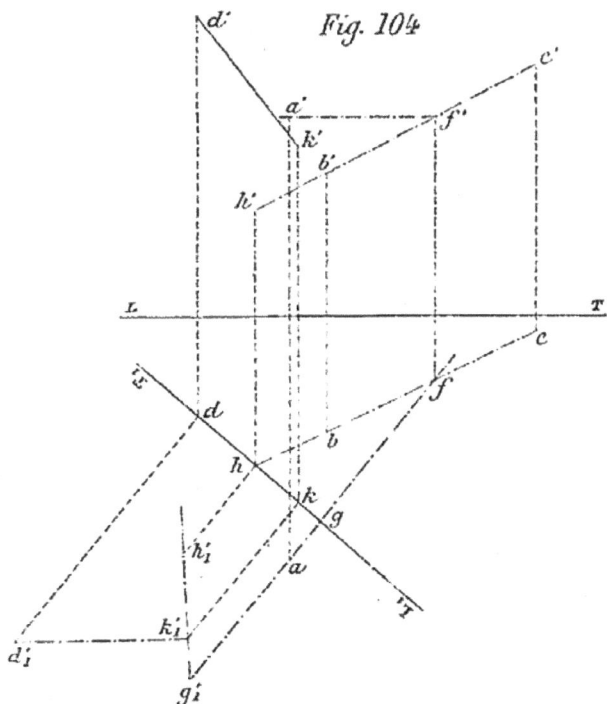

Fig. 104

142. 3° cas.—*Le plan donné est perpendiculaire à l'un des plans de projection.* (Fig. 105.)

Par exemple, le plan donné est perpendiculaire au plan vertical. Soit PαP.

Le point est $a'a$.

La perpendiculaire au plan sera parallèle au plan vertical, ses projections sont perpendiculaires aux traces du plan, il en résulte qu'elle se projette en

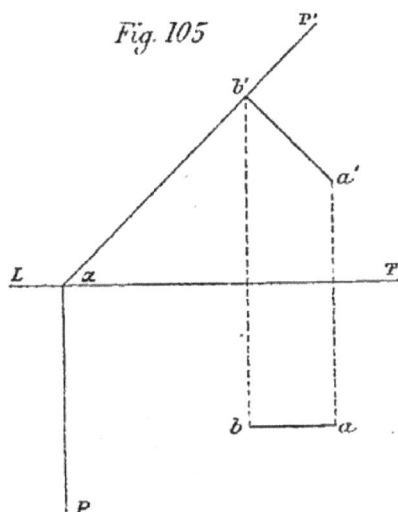

Fig. 105

vraie grandeur sur le plan vertical ; ainsi la droite a pour projection $ab, a'b'$, elle rencontre le plan au point $b'b$ (123), et la vraie longueur est $a'b'$.

143. 4° cas. — *Le plan donné est parallèle à la ligne de terre.*
Le plan a pour traces P′P, le point est a, a'. (Fig. 106.)

Les deux projections de la perpendiculaire sont confondues sur la droite $a'a$, et la droite n'est pas déterminée.

Il faut faire un changement de plan, et nous prendrons pour plan vertical $L_1 T_1$, le plan de profil qui contient la droite $a'a$ (90); le point viendra en a'_1, nous construirons la trace verticale du plan P en menant par le point de rencontre b des deux lignes de terre, les perpendiculaires égales bb' et bb'_1; cb'_1 sera la trace verticale du plan.

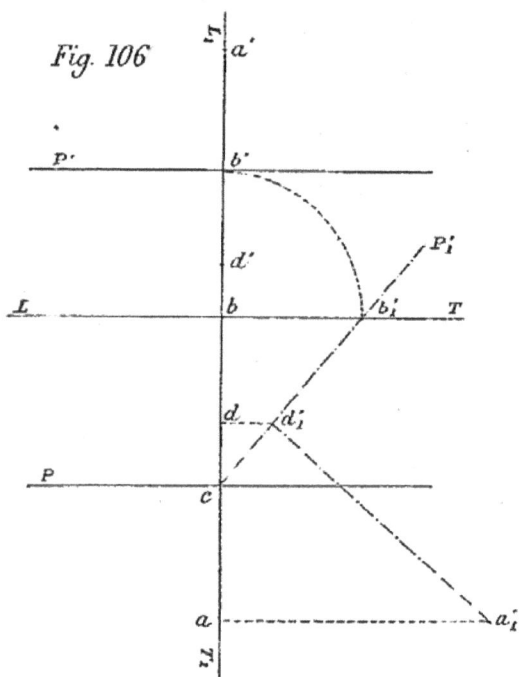

Fig. 106

Alors la projection horizontale de la perpendiculaire est acd; la projection verticale est $a'_1 d'_1$, qui représente en même temps la vraie longueur de la distance du point au plan; le pied de la perpendiculaire est le point d'_1 qui se projette en d, d'. La perpendiculaire est donc $ad, a'd'$.

144. 5° cas. — *Le plan passe par la ligne de terre et le point aa'.* (Fig. 107.)

Le point donné est le point cc'.

Les projections de la perpendiculaire perpendiculaires aux traces du plan sont cd et $c'd'$. Mais la droite a ses deux projections confondues sur une perpendiculaire à la ligne de terre et n'est pas déterminée. Nous faisons encore un changement de plan vertical, en prenant au plan vertical $L_1 T_1$ qui est un plan de profil passant par le point aa' (90.)

La nouvelle projection verticale du point aa' est a'_1, or le plan est perpendiculaire au nouveau plan vertical, donc le point a'_1 appartient à la nouvelle trace verticale, et comme LT reste la trace horizontale de ce plan, aa'_1 devient la trace du plan.

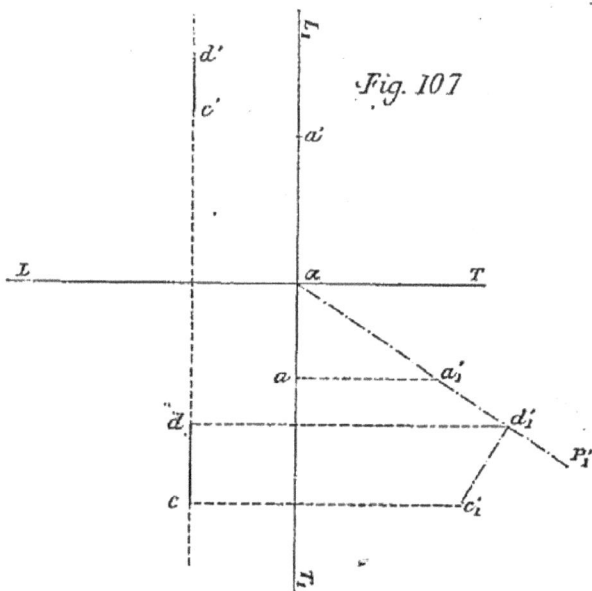

Fig. 107

Le point cc' vient en cc'_1 et les projections de la perpendiculaire sont cd et $c'_1d'_1$ perpendiculaires aux traces du plan. Le point dd'_1 qu'on ramène en dd' est le pied de la perpendiculaire; sa vraie longueur est $c'd'_1$, ses projections sont cd, $c'd'$.

145. — 6ᵉ cas. *Le plan donné est perpendiculaire à ..* *ligne de terre.* (Fig. 108.)

Le plan donné est P'αP.

Le point donné est le point $a'a$.

Les projections de la perpendiculaire sont $a'b'$, ab perpendiculaires aux traces du plan.

$b'b$ est le pied de la perpendiculaire, et il est évident que la distance du point au plan est $ab = a'b$.

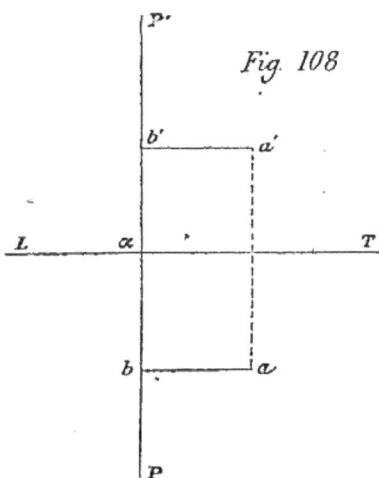

Fig. 108

Problème. — *Mener par un point pris sur une droite ou hors d'une droite, un plan perpendiculaire à cette droite.*

La construction est exactement la même, si le point est
sur la droite ou s'il est extérieur, l'explication s'applique aux
deux cas. (Fig. 109 et 109 *bis*.)

146. Soit la droite donnée *ab*, *a′b′* ; le point donné est *cc′*.

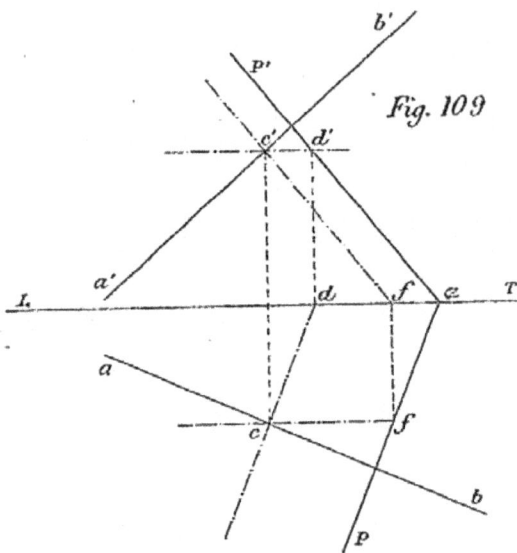

Le plan cherché aura
ses traces perpendi-
culaires aux projec-
tions de la droite.
Nous pouvons donc
connaître une hori-
zontale du plan pas-
sant par le point *cc′* ;
sa projection hori-
zontale sera perpen-
diculaire à *ab*, ce sera
par exemple la droite
cd, sa projection ver-
ticale sera *c′d′* ; *d′* est
donc un point de la
trace verticale du plan, cette trace est perpendiculaire à *a′b′*,
donc elle est détermi-
née, c'est P′α ; par
suite la trace horizon-
tale est αP, perpendi-
culaire à la projection
ab.

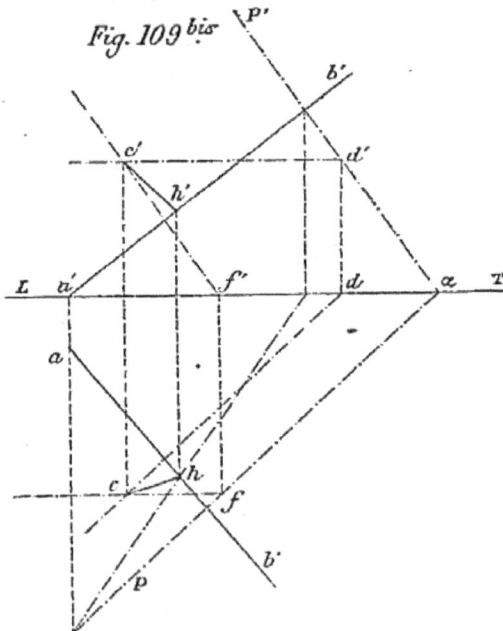

On eût pu mener
par le point, au lieu
d'une horizontale du
plan, la ligne de front
c′f′, *cf* perpendiculaire
à la projection verti-
cale *a′b′*. Le point *f*,
trace horizontale de
cette ligne, est un
point de la trace hori-
zontale du plan, et on
en déduira la trace verticale.

Fig. 109

Fig. 109 *bis*

Les deux constructions devront être faites à la fois, afin de déterminer séparément un point de chaque trace, lorsque le point α où le plan rencontre la ligne de terre se trouvera hors des limites de l'épure.

147. Application. — *Trouver la distance d'un point à une droite.* (Fig. 109 *bis*.)

La droite donnée est *ab*, *a'b'*, le point est *cc'*; on mène par le point un plan perpendiculaire à la droite, soit P'αP ce plan qui rencontre la droite au point *hh'*; la droite *ch*, *c'h'* est la perpendiculaire abaissée du point *cc'* sur la droite, et l'on cherchera par les procédés ordinaires la vraie grandeur de cette ligne.

148. Cas particuliers. — 1° *La droite donnée est horizontale.* (Fig. 110.)

La droite donnée est *ab*, *a'b'*, le point est *cc'*.

La droite est horizontale, le plan perpendiculaire est vertical, donc la projection horizontale du point sera placée sur la trace horizontale du plan (79). Cette trace est donc *c*P perpendiculaire à *ab*, la vraie verticale est αP'. Ce plan P'αP rencontre la droite au point *dd'* (123), et la perpendiculaire abaissée du point sur le plan est *cd*, *c'd'*. On cherchera sa grandeur en employant une des méthodes déjà indiquées.

149. 2° *La droite est parallèle à la ligne de terre.* (Fig. 111.)

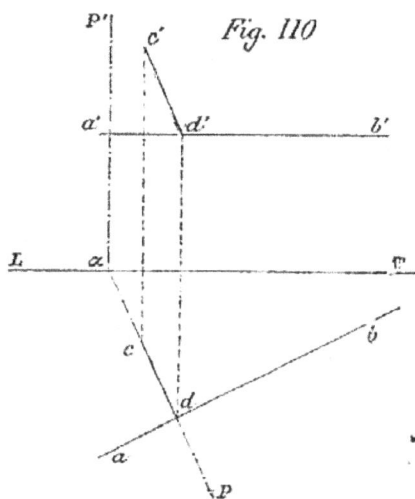

Fig. 110

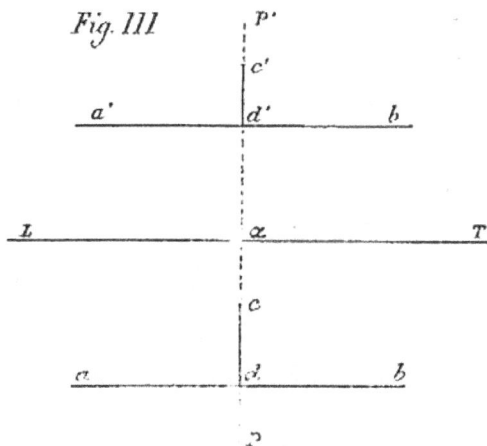

Fig. 111

Les projections de la droite sont ab, $a'b'$, le point est cc'.
Le plan perpendiculaire est le plan de profil P'αP, qui rencontre la droite au point dd' (123), la distance du point à la droite est la vraie grandeur de cd, $c'd'$.

150. 3° *La droite est perpendiculaire à l'un des plans de projection.* (Fig. 112.)

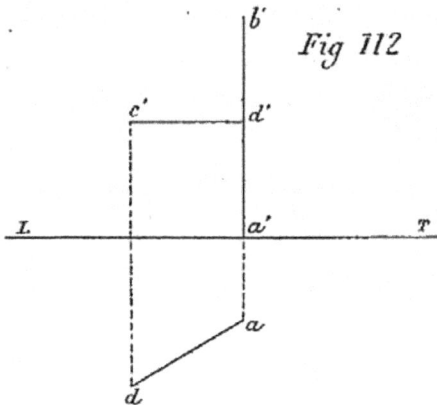

Fig 112

La droite est verticale à $a'b'$, le point est cc'.

Le plan perpendiculaire à la droite est horizontal et sa trace verticale est $c'd'$, qui rencontre la ligne au point $d'a$ (123) la vraie distance est ca.

151. 4° *La droite a ses deux projections confondues sur une même perpendiculaire à la ligne de terre.* (Fig. 113.)

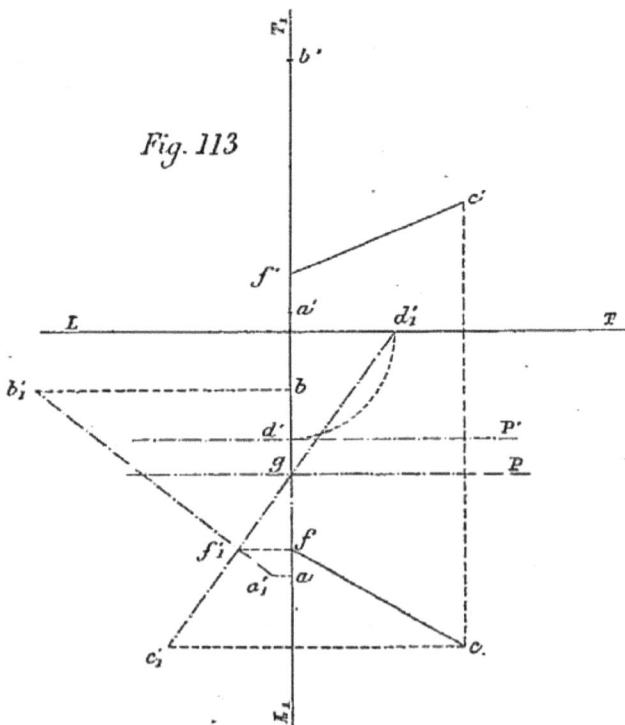

Fig. 113

La droite est déterminée par deux points a, a' et b, b'. Le point est c, c'.

Pour construire le plan perpendiculaire à la droite, nous devons faire un changement de plan, parce que dans la position actuelle de la droite, l'horizontale et la ligne de front du plan menée par le point c, c' sont parallèles à la ligne de terre et ne peuvent servir à déterminer les traces du plan. Nous prendrons pour plan vertical le plan qui projette horizontalement la droite (90).

La ligne de terre $L_1 T_1$ sera confondue avec $a'b'$, la nouvelle projection verticale est a'_1, b'_1, le point est c, c'_1. Dans cette position, le plan perpendiculaire à la droite située dans le plan vertical est perpendiculaire au plan vertical, et la trace verticale passe par la projection verticale c'_1 du point (79), c'est donc $c'_1 f'_1$ qui coupe à angle droit $a'_1 b'_1$. La trace horizontale est gP perpendiculaire à la ligne de terre, le point de rencontre du plan et de la droite est le point f, f' qu'on ramène en f_1, f'_1; la distance est la vraie grandeur de la droite cf, $c'f'$ qu'on construira par l'une des méthodes connues. — Si l'on veut figurer la trace verticale du plan, on fera le changement de plan vertical inverse en passant de $L_1 T_1$ à LT; le point d'_1 de la trace verticale $P'_1 g$ donnera le point d' et la trace sera d'P'.

Exercice. — *La droite a ses projections en ligne droite.*

Exercice. — Construire la distance de deux plans parallèles.

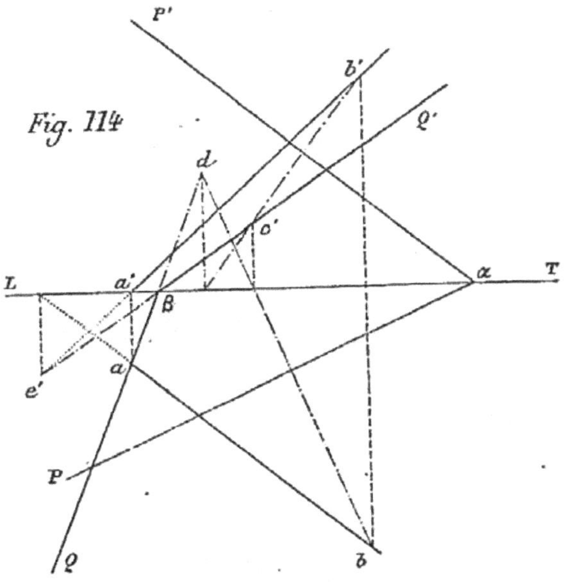

152. Problème. — *Mener par une droite un plan perpendiculaire à un plan.* (Fig. 114)

On donne une droite ab, $a'b'$ et un plan P'αP, par ses traces.

Un plan perpendiculaire à un plan doit contenir

Fig. 114

une perpendiculaire à ce plan, il doit passer par la droite ab, $a'b'$; nous allons le déterminer en menant, par le point b, b', pris sur la droite, la perpendiculaire *bc*, *b'c'* au plan P. Le plan des deux droites *ab* et *bc* est le plan cherché. Nous pouvons construire ses traces qui passent par les traces des deux droites, et nous avons les deux lignes Q et Q'.

153. Remarque importante. — Deux plans perpendiculaires entre eux n'ont pas leurs traces perpendiculaires entre elles, excepté si l'un des plans est perpendiculaire à un plan de projection.

154. Cas particuliers. — 1° *Le plan donné est perpendiculaire au plan horizontal.* (Fig. 115.)

Soit P'αP le plan donné. La droite est *ab*, *a'b'*. Par le point *a*, *a'* de la droite nous menons la perpendiculaire *ac*, *a'c'* au plan P (140). Cette perpendiculaire est une horizontale, puisque le plan P est vertical, par conséquent le plan cherché Q'βQ, qui passe par les traces des deux droites aura la trace horizontale parallèle à *ac* et perpendiculaire à la trace horizontale αP.

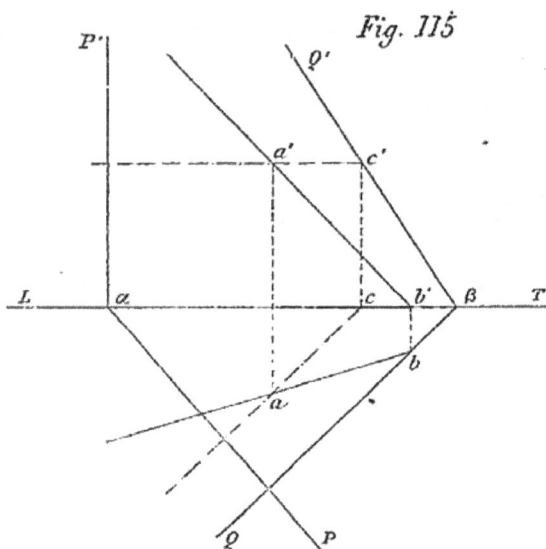

Fig. 115

155. 2° *Le plan donné est déterminé par la ligne de terre et le point* a, a'. (Fig. 116.)

La droite donnée est *bc*, *b'c'*.

Nous prenons sur la droite le point *b*, *b'* sur la même verticale que *a a'*, et nous menons par ce point une perpendiculaire au plan. Cette droite aura ses projections confondues avec *a'b'*, *ab*, et pour la déterminer, il faudra faire un changement de plan (52). Nous ferons un changement de plan vertical en pre-

nant pour plan vertical le plan de profil qui contient la perpen-
diculaire. L_1T_1 est la ligne de terre; le plan donné est per-pendiculaire au nou-veau plan vertical, sa trace verticale $\alpha P'_1$, passera par la projection verticale a'_1, du point a, a'; le point b, b' vient en b, b'_1, et la perpen-diculaire est $db'_1c'_1$; sa trace horizontale est au point d, sa trace verticale se ramène de e'_1 en e'; les traces du plan cherché sont donc QβQ'.

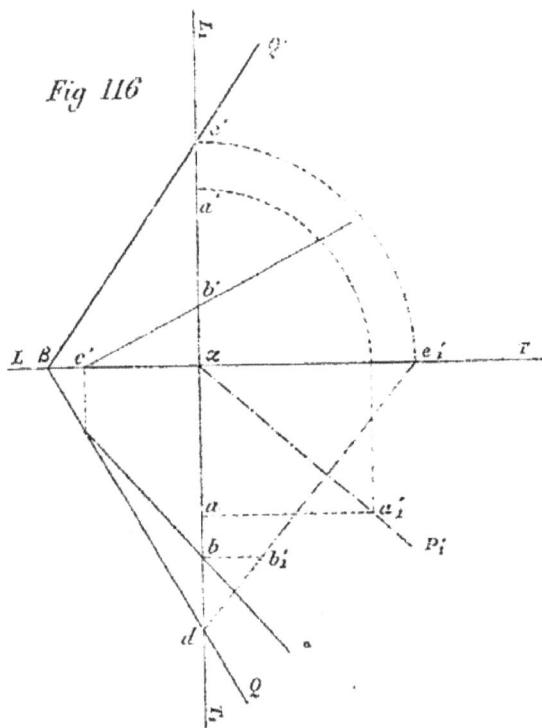

Fig 116

156. Exercices.

Le plan donné est un plan de profil.
Le plan donné est parallèle à la ligne de terre.
Le plan donné a ses traces en ligne droite.

157. Application.

— On donne les projections d'une droite ab, a'b', *on donne la projection horizontale* bc *d' une autre droite qui rencontre la première au point* b, b' *on demande de déterminer la projection verticale de la droite* bc *par la condition qu'elle soit perpendiculaire à* ab, a'b'. *(Fig. 117.)*

La droite cherchée se trouve dans le plan perpendiculaire à *ab, a'b'* au point *b,b'* (146). Construisons ce plan en menant l'horizontale *bd, b'd'*, le plan a pour traces P' α P, la droite cherchée doit avoir ses traces sur les traces du plan (56) dont la trace horizontale est au point *c*, et la projection verticale cherchée est *b'c'*.

Exercices.

— Faire les mêmes constructions en supposant que la droite donnée soit horizontale, ou de front, ou de profil, ou parallèle à la ligne de terre.

Nous allons résoudre les mêmes problèmes en supposant les figures rapportées à un seul plan de projection.

Fig. 117

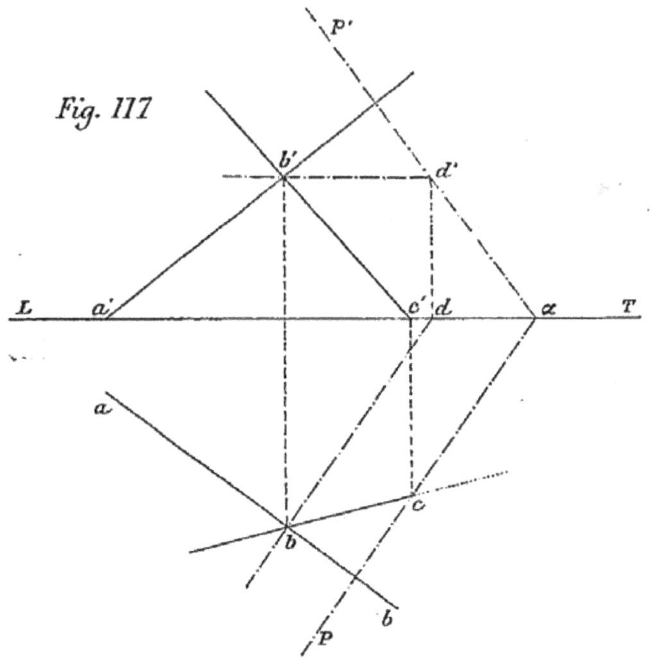

158. Problème. — *On donne un plan P par sa trace horizontale et l'angle qu'il fait avec le plan horizontal.*

On donne la projection horizontale a d'un point et sa cote. Trouver la distance du point au plan. (Fig. 118.)

La projection de la perpendiculaire au plan est cc perpendiculaire à la trace P. Nous allons déterminer le pied de la droite et sa longueur.

Fig. 118

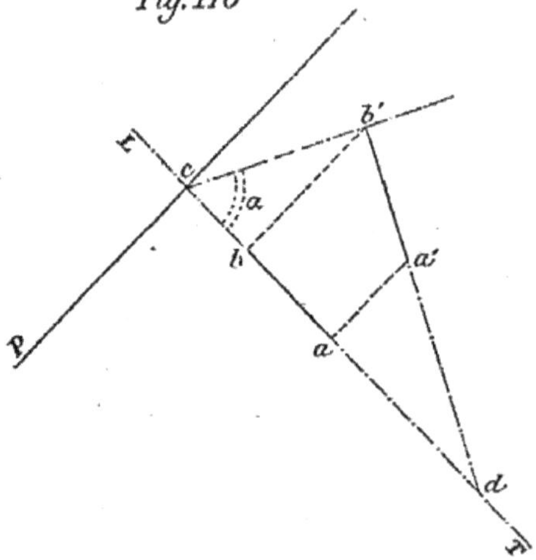

Nous considérons le plan vertical cba; le point a vient en a' tel que aa' soit la cote du point.

Le plan vertical cba coupe le plan P suivant une ligne de plus grande pente cb' faisant avec cb l'angle donné du plan avec le plan horizontal (94).

Nous abaissons du point a' la perpendiculaire $a'b'$; $a'b'$ est la longueur de la distance cherchée.

Le pied de la perpendiculaire est projeté en b, sa cote est bb'.

158 *bis.* — Remarquons que la perpendiculaire au plan fait avec le plan horizontal un angle $a'da$ qui est le complément de celui du plan $b'cb$, et les deux angles sont en sens contraire.

159. Problème. — *On donne une droite* ab *par sa projection horizontale ; sa trace horizontale* a *et l'angle* β *qu'elle fait avec le plan horizontal ; on donne la projection horizontale* c *d'un point et sa cote : on demande de trouver la distance du point à la droite.* (Fig. 119.)

Nous allons mener par le point un plan perpendiculaire à la droite. La ligne de plus grande pente de ce plan étant perpendiculaire à sa trace horizontale, sera la parallèle cd à la projection de la droite (72).

Considérons le plan vertical qui contient cette ligne de plus grande pente ; le point c viendra en c' et la ligne sera $c'd$ faisant avec la projection horizontale l'angle α

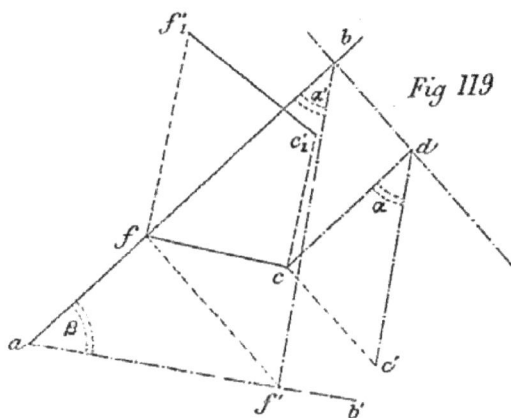

Fig 119

complémentaire de l'angle donné de la droite avec le plan horizontal (158 *bis*). Ces deux angles doivent être placés en sens contraire, d sera sa trace horizontale, et db sera la trace P du plan perpendiculaire à la droite.

Considérons le plan vertical qui contient la droite ab, la droite ab vient en ab' faisant avec ab l'angle β donné —; ce plan vertical coupe le plan P suivant une ligne de plus grande pente bf' perpendiculaire à ab' (parallèle à dc') (72), f est le point de rencontre de la droite et du plan P — sa cote est ff' la distance du point à la droite est projetée en cf., on aura sa vraie grandeur en prenant un troisième plan vertical, cf.. ; le point f a pour projection verticale f'_1 tel que $ff'_1 = f'f$, le point c vient en c'_1 tel que $cc'_1 = cc'$, en sorte que f'_1c' est la distance cherchée.

160. Problème. -- *On donne un plan* P *par sa trace et l'angle qu'il fait avec le plan horizontal.* — *On donne une droite* ab *par sa projection, sa trace horizontal* a, *l'angle qu'elle fait avec le plan horizontal.*

Mener par la droite un plan perpendiculaire au plan. (Fig. 120.)

Par un point b de la droite je mène une perpendiculaire au plan, bc est la projection, pour déterminer sa trace je com-

Fig. 120

mence par chercher la cote du point b. Je considère le plan vertical ab qui projette la droite, la projection verticale est ab' faisant avec ab l'angle donné β. — bb' est la cote cherchée.

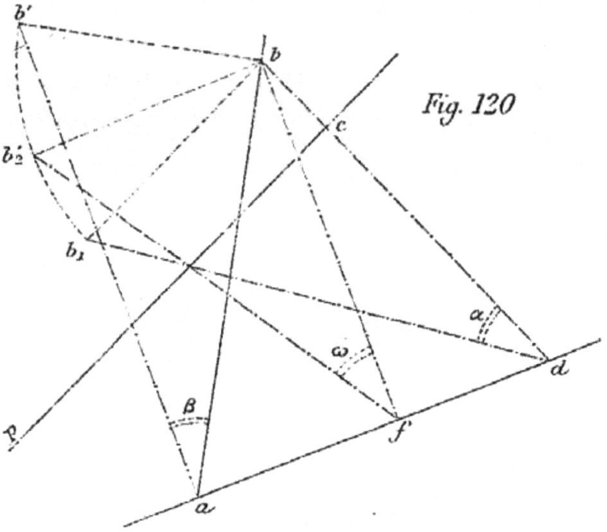

Je considère le plan vertical bc, la projection verticale du point b est b'_1 telle que $bb'_1 = bb'$ je mène par b'_1 une droite faisant avec bc l'angle α complémentaire de l'angle du plan avec le plan horizontal (ces deux angles doivent être en sens opposé de manière à se trouver dans un même triangle rectangle) (158 *bis*) le point d est la trace de la perpendiculaire et un point de la trace horizontale du plan cherché. Cette trace horizontale est donc ad. Le plan est d'ailleurs déterminé puisqu'il passe en outre par le point b dont la cote est connue.

On peut connaître facilement l'angle que fait ce plan avec le plan horizontal; on mène par le point b la ligne de plus grande pente bf du plan, on considère le plan vertical bf (95), le point b a pour projection verticale b'_2 tel que $bb'_2 = bb'$; $b'_2 f$ est la ligne de plus grande pente qui fait avec fb l'angle ω cherché.

MOUVEMENTS DE ROTATION

161. Leur but. — Nous avons déjà fait remarquer que les figures se projettent en vraie grandeur sur un plan de projection auquel elles sont parallèles, et nous avons obtenu des longueurs de droites, des grandeurs d'angles, en déplaçant les plans de projection pour les amener à être parallèles, soit aux lignes dont on cherchait la grandeur, soit au plan des angles qu'on voulait connaître.

On peut arriver au même résultat d'une autre manière (18). On peut faire tourner la figure devant le plan de projection qui reste fixe, jusqu'à ce qu'on soit arrivé au parallélisme.

La construction de ces déplacements de figures, par rapport aux plans de projection, constitue la méthode des rotations, qui prennent dans certains cas le nom particulier de rabattements.

Les rotations et les rabattements composent, avec les changements de plans de projection dont nous avons déjà fait un fréquent usage, les procédés de construction de la géométrie descriptive.

162. Principe. — Le principe sur lequel on s'appuie dans les constructions des rotations est le suivant :

Quand un point tourne autour d'un axe, il décrit un cercle dont le plan est perpendiculaire à l'axe, dont le centre est sur l'axe, et dont le rayon est la distance du point à l'axe.

Ajoutons que, lorsqu'on fait tourner une figure, tous les points tournent autour de l'axe du même angle et ont, par conséquent, le même déplacement angulaire; tandis que la longueur du chemin parcouru est proportionnelle au rayon.

163. Les cercles décrits par les points de la figure, les angles de déplacement se projettent en vraie grandeur sur un plan perpendiculaire à l'axe. La projection de la figure sur un plan perpendiculaire à l'axe tourne autour du pied de l'axe sans changer de forme; les points conservent, les uns par rapport aux autres, les mêmes positions relatives; tandis que la projection sur un plan oblique à l'axe change de forme à chaque instant.

Les axes qu'on emploie sont, en général, perpendiculaires aux plans de projection. Nous étudierons surtout les déplacements autour de ces axes. Mais, dans l'étude des surfaces de révolution, on est souvent obligé de déplacer des figures autour d'axes obliques aux plans de projection, et nous indiquerons quelles sont les constructions qu'on doit effectuer.

164. Problème. — *Faire tourner un point d'un angle donné autour d'un axe vertical.* (Fig. 121.)

L'axe donné est oo'. Le point est aa'.

Le point décrit un cercle dans un plan perpendiculaire à l'axe (162), c'est-à-dire dans le plan horizontal mené par le point a'; le centre de ce cercle est au point de rencontre du plan et de l'axe, c'est le point $c'o$; le rayon est la distance du point $c'o$ au point aa'; or, cette droite est horizontale, donc sa projection horizontale ao est sa véritable grandeur. Le cercle décrit par le point se projette en vraie grandeur sur le plan horizontal, c'est le cercle décrit du point o comme centre avec ao comme rayon.

L'angle décrit par le point étant dans un plan horizontal, se projettera suivant un angle égal; nous mènerons donc par le point o le rayon oa_1, tel que l'angle aoa_1 soit égal à l'angle ω donné; a_1 sera la projection horizontale du point, et sa projection verticale sera a'_1, sur l'horizontale du point a'.

165. Problème. — *Faire tourner une droite d'un angle donné autour d'un axe vertical.* (Fig. 122.)

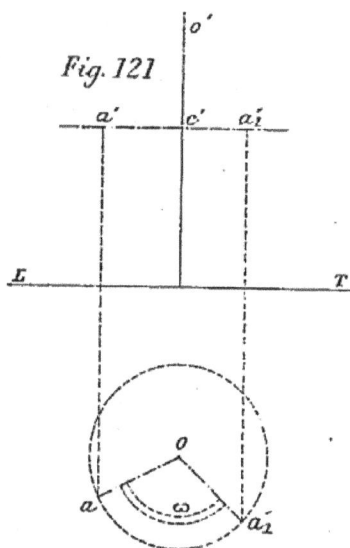
Fig. 121

Il suffira de faire tourner deux points de la droite de l'angle donné en répétant la construction précédente; mais on peut choisir les points auxquels on appliquera la construction.

Abaissons du point o la perpendiculaire oc sur la projection horizontale de la droite donnée ab, $a'b'$, et considérons le point cc' de la droite; le rayon oc aura pour projection verticale $d'c'$. Cette droite oc, $d'c'$ est horizontale, donc elle est perpendiculaire à l'axe, sa projection horizontale fait avec ab un angle droit, donc l'angle est droit dans l'espace et la droite oc, $d'c'$ est perpendiculaire à ab, $a'b'$ (138). Cette ligne est donc la perpendiculaire commune à l'axe et à la droite donnée, et, dans toutes les positions que prendra la figure pendant la rotation, elle sera toujours perpendiculaire commune à ces deux droites (163); par conséquent, la projection horizontale ab restera toujours tangente au cercle décrit de o comme centre avec oc pour rayon. Faisons tourner le point c de l'angle ω donné. Ce point c vient en c_1 et la projection horizontale de la droite est a_1c_1 tangente au cercle décrit de o comme centre avec oc comme rayon. D'ailleurs le point cc' reste dans le plan horizontal $c'd'$, donc la projection verticale du point c_1 est en c'_1.

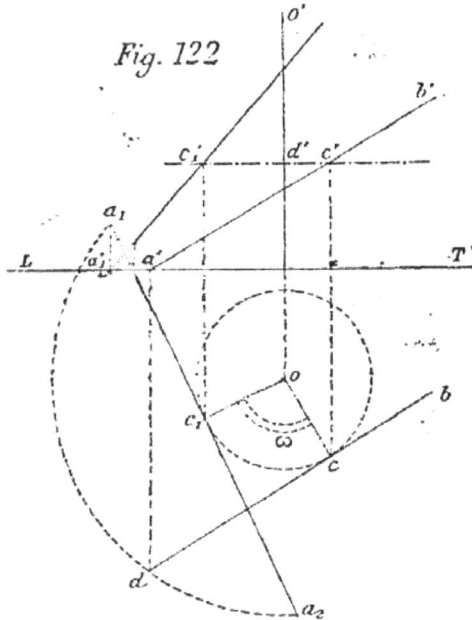

Cherchons un autre point de la projection verticale. Pour cela nous faisons tourner un second point de la droite; par exemple, nous prenons sa trace horizontale a, elle décrit un cercle dont le rayon est oa, et vient se placer sur la projection horizontale de la droite en a_1, la projection verticale est a'_1, en sorte que la projection verticale de la droite qui a tourné de l'angle ω donné est $a'_1c'_1$.

166. Remarque. — Nous avons une observation importante à faire au sujet de la position du point a_1. Le cercle décrit de o comme centre avec oa comme rayon rencontre la projection horizontale de la droite en deux points a_1 et a_2; nous devons choisir le point tel que sa position, par rapport au point c_1, soit la même que celle du point a, par rapport à c'. Ainsi, du point a, nous voyons le rayon oc, le point c à droite; de même de a_1 nous voyons le rayon oc_1, le point c_1 à droite; et l'on doit toujours vérifier dans les mouvements de rotation les positions relatives des différents points de la figure.

167. Remarque. — L'axe étant vertical, nous voyons que c'est la projection horizontale qui s'est déplacée d'une manière connue et déterminée : la projection verticale n'occupe aucune position fixe par rapport à l'axe, ni par rapport aux plans de projection.

Si l'axe était perpendiculaire au plan vertical, ce serait la projection verticale qui se déplacerait d'une manière connue et déterminée.

168. Applications. — 1° *Amener une droite à être parallèle à l'un des plans de projection*. (Fig. 123.)

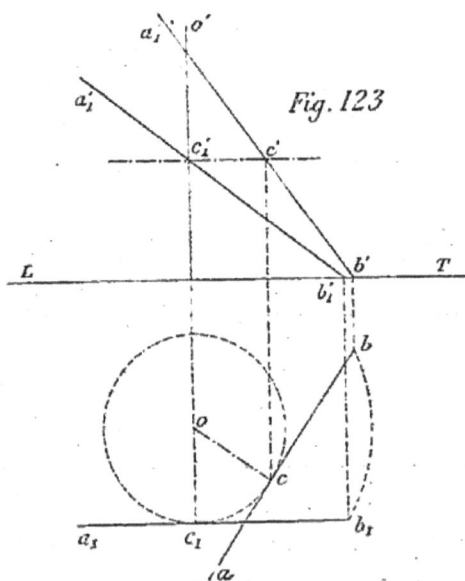

Fig. 123

Nous pouvons profiter de la construction précédente pour amener une droite à être parallèle à l'un des plans de projection. Par exemple, on veut amener la droite ab, $a'b'$ à être parallèle au plan vertical.

La projection horizontale de la droite doit devenir parallèle à la ligne de terre; c'est cette projection qui prend une position déterminée, tandis que la projection verticale est quelconque; nous ferons tourner la droite autour d'un axe vertical (167).

Prenons l'axe vertical oo'.

Considérons la perpendiculaire commune oc, $c'c'_1$ (165) et décrivons le cercle du point o comme centre avec oc comme rayon, menons à ce centre une tangente parallèle à la ligne de terre; cette tangente a_1b_1 sera la projection horizontale de la droite. Le point c vient en $c_1c'_1$. Faisons tourner la trace horizontale b, il est facile de vérifier que cette trace horizontale viendra occuper la position $b_1b'_1$ (166), en sorte que la projection verticale de la droite sera $a'_1b'_1c'_1$.

169. L'axe doit être vertical, et n'a pas d'autre condition à remplir, nous pouvons donc le faire passer par un point pris sur la droite. Par exemple, la droite étant ab, $a'b'$, nous prenons l'axe vertical o, $o'c'$ rencontrant la droite au point oc'. (Fig. 124.)

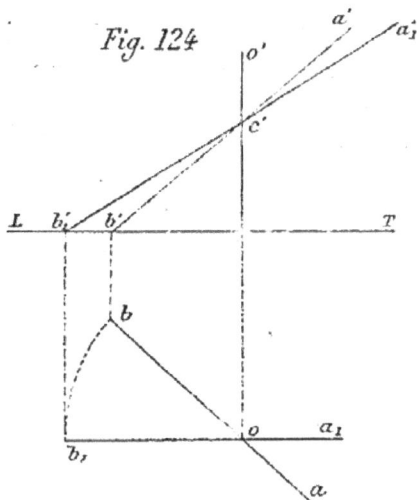

Fig. 124

Ce point sera un point fixe de la droite, la projection horizontale nouvelle sera b_1oa_1, nous ferons tourner la trace horizontale b en b_1, et la projection verticale sera $b'_1c'_1a'_1$.

Longueur d'une droite.
Angle d'une droite avec le plan horizontal.

170 Cette construction nous donne donc le moyen de déterminer la longueur d'une droite, et l'angle d'une droite avec le plan horizontal; problèmes que nous avons déjà résolus en employant un changement de plan de projection vertical.

171. *Si l'on voulait amener la droite à être parallèle au plan horizontal.* La projection verticale deviendrait parallèle à la ligne de terre, c'est donc sur la projection verticale de la droite qu'il faudrait agir, et l'on prendrait un axe perpendiculaire au plan vertical. Cette construction fournirait l'angle de la droite avec le plan vertical que nous avons déjà obtenu par un changement de plan de projection horizontal.

172. Nous voyons sur ce premier exemple *que la rotation autour de l'axe vertical* nous conduit au même résultat qu'*un changement de plan de projection vertical;* car les deux opérations ont pour but d'amener la figure à être parallèle au plan vertical.

La rotation autour d'un axe perpendiculaire au plan vertical nous conduit au même résultat qu'un *changement de plan horizontal.*

173. 2° *Amener une droite à être perpendiculaire à l'un des plans de projection.* (Fig. 125.)

Nous nous proposons, par exemple, d'amener la droite ab, $a'b'$ à être perpendiculaire au plan vertical.

Une droite perpendiculaire au plan vertical est un cas particulier d'une droite parallèle au plan horizontal; nous allons amener d'abord la droite à être parallèle au plan horizontal; d'après ce que nous venons de voir (171), il faudra prendre un axe perpendiculaire au plan vertical : ce sera l'axe $o'o$; en appliquant les constructions du problème précédent, nous obtiendrons pour projection de la droite les deux projections $a'_1b'_1$, a_1b_1.

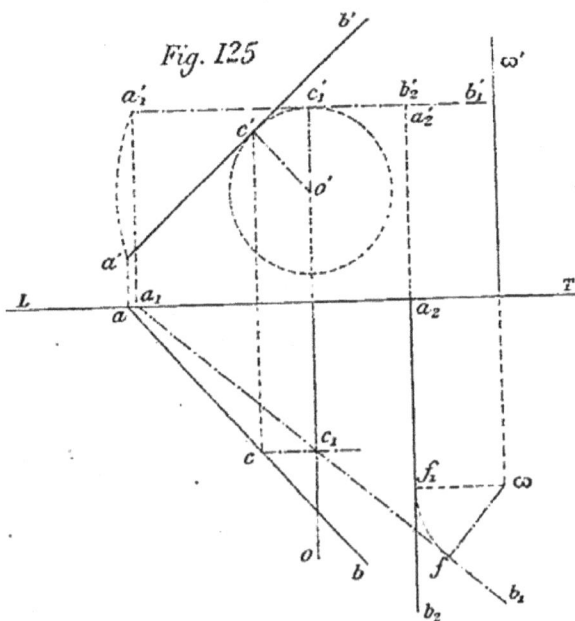

Fig. 125

La droite doit être amenée perpendiculaire au plan vertical, c'est sa projection horizontale qui va occuper une position
fixe, perpendiculaire à la ligne de terre (167). Nous prendrons
un second axe vertical ω, ω'.

La projection horizontale de la droite est $b_2 a_2$ —, et
comme la droite est horizontale, tous ses points décrivent un
même plan horizontal, et par suite sa projection verticale se
réduit à un point situé sur sa projection $a'_1 b'_1$, c'est le point
a'_2, b'_2.

Les constructions seraient un peu plus simples si l'on prenait d'abord pour axe per-
pendiculaire au plan vertical l'axe o'o rencontrant la
droite au point co'; la droite
amenée parallèle au plan horizontal aurait pour projec-
tion $a_1 b_1$ et $a'_1 b'_1$; on prendra
pour axe perpendiculaire au
plan horizontal l'axe qui
passe par le point c, o' et les
projections définitives de la
droite sont $a_2 b_2$ et $a'_2 b'_2$ confondues en o'.

On voit que cette double
rotation est équivalente à
un double changement de
plan de projection d'abord horizontal, ensuite vertical.

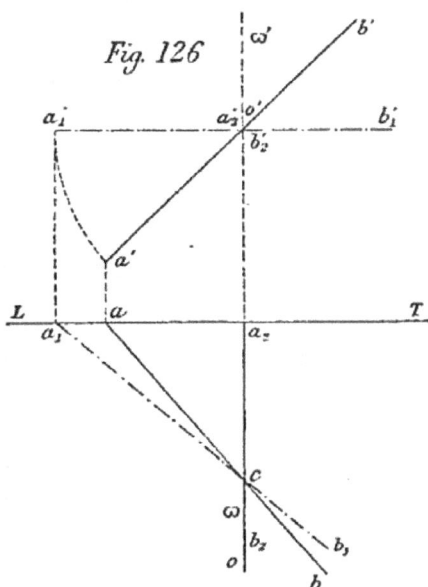

Fig. 126

Exercice. — *Amener une droite à être parallèle à la ligne
de terre.*

On amènera successivement la droite à être parallèle à
chacun des plans de projection.

174. Problème. — *Faire tourner un plan d'un angle donné
autour d'un axe vertical.* (Fig. 127.)

On donne le plan P'αP et l'axe vertical o, o' on veut faire
tourner le plan autour de l'axe d'un angle donné ω. — Nous
allons faire tourner deux droites du plan : d'abord la trace
horizontale, ensuite une droite horizontale.

Nous abaissons du point *o* la perpendiculaire *oa* sur la trace horizontale du plan; la trace en tournant restera toujours tangente au cercle dont le rayon est *oa* ; nous menons le rayon *oa₁* faisant avec *oa* l'angle ω et la tangente à ce cercle au point *a₁* est la trace horizontale cherchée. Nous considé-

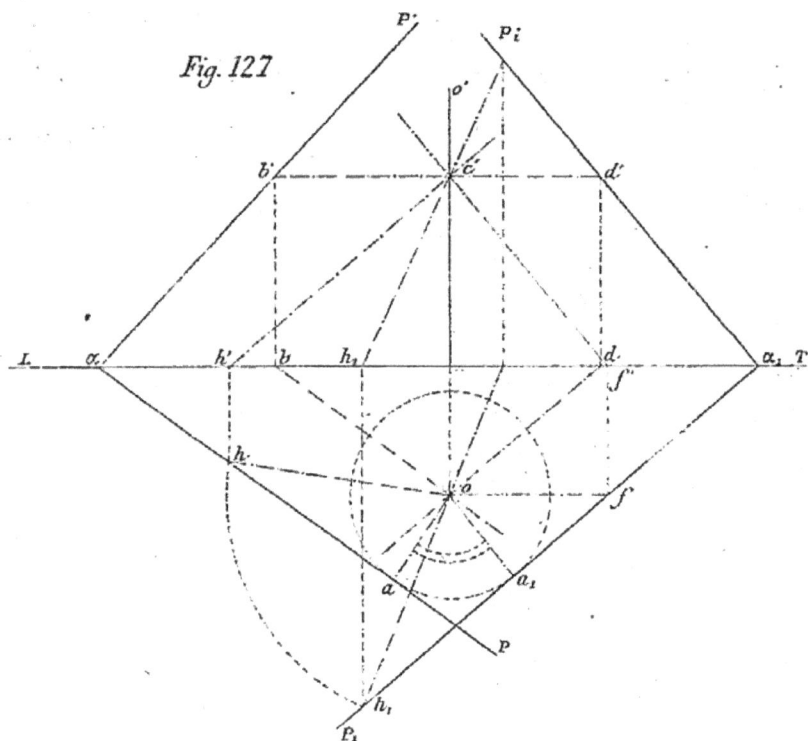

Fig. 127

rons l'horizontale qui rencontre l'axe, sa projection horizontale passe par le point *o*, c'est donc la droite *ob*, dont nous déterminons la projection verticale *b'c'* (121). Le point *c'* est le point où l'horizontale rencontre l'axe, c'est le point de rencontre du plan et de l'axe.

Quand la ligne *ob*, *b'c'* tourne, elle reste dans le même plan horizontal, et sa projection verticale est toujours confondue avec *b'c'*, sa projection horizontale passe toujours par le point *o* et ne cesse pas d'être parallèle à la trace horizontale du plan ; donc après la rotation, la droite aura pour projections *od* parallèle à la trace horizontale du plan, et *c'd'₁* sa trace verticale est *d'*, et par suite la trace verticale du plan, qui contient toujours cette droite, est *a₁d'P'₁*.

Le point a_1 peut se trouver hors de l'épure, on n'a plus qu'un point de la trace verticale, on pourrait en construire un second en faisant tourner une seconde droite du plan qu'on choisirait passant par le point oc' afin que les traces fussent plus simples.

Ainsi nous prenons la droite ho, $h'c'$, après la rotation le point h vient en h_1 et la droite est h_1o, h'_1c' (nous avons placé le point h_1 dans la position analogue à celle de h par rapport aux rayons oa et oa_1 (166), la trace de cette droite est le point K' qui appartient à la trace verticale cherchée.

Il est encore facile d'obtenir une ligne de front du plan, la projection horizontale de cette ligne que nous ferons passer par le point o,c' où l'axe perce le plan est of parallèle à la ligne de terre dont la projection verticale est $f'c'$ parallèle à la trace verticale.

175. Remarque. — Nous faisons remarquer encore que dans la rotation d'un plan autour d'un axe vertical, c'est la trace horizontale du plan qui prend, par rapport à la trace primitive, la position déterminée. ·

On pourrait faire tourner un plan autour d'un axe perpendiculaire au plan vertical, les procédés de construction seraient les mêmes ; il serait commode de faire tourner une droite de front du plan ; et ce serait la trace verticale qui effectuerait le déplacement demandé.

176. Applications. — 1° *Amener un plan à être perpendiculaire au plan horizontal.* (Fig. 128)

La trace verticale du plan doit être perpendiculaire à la ligne de terre, la trace horizontale n'a pas de direction connue ; nous devons donc prendre un axe perpendiculaire au plan vertical ; soit o', o cet axe (175).

Nous faisons tour-

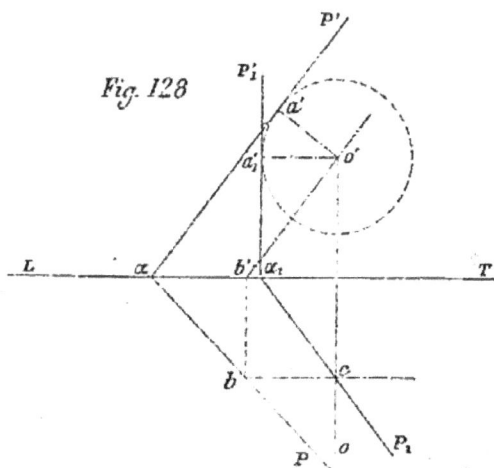

Fig. 128

ner la trace verticale qui reste tangente au cercle décrit de o' comme centre avec $o'a'$ comme rayon, jusqu'à ce que cette trace soit perpendiculaire à la ligne de terre ; nous considérons la ligne de front du plan $o'b'$, cb qui détermine le point c où l'axe rencontre le plan (122). Tous les points du plan se projettent sur sa trace horizontale puisque le plan est vertical (79), le point c est un point de la trace qui est $\alpha_1 cP'_1$. Il y a évidemment une seconde solution obtenue en menant la tangente verticale de l'autre côté du cercle.

177. Remarque. — Ce mouvement de rotation nous conduit au même résultat qu'un changement de plan horizontal, et c'est la construction qu'il faut faire si l'on veut connaître *l'angle d'un plan avec ce plan vertical.* Cet angle est évidemment l'angle $T\alpha_1 P_1$.

178. — 2° *Si l'on veut amener un plan à être perpendiculaire au plan vertical afin d'obtenir son angle avec le plan horizontal,* on fera une rotation autour d'un axe vertical, conduisant au même résultat qu'un changement de plan vertical.

3° *Amener un plan à être parallèle à l'un des plans de projection.* (Fig. 129.)

Fig 129

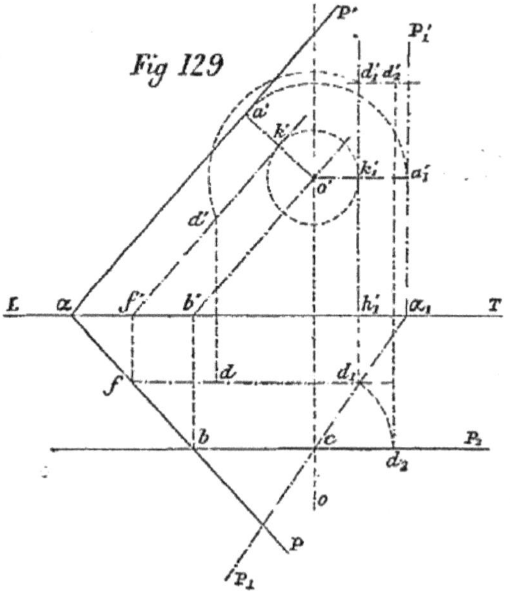

On donne un plan $P'\alpha P$. Nous allons rendre ce plan parallèle au plan vertical.

Un plan parallèle au plan vertical est un cas particulier d'un plan perpendiculaire au point horizontal ; nous allons d'abord amener le plan dans cette position. — En appliquant la construction précédente (176) nous menons la ligne de front $o'b'$ cb ; la trace du plan tangente au cercle $o'a'$ est $P_1\alpha_1$ et la trace horizontale est $\alpha_1 cP$.

La trace horizontale doit devenir parallèle à la ligne de terre, nous allons faire une seconde rotation autour d'un axe vertical (175); nous prendrons, pour simplifier, l'axe vertical situé dans le plan et passant par le point c, la trace du plan passera toujours par ce point et sera parallèle à la ligne de terre, ce sera la droite $c\,P_2$.

Prenons un point du plan primitif et suivons-le dans ces déplacements.

Soit le point dd' déterminé par la ligne de front du plan $o'f'$, fd. La droite de front du plan restera toujours parallèle à la trace verticale, et sa projection verticale sera tangente au cercle décrit du point o' comme centre avec $o'k$ pour rayon, nous placerons sa seconde position k'_1, h'_1 de manière qu'elle conserve sa distance à la trace verticale — d'ailleurs la projection horizontale de la droite restant la même, sa trace horizontale sera d_1, ce qui fixe la situation de la projection verticale.

La projection verticale d' tourne autour du point o' et vient se placer en d'_1. Si du point d' on regarde le rayon $o'a'$ on voit le point o' à droite, c'est pour cela que nous mettons la seconde position du point en d'_1, d'où l'on voit le point o' à droite en regardant le rayon $o'\,a'_1$ (166); la projection horizontale du point est nécessairement d_1.

Secondement, nous faisons tourner le point $d_1d'_1$ autour de l'axe vertical c, c', le point d_1 reste sur la trace horizontale du plan et vient se placer en d_2, sa projection verticale se déplace sur l'horizontale et vient en d'_2.

Remarque. — Cette double rotation équivaut à un double changement de plan, d'abord horizontal correspondant à la rotation autour de l'axe perpendiculaire au plan vertical, ensuite vertical, correspondant à la rotation autour de l'axe vertical.

180. — 4° *Amener un plan à être parallèle à la ligne de terre.* (Fig. 130.)

Pour qu'un plan soit parallèle à la ligne de terre, il suffit qu'une de ses traces soit parallèle à cette droite; nous pouvons donc faire la construction de deux manières différentes, soit en amenant la trace verticale du plan à être parallèle à la ligne de terre, soit en amenant la trace horizontale (99).

La première construction, équivalente à un changement de plan horizontal, se fera par une rotation autour d'un axe perpendiculaire au plan vertical.

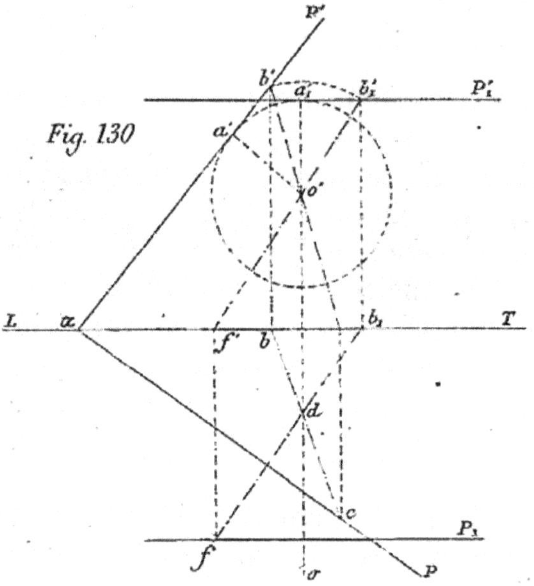

Fig. 130

Le plan donné est P'αP, nous prenons l'axe o'o perpendiculaire au plan vertical; la trace verticale reste tangente au cercle décrit du point o' comme centre avec o'a' comme rayon, nous l'amenons en P'₁ parallèle à la ligne de terre.

Nous allons faire tourner une autre droite du plan. Or nous ne pouvons pas prendre une droite de front qui deviendra parallèle à la ligne de terre et n'aura pas de trace horizontale, nous prenons une droite quelconque rencontrant l'axe par exemple, b'o'c', bc qui nous fournit, en passant, le point de rencontre d de l'axe avec le plan.

La trace verticale de la droite b' vient en b'₁ sur la trace verticale du plan, il en résulte que la projection verticale nouvelle de la droite est b'₁o'f', sa projection horizontale qui passe toujours par le point d est b₁ d f, la trace de cette ligne est en f; c'est un point de la trace horizontale cherchée qui est la droite f P₁ parallèle à la ligne de terre.

Nous engageons les 'ecteurs à faire les mêmes constructions par une rotation autour d'un axe vertical.

Applications et exercices.

1° On donne une droite et un point hors de la droite Faire tourner la droite autour d'un axe vertical donné jusqu'à ce que sa projection verticale passe par la projection verticale du point.

2° On donne une droite, un point hors de la droite, et la projection verticale d'un axe vertical. Déterminer l'axe par la condition que la droite tournant autour de cet axe vienne passer par le point. ·

3° On donne un plan par ses traces. Amener ce plan à passer par la ligne de terre.

4° On donne un plan par ses traces, un point extérieur au plan et un axe vertical. Faire tourner le plan autour de l'axe jusqu'à ce qu'il passe par le point.

Condition de possibilité.

5° On donne une droite par ses projections, et un axe vertical. Faire tourner la droite autour de l'axe jusqu'à ce que sa projection verticale soit parallèle à une direction donnée.

Condition de possibilité.

6° On donne un plan par ses traces, et un axe vertical. Faire tourner le plan autour de l'axe jusqu'à ce que sa trace verticale soit parallèle à une direction donnée.

Condition de possibilité.

7° On donne deux droites qui ne se rencontrent pas. Faire tourner ces deux droites autour d'un axe vertical jusqu'à ce que leurs projections verticales soient parallèles.

8° On donne deux plans par leurs traces. Faire tourner ces deux plans autour d'un axe vertical de manière à rendre leurs traces verticales parallèles.

181. Comparaison entre les changements de plans et les mouvements de rotation. — Nous avons montré dans les différents problèmes que nous avons traités par la méthode des rotations qu'il y avait toujours des changements de place de projection corrélatifs et conduisant au même résultat.

Il y a lieu de présenter quelques observations générales sur ces méthodes de construction. Nous n'avons pas groupé dans une théorie d'ensemble les différentes constructions que nous avons faites par changement de plan ainsi que nous venons de le faire pour les mouvements de rotation.

Nous avons dit au commencement de ces leçons que la définition d'un corps solide de l'espace s'obtenait au moyen d'une projection à laquelle on joignait les distances au plan de projection des différents points du corps solide; nous avons indiqué ensuite comment on était conduit à faire une seconde projection sur un plan perpendiculaire au premier. Si l'on choisit ce second plan parallèle à certaines lignes de la figure, il sera oblique par rapport à d'autres lignes, et l'on sera amené à en prendre un troisième mieux placé par rapport à celles-là. Les changements de plan de projection verticale groupés autour d'une projection horizontale sont une conséquence naturelle et directe du système de projection, et ne constituent pas une méthode spéciale. Nous allons encore retrouver plus loin des changements de plan sous forme de rabattements de plans perpendiculaires aux plans de projections; c'est pour ces raisons que nous n'avons pas jugé utile de faire une théorie séparée. Les rotations supposent les deux plans fixes, et les constructions ne dépendent pas directement du principe du système de projection, il y avait lieu de les traiter à part.

D'ailleurs il est préférable, en général, d'effectuer une construction par changement de plan que par rotation.

La rotation déplace les deux projections, le changement de plan laisse une projection fixe; les deux figures, avant et après la rotation, se superposent presque nécessairement, la projection auxiliaire peut se reporter en dehors de la figure principale et de la projection fixe. Le déplacement d'une figure par rotation exige la construction d'angles égaux, le tracé d'arcs de cercle, la projection auxiliaire n'a besoin que de longueurs portées au compas.

Du reste, il faut bien observer que les rotations ou les changements de plan ne peuvent constituer la solution d'un problème, mais fournissent seulement les moyens de construire cette solution.

Il ne faut donc pas, en principe, changer la position des données, il faut s'efforcer de résoudre le problème sur les données elles-mêmes, sauf à faire des déplacements partiels pour faciliter certains tracés.

Il faut éviter, autant que possible, de déplacer complètement une figure, et excepté pour la solution de certains problèmes abstraits, limités, il ne faut faire ni doubles changements ni doubles rotations appliqués à toute une épure.

Les objets réels que l'on doit étudier dans les applications de la géométrie descriptive ont le plus souvent des positions connues, habituelles par rapport au plan horizontal et à la verticale ; si l'on vient à les rapporter à des plans obliques sur l'horizon, l'esprit conçoit difficilement leur forme et leur situation.

Nous ferons un fréquent usage des changements de plans dans la suite de ce cours, mais ce sera surtout pour ramener dans une position habituelle des corps que les données de la question présentent sous une forme difficile.

Nous allons résoudre un même problème, successivement par la méthode des changements de plans et par la méthode des rotations. Nous prévenons d'ailleurs le lecteur que c'est un simple exercice, et que nous donnerons plus loin une solution plus simple de la question.

Problème. — *Trouver l'angle de deux plans donnés par leurs traces.*

Nous allons amener l'intersection des deux plans à être perpendiculaire au plan horizontal, l'angle de leurs traces horizontales sera l'angle des deux plans.

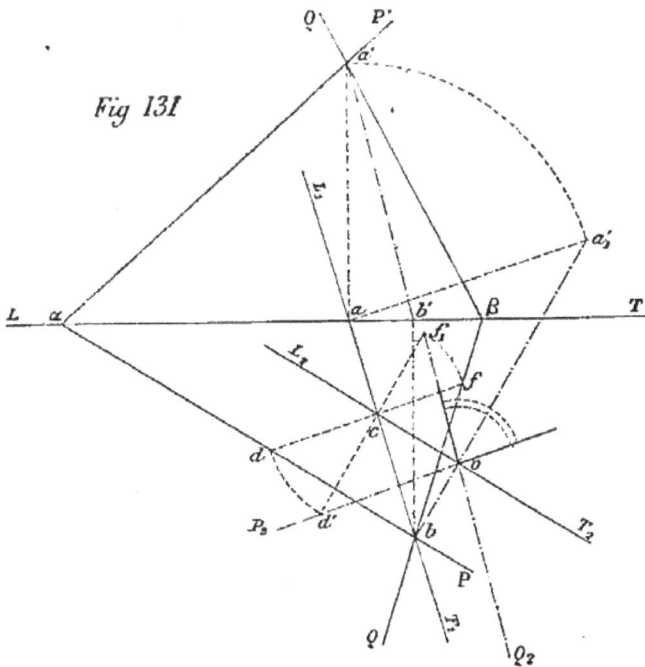

Fig 131

182. 1° *Changement de plans* (fig. 131.)

Les deux plans sont P'αP, Q'βQ, leur intersection est *ab*, *a'b'*, nous amenons d'abord l'intersection à être parallèle au plan vertical, et mieux nous la plaçons dans le plan vertical, ce sera la trace verticale commune des deux plans.

La ligne de terre est L_1T_1, la nouvelle projection verticale de la droite est $a'_1 b$ [$aa'_1 = aa'$ et b est fixe]. Les traces horizontales n'ont pas changé (90).

Nous changeons ensuite le plan horizontal que nous prenons perpendiculaire à la droite. La ligne de terre est L_2T_2 perpendiculaire à $a'_1 b$; nous cherchons les traces horizontales : elles passent par le point O ; les deux lignes de terre L_1T_1 et L_2T_2 se rencontrent au point c, nous élevons les perpendiculaires aux deux lignes de terre dcf, d_1cf_1, nous prenons $cd_1 = cd$, $cf_1 = cf$ et nous avons les traces horizontales od_1, of_1 qui comprennent l'angle cherché (92).

183. *Mouvement de rotation.* (Fig. 132.)

Les deux plans sont $P'\alpha P$, $Q'\beta Q$, leur intersection est ab, $a'b'$.

Nous amenons cette droite dans le plan vertical par rotation autour de la verticale aa', elle vient en $a'b_1$; c'est la trace verticale commune des deux plans après la rotation. Il faut construire les traces horizontales (ce que nous n'avons pas eu besoin de faire dans le changement de plan). Ces traces restent tangentes aux cercles directs du point a, comme centre et ayant pour rayons ac et ad.

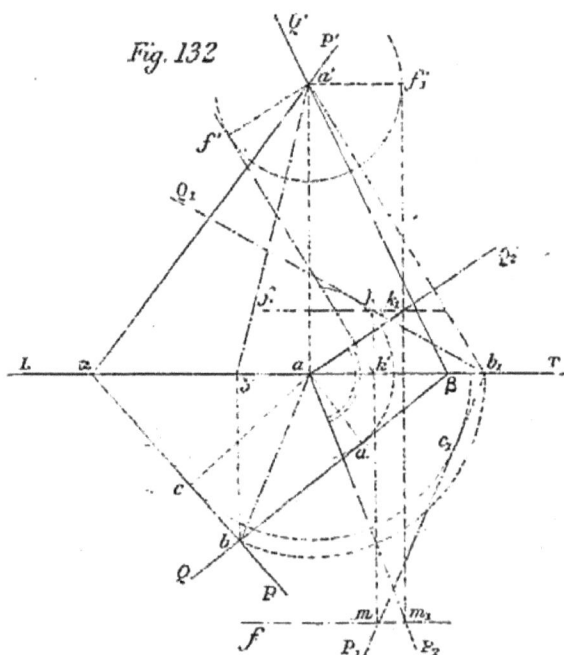

Fig. 132

Nous menons par le point b_1 des tangentes à ces cercles

en tenant compte du sens, ainsi que nous l'avons indiqué (166); nous obtenons les traces b_1P_1 et b_1Q_1. Nous faisons tourner ensuite l'intersection $a'b_1$ autour d'un axe perpendiculaire au plan vertical et passant par le point a', elle vient coïncider avec $a'a$; et les traces horizontales définitives passeront par le point a. Pour obtenir un point de chacune de ces traces, nous prenons une ligne de front de chaque plan, et nous la faisons tourner (174).

Dans le plan P_1b_1a', c'est $f'k'$ dans la projection horizontale est fm; après la rotation, sa projection verticale est la tangente verticale (parallèle à la nouvelle trace verticale du plan $a'a$) au cercle direct de a' comme centre et tangent à $f'k'$. Sa projection horizontale ne change pas, sa trace est en m_1; am_1 est la trace horizontale P_2 du plan P.

Dans ce plan Q_1b_1a', la ligne de front est $f'k'$ dont la projection horizontale est f_1kk_1; après rotation, la trace horizontale est le point k_1 et la trace définitive du plan Q est $ak_1 Q_2$.

Les deux traces horizontales comprennent l'angle cherché.

Rotations autour d'axes obliques.

184. Problème. — *Faire tourner un point d'un angle donné autour d'une droite parallèle au plan vertical.* (Fig. 133.)

L'axe donné est $cd, c'd'$, le point donné est le point aa'. Nous faisons un changement de plan de projection horizontale en prenant le plan horizontal L_1T

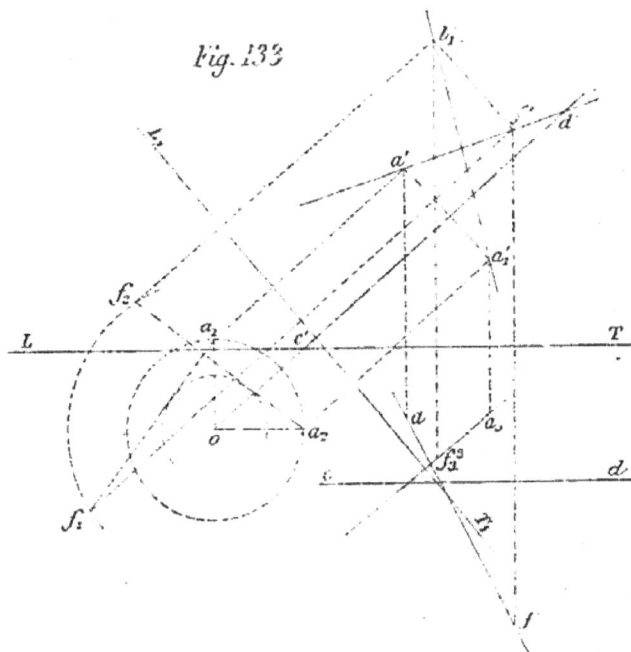

Fig. 133

perpendiculaire à l'axe (54). L'axe est alors perpendiculaire au plan horizontal et sa trace horizontale est le point o dont l'éloignement est égal à l'éloignement de la droite cd; le point a pour projection a_1.

Les angles décrits autour de l'axe se projetteront en vraie grandeur sur ce plan horizontal L_1T_1; nous faisons tourner le point a_1 de l'angle donné, sa projection horizontale vient en a_2 et sa projection verticale en a'_1 sur la perpendiculaire à l'axe, on en déduit la projection horizontale a_3 dans le système primitif, en prenant le même éloignement.

185. Problème. — *Faire tourner une droite d'un angle donné autour d'un axe parallèle au plan vertical.*(Fig. 133.)

L'axe donné est cd, $c'd'$; la droite est af, $a'f'$.

Nous faisons le changement de plan horizontal, en prenant le nouveau plan horizontal perpendiculaire à l'axe, L_1T_1 est la ligne de terre (54). L'axe a pour trace le point o, la nouvelle projection de la droite est a_1f_1, nous faisons tourner cette droite de l'angle donné en suivant les méthodes que nous avons indiqués précédemment (165), et les deux projections sont a_2f_2 et $a'_1f'_1$.

Ensuite nous construisons la projection horizontale a_3f_3 dans le système primitif en prenant des éloignements égaux à ceux de la droite a_2f_2.

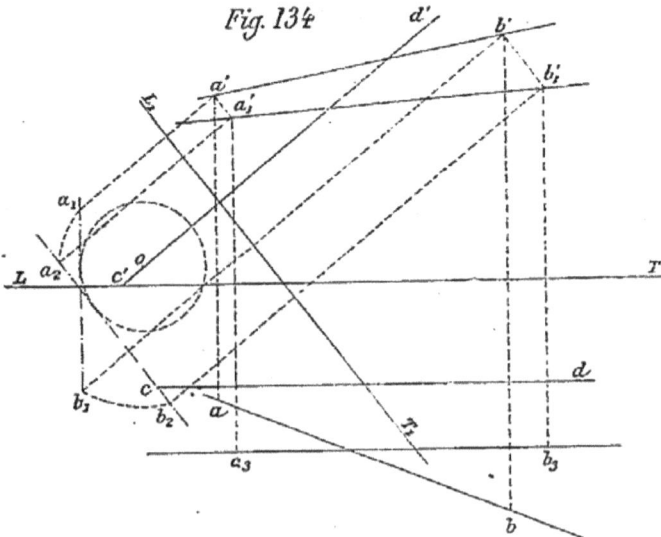

Fig. 134

186. — Application. *Amener une droite à être parallèle au plan vertical.* (Fig. 134.)

La droite donnée est ab, $a'b'$, l'axe est cd, $c'd'$.

Nous faisons encore le changement de plan horizontal en prenant le plan horizontal L_1T_1 perpendiculaire à $c'd'$ (54), la nouvelle projection horizontale de ab est a_1b_1, l'axe a pour projection le seul point o.

Nous faisons tourner la droite de manière à l'amener à être parallèle au plan vertical (168); sa projection horizontale est a_2b_2 parallèle à la ligne de terre, et sa projection verticale est $a'_1b'_1$; quand nous reviendrons au plan horizontal primitif, la droite restera parallèle au plan vertical et à la même distance du plan vertical; sa projection verticale sera $a'_1b'_1$ et sa projection horizontale a_3b_3; ayant le même éloignement que a_2b_2.

187. Problème. — *Faire tourner un plan d'un angle donné autour d'un axe parallèle au plan vertical.* (Fig. 135.)

Le plan est $P'\alpha P$. L'axe est $ab\ a'b'$.

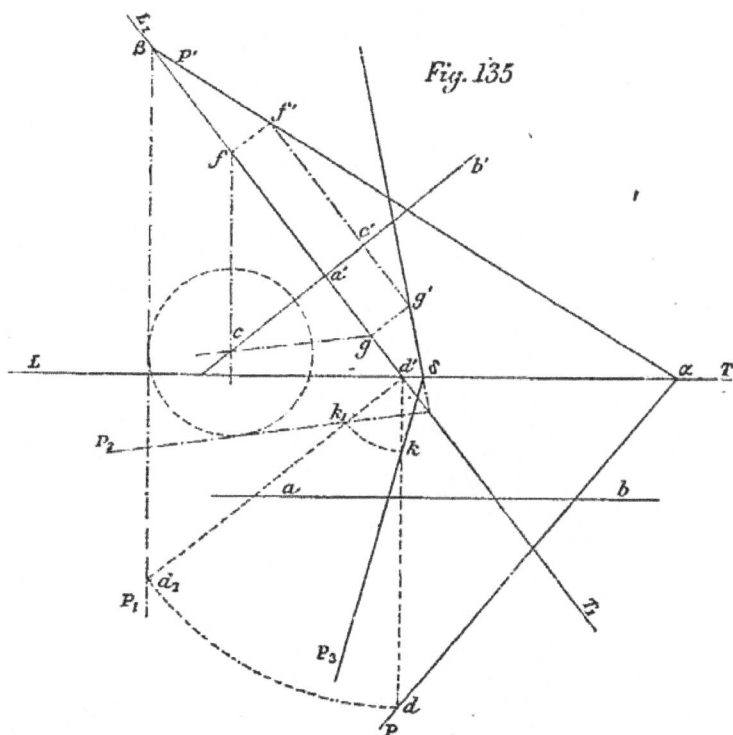

Fig. 135

Nous faisons encore un changement de plan horizontal en prenant la ligne de terre L_1T_1 perpendiculaire à $a'b'$.

La nouvelle trace horizontale du plan est βP_2 (92).

Nous faisons tourner cette trace autour du point c qui est la trace de l'axe, de l'angle donné, et nous l'amenons, par exemple, dans la position $P_2\gamma$ (174).

Nous cherchons sa nouvelle trace verticale, suivant la méthode indiquée dans les rotations autour d'axes verticaux (574). Nous considérons l'horizontale cf, $c'f'$; sa nouvelle projection horizontale, après la rotation, est cg, parallèle à $P_2\gamma$ et $c'g'$ est sa projection verticale; le point g' est un point de la trace qui est $\gamma g'P'_3$. C'est la trace verticale définitive.

Nous effecterons de nouveau le changement de plan pour revenir de L_1T_1 à LT, et nous obtenons en δP_3 la trace horizontale du plan après la rotation.

188. Application. — *Faire tourner un plan autour d'un axe oblique de front, de manière à le rendre perpendiculaire au plan vertical.*

Le plan est $P'\alpha P$; l'axe ab, $a'b'$.

Nous changeons encore le plan horizontal, et nous prenons le plan horizontal perpendiculaire à l'axe, la ligne de terre est L_1T_1 (92).

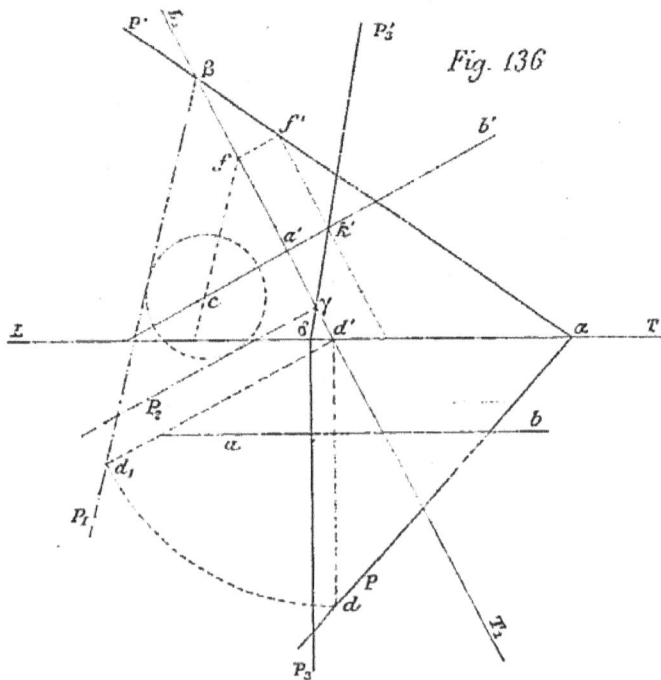

Fig. 136

Il nous suffit d'amener le plan à être perpendiculaire au plan vertical dans le système L_1T_1.

La nouvelle trace de l'axe est le point c_1, la trace horizontale du plan est βP_1; nous l'amenons à être perpendiculaire au plan vertical (178); sa trace est $P_2\gamma$; nous construisons le point de rencontre k' du plan de l'axe : la trace verticale est $\gamma P'_3$; nous revenons à la trace horizontale dans le premier système, c'est $P_3\delta$.

Le plan est donc $P'_3\delta P_3$.

MÉTHODE DES RABATTEMENTS

189. Définition. — On a souvent besoin, soit de connaître la véritable grandeur de figures contenues dans un plan, soit de faire dans ce plan certaines constructions nécessaires à la solution d'un problème.

On peut amener le plan à être confondu avec l'un des plans de projection qu'on prend pour plan de la feuille de dessin. C'est ce qu'on appelle : *Rabattre le plan.*

Les figures contenues dans ce plan sont alors projetées en véritable grandeur, les constructions qu'on doit faire sont des constructions de géométrie plane.

Lorsque ces constructions sont effectuées, il faut ramener par un mouvement inverse le plan dans sa position première, avec tous les points qu'il contient et trouver les projections de ces points sur les plans de projection primitifs.

Cette seconde opération, complément nécessaire de la précédente s'appelle : *Relever le plan.*

C'est l'ensemble de ces opérations qui constitue la méthode des *Rabattements.*

Dans cette méthode, les plans tournent autour d'une de leurs traces ou autour d'une droite qui y est contenue, et c'est ce qui la distingue des rotations dans lesquelles l'axe est indépendant du plan. Mais les principes que nous avons énoncés et appliqués à propos des rotations sont encore ceux qui servent à opérer les rabattements.

Les rabattements ne sont que des cas particuliers des rotations.

190. Problème. — *Rabattre un plan vertical sur le plan horizontal.* (Fig. 137.)

Considérons un plan vertical *dac.*

Ce plan contient un point mm' et une droite dont les projections sont ad et $d'e'$.

Faisons tourner ce plan autour de sa trace horizontale pour le rabattre sur le plan horizontal; les points et droites de ce plan formant une figure invariable.

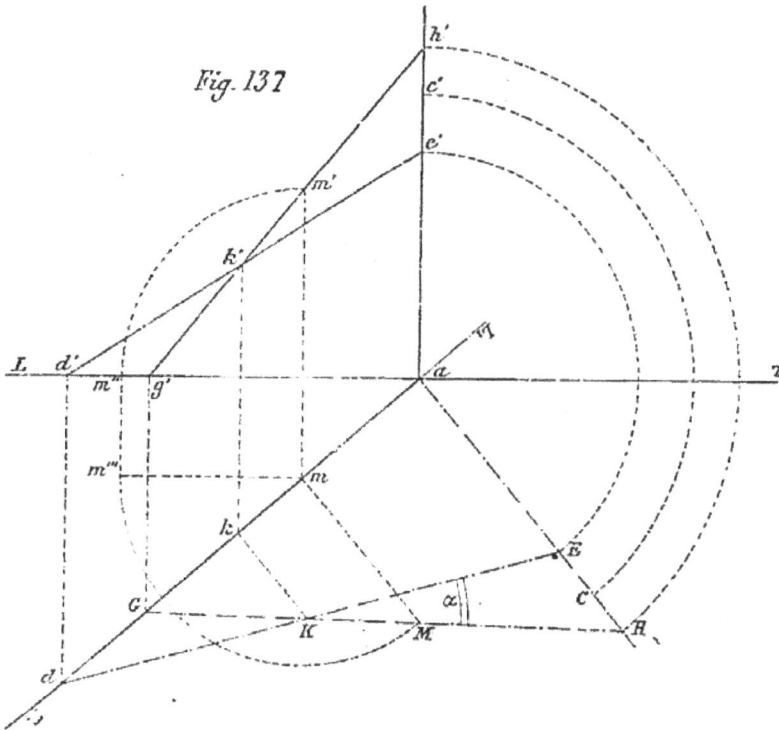

Fig. 137

La droite ac restera toujours perpendiculaire à ad et viendra se rabattre en aC ($ac = aC$). (L'arc de cercle tracé sur la figure est un arc de cercle figuratif exprimant cette égalité, ce n'est pas réellement l'arc décrit par le point c.)

Le point e' trace verticale de la droite viendra en E tel que $aE = ae'$. — Le point d trace horizontale de la droite est sur l'axe du mouvement et ne varie pas; la droite ad, $d'e'$ vient donc se rabattre en dE.

Considérons le point mm'. La ligne qui projette horizontalement ce point a sa trace au point m, la hauteur du point au-dessus du plan horizontal, c'est-à-dire sa distance à la charnière da est égal à $m'n'$.

Dans le rabattement, cette projetante viendra se rabattre suivant mM perpendiculaire à ad, et le point viendra en M tel que l'on ait, $mM = m'n'$. (Cette égalité est écrite sur la figure par des arcs de cercle $m'm''$, $m'''M$, et les droites $m''m'''$ et mm'''. Constructions figuratives).

191. — *Relever le plan rabattu.*

Dans ce plan nous avons fait une certaine construction : par exemple, nous avons même par M une droite GH faisant avec dE l'angle α. Il faut trouver les projections de GH et du point K où elle rencontre la droite donnée.

Le point H se trouve sur la trace verticale rabattue ; la distance aH ne changera pas quand on ramènera la droite aC en ac, et le point H viendra en h' tel que $ah' = a$H (arc de cercle figuratif) ; ce point h' étant dans le plan vertical, sera la trace verticale de la droite. Le point G est sur la droite ab dans le plan horizontal, il restera fixe et sera la trace horizontale de la droite, il se projettera sur la ligne de terre en g', en sorte que la droite aura pour projection ab et $g'h'$.

On peut construire directement le point K.

En effet, si nous abaissons la perpendiculaire Kk sur ab, cette droite représentera la projetante de l'espace rabattue ; le distance Kk est la hauteur du point au-dessus du plan horizontal, le point k sera donc la projection horizontale du point qui aura sa projection verticale en k' tel que $k'l'$, soit égal à Kk. D'ailleurs ce point k' doit se trouver au point de rencontre des projections verticales des deux droites.

192. Problème. — *Rabattre un plan vertical sur le plan vertical.* (Fig. 138.)

Au lieu de rabattre le plan sur le plan horizontal, nous pouvons le rabattre sur le plan vertical en le faisant tourner autour de ac, les raisonnements sont les mêmes, et les constructions sont les suivantes :

da, $d'e'$ est la droite donnée, mm' le point donné. Les points e' et c restent immobiles, les points m et d situés dans le plan horizontal décrivent des cercles autour du point a et viennent en m_1 et d_1 sur la ligne de terre qui est ici recouverte par le rabattement de la droite ab.

(Les arcs de cercle sont réellement décrits par les points.)

Le rabattement de la droite est donc $e'd_1$, la projetante du point M aura toujours la même longueur et reste perpendiculaire à *ab* au point m_1 ; le point *mm'* vient donc en M.

Fig 138

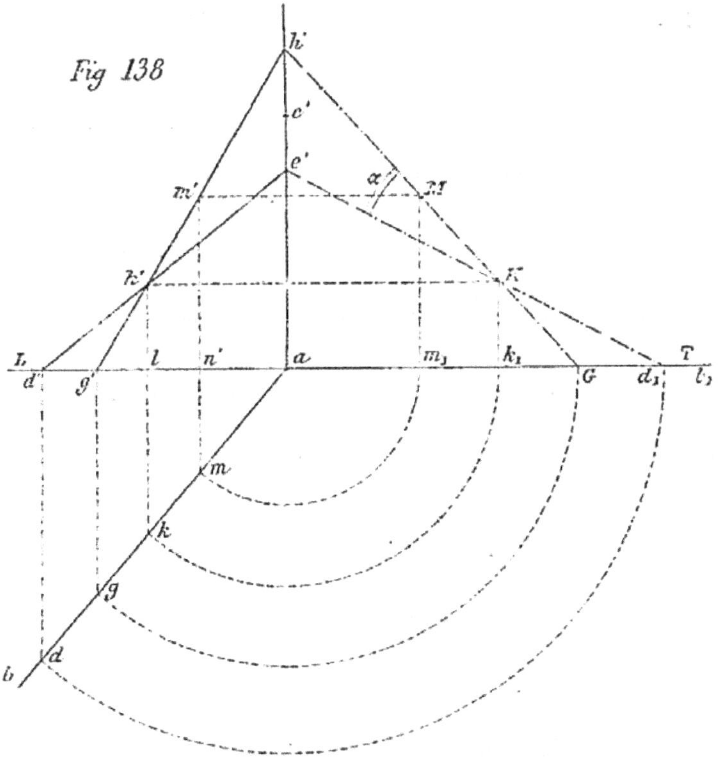

(La construction s'écrit en menant *m'*M parallèle à la ligne de terre, mais cette ligne *m'*M représente réellement la projection verticale du cercle décrit par le point *mm'* et qui est tracé en vraie grandeur sur le plan horizontal.)

193. Inversement. — *Relever le plan rabattu.*

Dans le plan nous effectuons une construction.

Nous menons *h'*MKG faisant avec la ligne $e'd_1$ l'angle α.

Le point *h'* est sur l'axe du mouvement, il ne changera pas et restera la trace verticale de la droite.

Le point G est le point où la droite rencontre la trace horizontale du plan, il deviendra la trace horizontale de la droite et se ramène en *g* (arc G*g* réellement décrit) ; ce point *g* a sa projection verticale en *g'* sur la ligne de terre, la projection verticale de la droite est donc *g'h'*.

D'ailleurs le point M revenant en *m'*, la droite doit passer par ce point, première vérification; ensuite nous pouvons construire les projections du point K.

Ce point va rester à la même hauteur au-dessus du plan horizontal, nous devons donc placer ce point sur une parallèle à la ligne de terre passant par le point K.

Cette parallèle est la projection verticale du cercle que décrit le point k_1, et dont le rayon est ak_1; ce point k_1 vient en k et sa projection verticale k' se trouve à la rencontre de la verticale kk' et de la parallèle à la ligne de terre. Ce point doit se placer sur la droite, deuxième vérification.

194. Problème. — *Rabattre un plan perpendiculaire au plan vertical sur le plan vertical.* (Fig. 139.)

Raisonnement et constructions identiques aux précédents :

$$ab, \quad ac \quad \text{traces du plan.}$$
$$de, \quad ae' \quad \text{droite donnée.}$$
$$m, \quad m' \quad \text{point donné.}$$

Le point d vient en D tel que $aD = ad$ (arc de cercle figuratif); e' reste immobile, De' est le rabattement de la droite.

Fig. 139

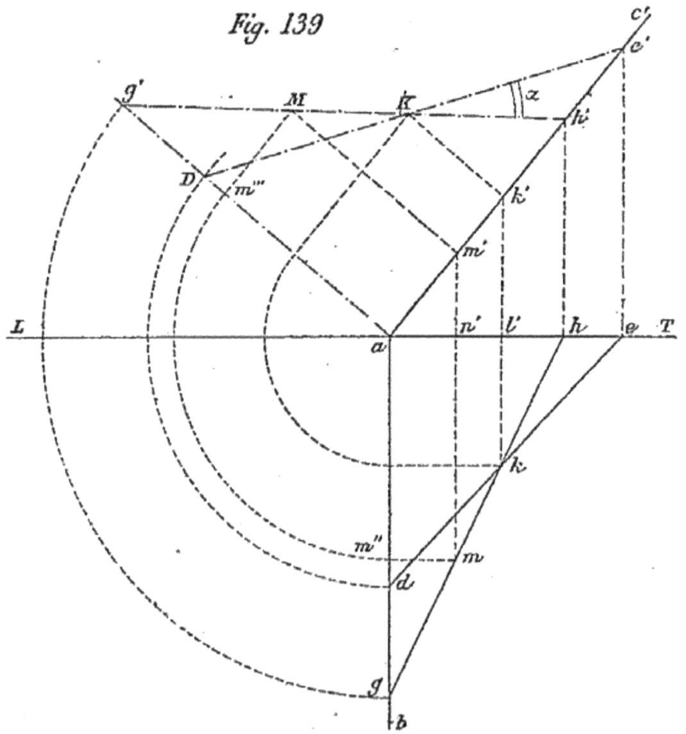

La droite qui projette le point mm' sur le plan vertical a pour longueur mn', elle est perpendiculaire à $a'c'$ au point m', elle se rabat en $m'M = mn'$. (Constructions figuratives.)

195. Inversement. — *Relever le plan rabattu.*

On a mené une droite $h'\text{KM}g'$, faisant avec De′ un angle α g' se ramène en g, tel que $ag' = ag$.

h' trace verticale de la droite reste immobile, et se projette en h; K se ramène en $k'_\text{,}k$.

(Les arcs de cercle indiqués sur la figure, sont uniquement des arcs figuratifs servant à écrire les constructions.)

196. Problème. — *Rabattre un plan perpendiculaire au plan vertical sur le plan horizontal* ou *inversement.* (Fig. 140.)

Fig. 140

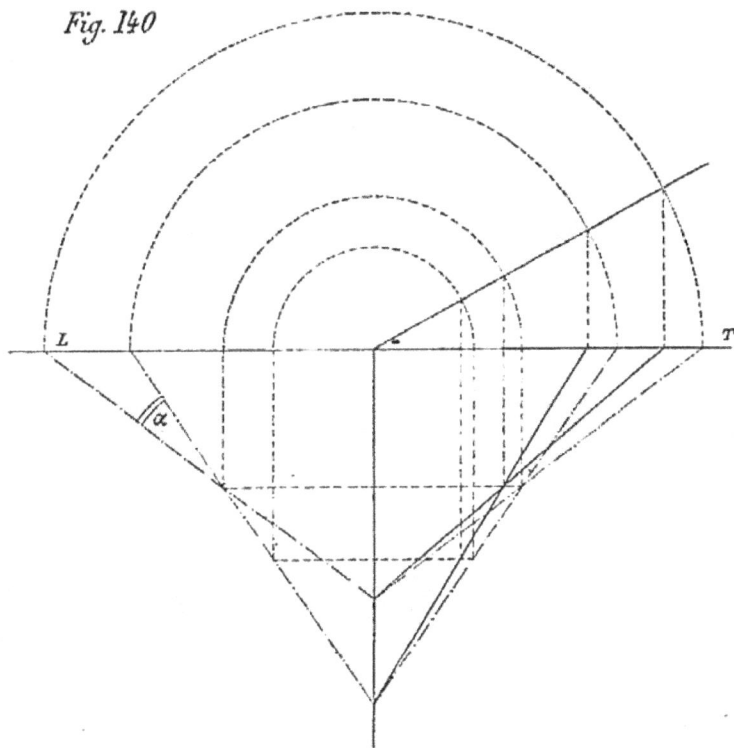

Nous ne donnons ici aucune explication, la figure suffit à expliquer la construction. — Nous avons fait le rabattement des 2 côtés, afin de montrer que les constructions sont les mêmes et qu'on peut les faire d'une manière ou de l'autre, selon que la disposition de la figure y fait trouver avantage. Les arcs de cercle sont ici des projections d'arcs de cercle (réellement décrits ou ces arcs eux-mêmes).

197. Remarque. — *Le rabattement d'un plan perpendi-culaire au plan horizontal sur le plan horizontal est identique avec un changement de plan vertical.*

En effet, prenons pour plan vertical le plan qui projette horizontalement la droite ; la ligne de terre est L_1T_1, nous obtenons la nouvelle projection du point mm' en prenant sur la perpendiculaire à L_1T, $mM = m'n'$, et de même pour les autres points, c'est-à-dire que nous faisons la même construc-tion que pour le rabattement, et la figure rabattue est la nou-velle projection verticale de la droite. (Fig. 137.)

De même : *Le rabattement d'un plan perpendiculaire au plan vertical sur le plan vertical, n'est autre chose qu'un changement de plan horizontal.* (Fig. 139.)

Les autres rabattements que nous avons effectués sont en réalité des rotations.

198. Applications. — 1° *Trouver la longueur comprise entre les traces d'une droite.* (Fig. 141 et 142.)

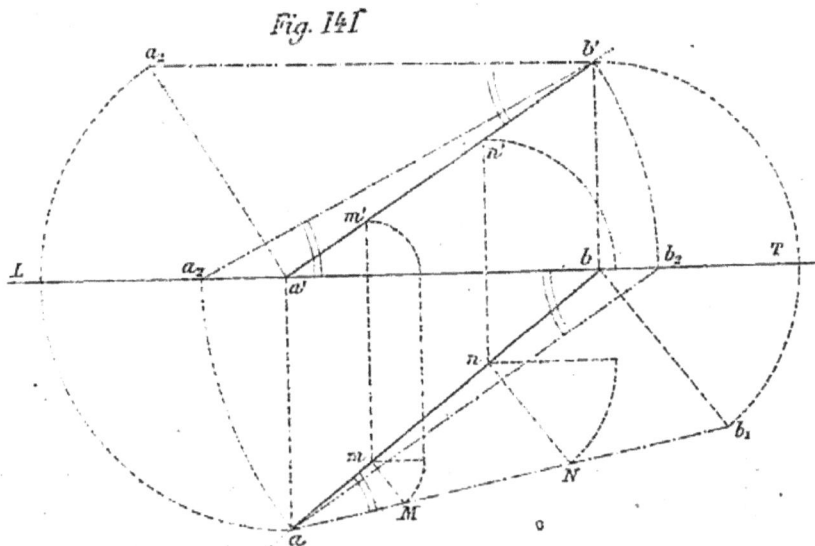

Fig. 141.

Prenons une droite ab $a'b'$; le plan qui la projette hori-zontalement est un plan vertical, qui a pour traces ab et bb, nous pouvons le rabattre, soit autour de sa trace horizontale soit autour de sa trace verticale.

(190). Dans le premier cas la droite se rabat en ab_1, vraie longueur.

(192). Dans le second cas, la droite se rabat en a_2b', vraie longueur.

Nous pouvons aussi considérer le plan qui projette la droite verticalement, les traces de ce plan sont aa' et $a'b'$. Nous pouvons rabattre ce plan des deux manières, et avoir la vraie grandeur de la droite en a_1b' et ab_2.

La construction qui donne a_1b', équivaut au changement de plan horizontal, l'autre est une rotation.

Fig 142

Fig. 143

198 *bis.*
2° *Trouver la distance de deux points.*(Fig. 143.)

Joignons ces deux points par une droite, le plan qui projette cette droite horizontalement, a pour trace horizontale

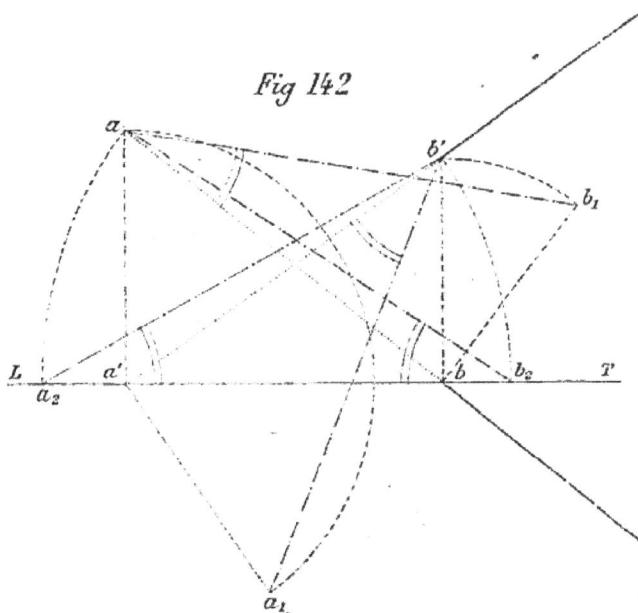

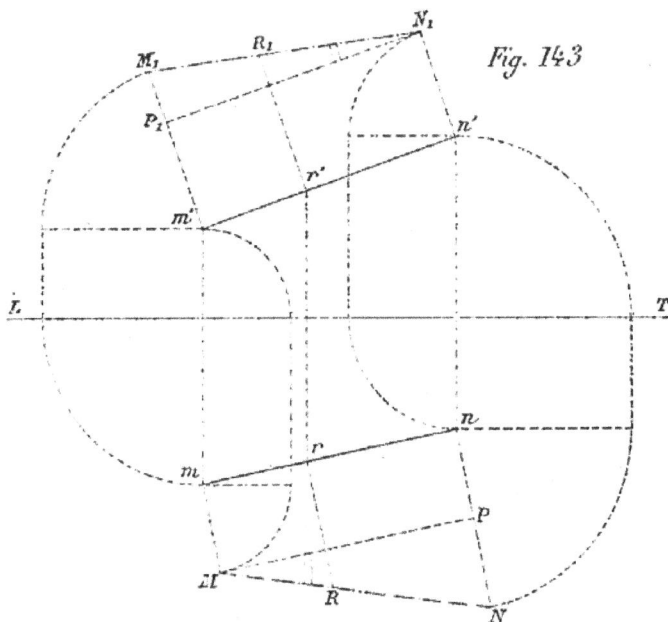

mn; il n'est pas nécessaire d'avoir la trace verticale de ce plan qui peut couper le plan vertical en dehors des limites de l'épure. Nous rabattons les deux points.

On peut aussi considérer le plan qui projette la droite verticalement et le rabattre autour de sa trace verticale.

Ces constructions sont des changements de plan.

En employant les mêmes moyens, on résoudrait cet autre problème :

Trouver sur une droite un point qui soit à une distance donnée d'un point donné.

On rabattra la droite *mn*, *m'n'* en MN par exemple (190), on prendra le point R à une distance MR donné du point M et on relèvera le point R en *r* et *r'* (191).

198 ter. 3° *Construire les angles que fait une droite avec les deux plans de projection.* (Fig. 141 et 142.)

L'angle que fait la droite avec le plan horizontale, est l'angle que fait la droite avec sa projection horizontale; cet angle est donc dans le plan vertical qui projette la droite horizontalement.

Si nous rabattons ce plan, les positions relatives des lignes qui y sont tracées ne changeront pas. Le rabattement de la droite et le rabattement de la projection feront donc entre elles l'angle cherché.

Les rabattements sont les mêmes que pour le 1er problème, et sur les figures l'angle de la droite avec le plan horizontal est rabattu en bab_1 et $b'a_2b$. (190.)

L'angle de la droite avec le plan vertical est rabattu sur les mêmes figures en $a_1b'a'$ et en $a'b_2a$.

On peut ne pas avoir les traces de la droite. (Fig. 143.)

On rabattra la droite en rabattant 2 points M et N.

L'angle de la droite et du plan horizontal sera toujours l'angle de la droite et de sa projection horizontale, on mènera donc par M une parallèle MP à *mn*, et l'angle NMP sera l'angle cherché.

On obtiendra de même en $M_1N_1P_1$ l'angle de la droite avec le plan vertical.

199. 4° *Construire la distance d'un point à un plan donné par ses traces.* (Fig. 144.)

Soient PαP' le point donné, mm' le point.

Nous abaissons mm' une perpendiculaire sur le plan; pour cela nous menons mn, $m'n'$ perpendiculaires à ses traces, et nous cherchons le pied de cette perpendiculaire. Pour le trouver, nous faisons passer par la droite un plan auxiliaire, dont nous cherchons l'intersection avec le plan donné. Le point de rencontre de cette intersection et de la droite sera le point cherché (140). Le plan auxiliaire dont nous nous servons est celui qui projette la droite horizontalement. Ses traces sont mna et aa'. Son intersection avec le plan donné a pour projections ba, $b'a'$. La projection verticale de cette droite rencontre la projection verticale de la perpendiculaire au point c', dont la projection horizontale est en c.

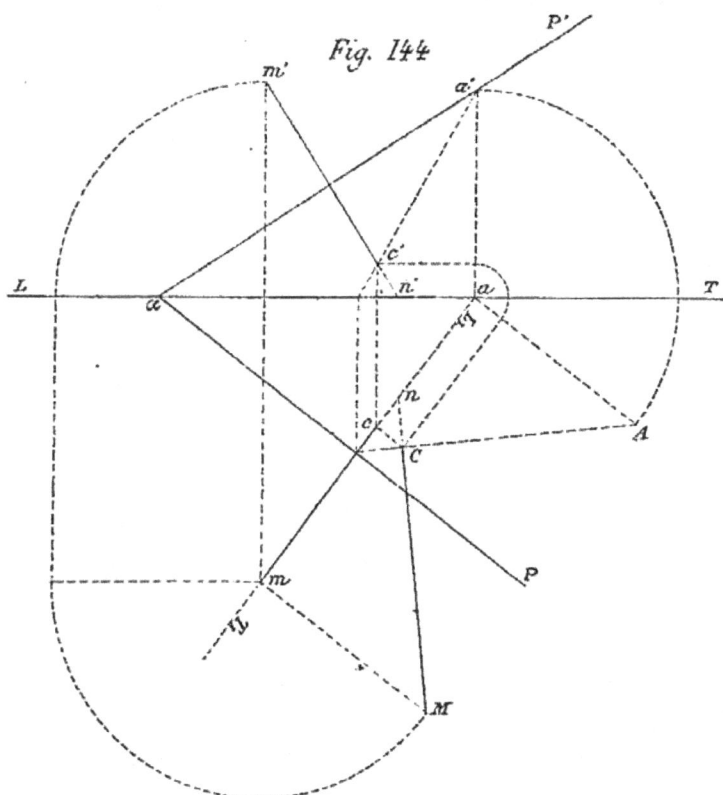

Fig. 144

Le point cc' est le pied de la perpendiculaire.

Rabattons par les constructions connues, le plan vertical mba a' par exemple sur le plan horizontal (190).

La droite ab, $a'b'$ se rabat en bA.

La droite mn, $m'n'$ se rabat en Mn.

Le point cc' se rabat d'ailleurs en C, qui doit se trouver à la rencontre des deux droites.

MC est la distance cherchée.

La construction n'est qu'un changement de plan vertical, dans lequel la ligne de terre est L_1T_1, confondue avec la projection horizontale de la perpendiculaire.

Comme vérification, Mn doit être perpendiculaire à bA.

(Toutes les constructions sont écrites sur la figure en lignes figuratives.)

Exercices. — 1º *Construire la distance d'un point à un plan donné par une ligne de plus grande pente.*

2º *Construire la distance d'un point à un plan donné par trois points.*

200. 3º *Construire la distance de deux plans parallèles.* (Fig. 145.)

Soient PαP' et QβQ' les deux plans parallèles donnés.

Un plan vertical PQRQ'P' dont la trace est perpendiculaire aux traces horizontales des deux plans les coupera suivant deux droites parallèles, dont la distance donnera la longueur cherchée. Ces deux droites sont d'ailleurs les lignes de plus grande pente des deux plans. (72).

Nous rabattons le plan auxiliaire vertical sur le plan vertical de projection. (190).

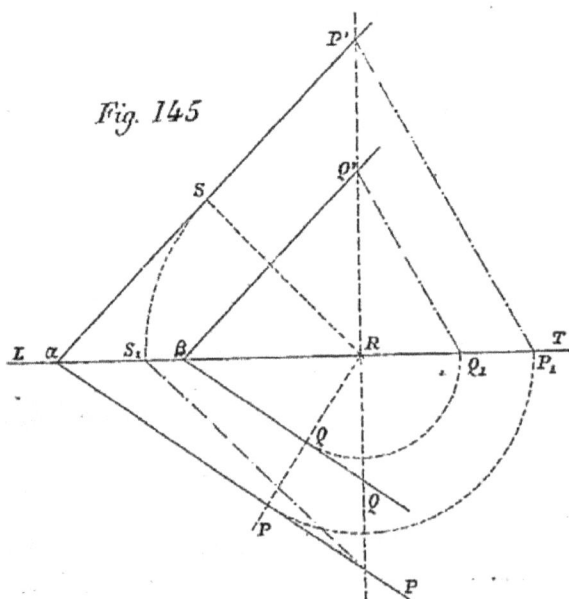

Fig. 145

La droite d'intersection avec le plan PαP' a pour trace verticale P′ et pour trace horizontale P, elle se rabat en P₁P′.

La droite d'intersection avec le plan QβQ′ se rabat en Q′Q₁ parallèle à P₁P′ la distance d de ces deux droites est la distance cherchée.

4° *Mener un plan parallèle à un plan donné et à une distance donnée de ce plan.*

201. 5° *Construire les angles d'un plan avec les plans de projection.*

Pour construire l'angle de 2 plans, il faut mener un plan perpendiculaire à leur intersection. Ce plan les coupe suivant deux droites qui font entre elles l'angle cherché. (Fig. 145.)

Cherchons l'angle du plan PαP′ avec le plan horizontal. Nous mènerons un plan vertical perpendiculaire à la trace horizontale αP (94). Sa trace sera PQR perpendiculaire à αP; son intersection avec le plan P fera avec la droite PR l'angle cherché.

Rabattons ce plan vertical La droite PR vient en P₁R (190) l'intersection en P′P₁; l'angle P′P₁R est l'angle cherché.

L'angle avec le plan vertical s'obtiendra en prenant le plan SRT perpendiculaire au plan vertical et à la trace verticale du plan, et en le rabattant en S₁RT₁.

202. Problème. — *Rabattre un plan quelconque autour d'une de ses traces.* (Fig. 146.)

Considérons le plan PαP′.

Nous allons rabattre ce plan sur le plan horizontal de projection en le faisant tourner autour de sa trace horizontale.

1° *Rabattement par la ligne de plus grande pente.* Voyons ce que devient un point mm' situé dans le plan. Le point mm va décrire un cercle autour de αP comme charnière, le rayon de ce cercle sera la perpendiculaire abaissée du point M sur la charnière.

En vertu du théorème des 3 perpendiculaires (fig 146 *bis*) le rayon sera l'hypothénuse d'un triangle rectangle, ayant pour côtés de l'angle droit, la hauteur Mm du point au-dessus du plan horizontal, et la longueur mn distance de la projection horizontale m à la charnière.

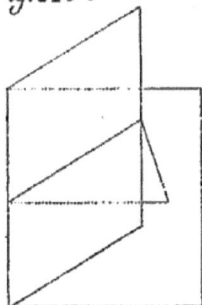

Nous effectuons cette construction en rabattant le plan
vertical Mnm autour de sa trace horizontale

Fig. 146bis

mn (190). Le triangle se rabat en nmm'_3;
nm'_3 est le rayon cherché. Le point viendra
se placer sur la perpendiculaie mn, trace du
plan vertical dans lequel il est situé et du-
quel il ne sort pas, à une distance de n
égale à nm'_3, il viendra donc en M.

Observons que l'angle $mnm'_3 = $ Z est
l'angle du plan avec le plan horizontal. (94).

Rabattons une droite ab, $a'b'$ du plan.
Nous ferons sur le point aa' les mêmes constructions que sur
le point mm'. Ces constructions sont écrites sur la figure, et
nous obtiendrons A rabattement de aa'. Mais le point b, trace
horizontale de la droite est sur la charnière et n'a pas changé.
La droite rabattue est donc Ab.

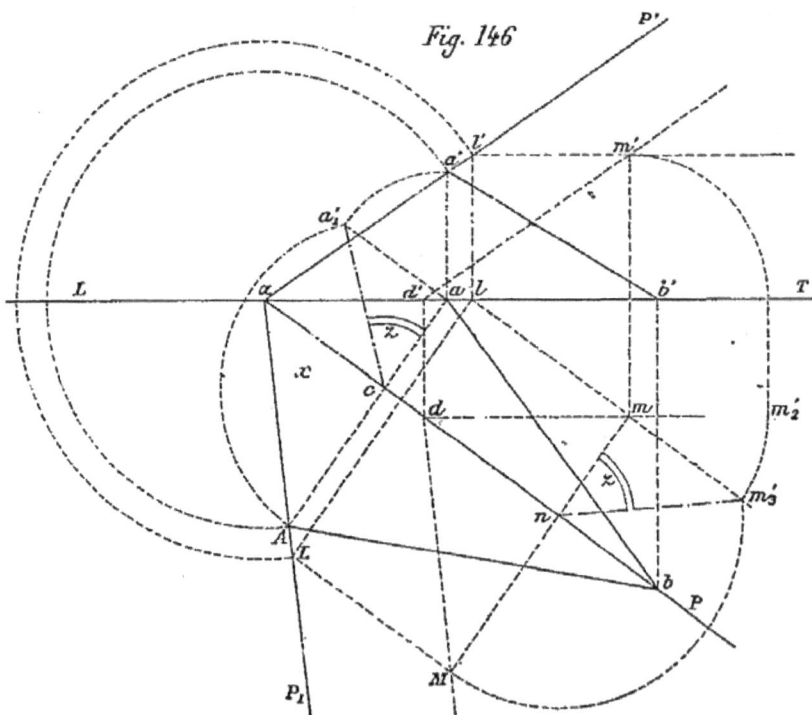

Fig. 146

Observons que le point A est un point de la trace verticale
qui se rabat en Aα et l'angle $x =$ AαP est l'angle des deux
traces.

Nous avons d'ailleurs une vérification, la longueur $a'α$ doit être égale à $Aα$, car ce sont deux positions de la même droite, on peut donc construire le point A en abaissant de sa projection horizontale a une perpendiculaire sur la charnière, jusqu'à la rencontre avec un arc de cercle décrit de $α$ comme centre avec $αa'$ comme rayon.

La ligne nm, rabattue en nm'_2 est la ligne de plus grande pente du plan par rapport au plan horizontal, ce système de rabattement est le rabattement par la ligne de plus grande pente.

203. 2° *Rabattement par l'horizontale.* (Fig. 146.)

Considérons l'horizontale $l'm'$ lm qui passe par le point, rabattons le point $l'l$ trace verticale, nous pouvons construire directement le rabattement de ce point comme nous avons construit celui du point a,a' (202); ou bien si la trace verticale a d'abord été rabattue en $αP$, nous obtiendrons le point L en abaissant de l une perpendiculaire sur $αP$; l'horizontale est réellement parallèle à la trace du plan, son rabattement sera donc parallèle à cette trace et sera la droite LM menée par L parallèlement à $αP$. — D'ailleurs le point m,m' a son rabattement sur la perpendiculaire menée à $αP$ par le point m. Ce rabattement est donc M.

204. 3°. *Rabattement par la ligne de front.* (Fig. 146.)

La ligne de front qui passe par le point est $d'm'$, dm.

Le point d qui est sa trace horizontale est sur la charnière et reste fixe. La droite est parallèle à la trace verticale du plan, et cette propriété doit exister dans le rabattement; nous devons donc rabattre d'abord la trace verticale en $αP_1$, et mener par le point d la parallèle dM à cette trace.

Du reste le point m,m' a son rabattement sur la perpendiculaire menée à $αP$ par le point m. Ce rabattement est donc M.

205. Inversement. — *Relever un plan rabattu.* (Fig. 147.)

Supposons que l'on ait fait une construction dans le plan rabattu, et cherchons à relever le point M, de ce plan. Nous pouvons relever ce plan de trois manières.

1° *Ligne de plus grande pente.*

Mb représente la distance du point à la charnière; cette

longueur ramenée dans le plan est l'hypothénuse d'un triangle rectangle dont les côtés sont : la hauteur du point au-dessus du plan horizontal, et la distance de la projection horizontale m à la trace αP du plan.

L'angle aigu adjacent à mb est l'angle y du plan avec le
plan horizontal (94).

Nous devons supposer que cet angle est connu, soit qu'on
l'ait donné, soit qu'il résulte d'une construction précédente.
Construisons le triangle rectangle en menant bf tel que fbm
soit égal à cet angle ; (ici nous menons bf parallèle à bc) nous
prenons $bf = b$M, et nous abaissons la perpendiculaire fm ;
m est la projection horizontale du point, sa cote est mf, et m
est sa projection verticale ($m'd' = mf$).

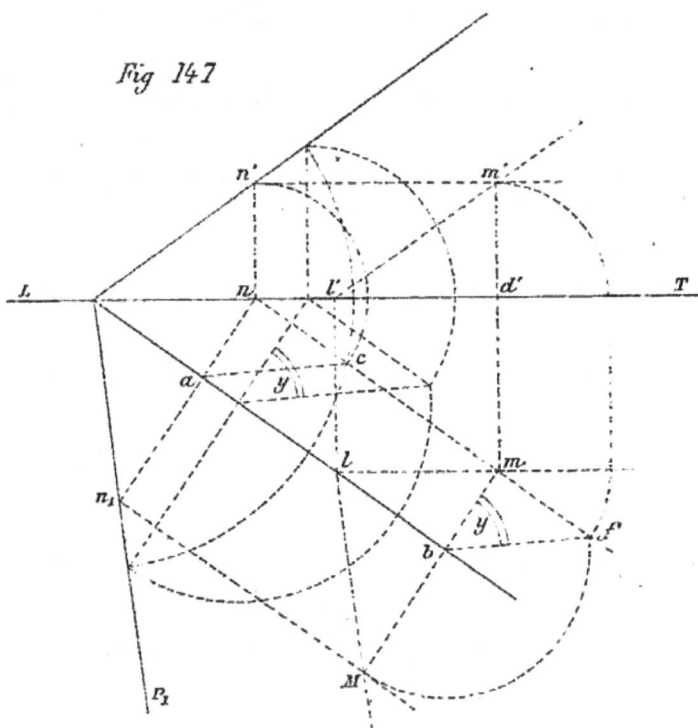

Fig 147

236. 2° *Par l'horizontale*. On donne le rabattement PαP$_1$,
on ne connait pas la trace verticale primitive que nous allons
construire d'abord. Menons l'horizontale du point M. Le point
rabattu en n_1 aura sa projection verticale dans le plan vertical, à une distance du point $\alpha = \alpha n_1$; décrivons un arc de
cercle de α comme centre avec αn_1 comme rayon ; la projec-

tion horizontale de ce point devra se trouver sur la perpendiculaire n_1n à αP et comme c'est un point de la trace verticale, cette projection horizontale sera en n sur la ligne de terre, et sa projection verticale n' se trouvera à la rencontre de la verticale nn' avec l'arc de cercle déjà décrit. Les projections de l'horizontale sont donc $n'm'$, nm.

Du reste le point M se trouve sur cette droite et ce point décrit dans le relèvement un cercle dans un plan vertical perpendiculaire à αP, donc sa projection horizontale sera sur la droite Mb perpendiculaire à αP, elle doit être sur nm et sera en m, par suite la projection verticale sera en m'. D'ailleurs ces constructions nous permettent de trouver $n\,a\,c$ l'angle du plan avec le plan horizontal. Observons que si la trace verticale du plan est connue on n'a qu'à mener la perpendiculaire n_1n à αP pour obtenir le point n, par suite le point n', et les deux projections de l'horizontale.

207. *3° par une droite de front.*

Une droite de front menée par le point M sera parallèle à αP, ce sera donc Ml, l sera la trace horizontale de cette droite ; sa projection horizontale sera lm parallèle à la ligne de terre, et sa projection verticale sera $l'm'$ parallèle à la trace verticale du plan.

D'ailleurs le point reste toujours dans le plan vertical dont la trace est Mb, sa projection horizontale est donc m et sa projection verticale m'.

Le rabattement et le relèvement autour de la place verticale du plan se feraient de la même manière.

208. Problème. — *Rabattre un plan autour d'une horizontale.* (Fig. 148.)

Un plan est déterminé par une droite horizontale $cd,c'd'$ et un point $a.a'$, on veut rabattre ce plan autour de l'horizontale sur le plan horizontal qui a pour trace verticale $c'd'$. Le point $a'a$, tournant autour de $cd,c'd'$ décrit un cercle dont le plan est perpendiculaire à la ligne, c'est donc un plan vertical et la trace horizontale qui passe par la projection horizontale du point est ah : le plan coupe la droite $cd,c'd'$ au point hh', centre du cercle. Le rayon est égal à la distance $ah,a'h'$ qui est l'hypothénuse du triangle rectangle ayant pour côtés de l'angle droit la longueur ah et la hauteur $a'\alpha$, cote du point au-dessus du plan horizontal $c'd'$, nous construisons ce triangle en aha'_1, et nous portons l'hypothénuse ha'_1 de h en A.

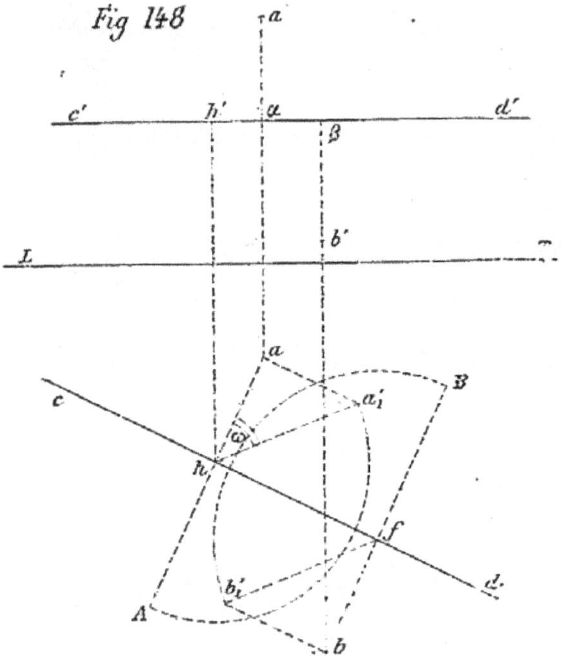

La construction est donc la même que lorsqu'on rabat le plan autour de sa trace horizontale, seulement la cote du point est la cote relative au plan horizontal sur lequel on fait le rabattement.

Fig 148

209. Inversement. — *Relever le plan rabattu.* Relevons le point rabattue en B. La projection horizontale du point viendra sur la perpendiculaire Bf à la droite cd, et Bf est la distance du point à la droite, hypothénuse du triangle rectangle dont nous connaissons l'angle aigu ω obtenu dans le rabattement du point aa'; nous pouvons construire le triangle en menant par f une parallèle à ha'_1, mais le point B étant rabattu en sens contraire du point A, nous construirons le triangle de l'autre côté de la droite cd, en fb'_1b; b est la projection horizontale du point, bb'_1 est sa cote relative au plan horizontal $c'd'$, et nous la porterons en bb' au-dessous de $c'd'$ parce que ce point est de l'autre côté de cette droite par rapport au

Fig. 148 bis

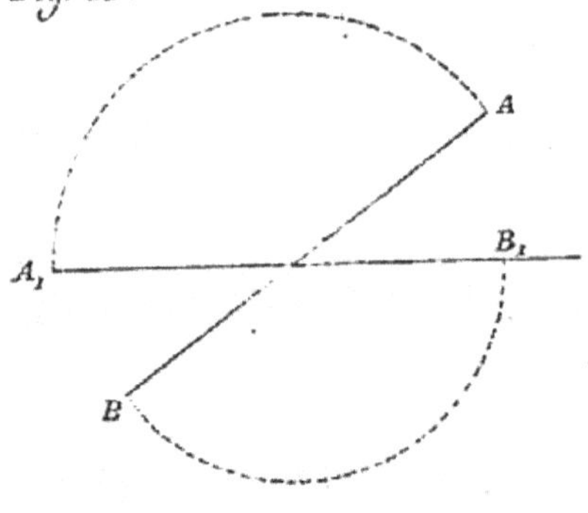

point A. Dans le rabattement de la droite AB (fig 148 *bis*) autour de l'horizontale *cd*, le point A est venu en A₁ et en même temps le point B est venu du même mouvement en B₁.

210. Applications. — *Abaisser d'un point une perpendiculaire sur une droite.* (Fig. 149.)

ab, *a'b'* est la droite donnée, *m m'* le point donné. Nous faisons passer un plan par la droite et le point. Pour cela nous menons par le point une droite qui rencontre la droite donnée et qui, avec elle, détermine le plan (63). Nous choisissons

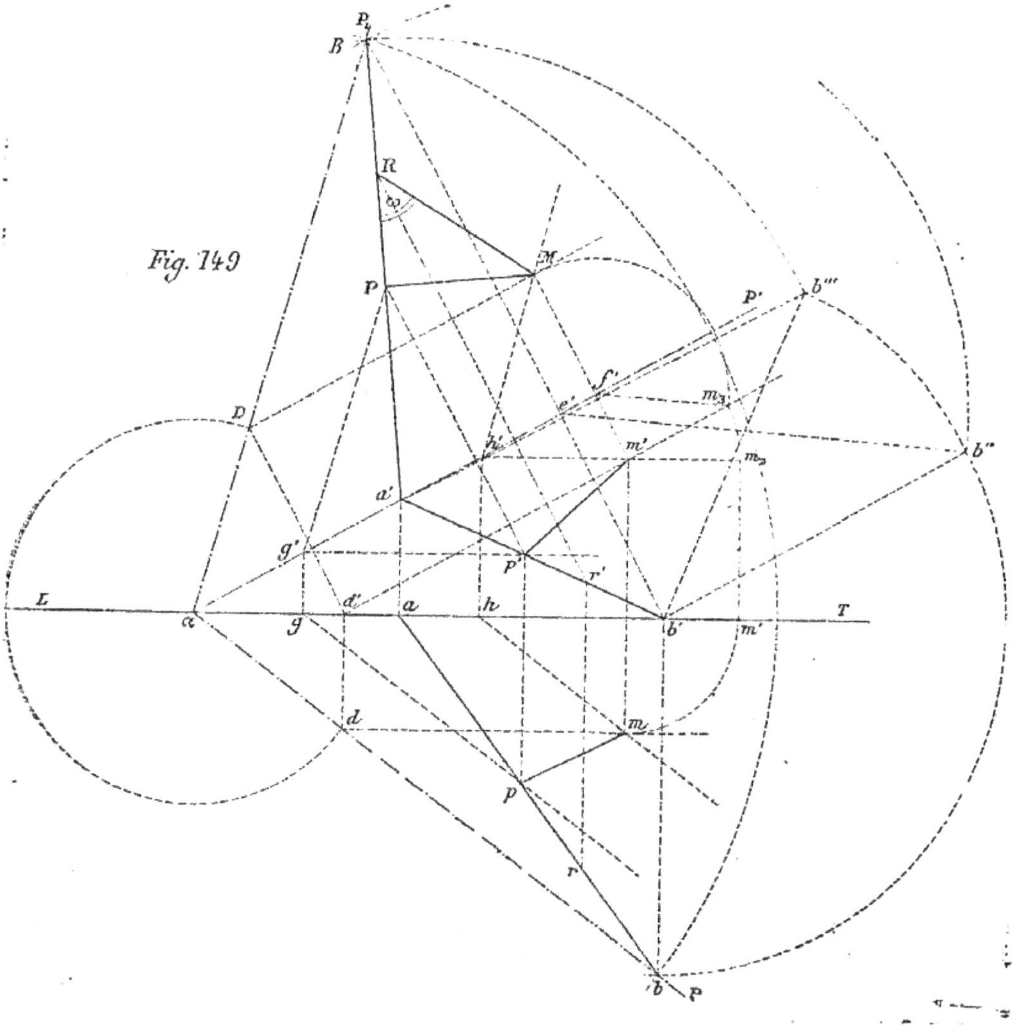

Fig. 149

une ligne de front mc, $m'c'$ dont la trace horizontale est en d; la trace horizontale du plan est $bd\alpha$, sa trace verticale est $\alpha a'$ parallèle à $m'c'$. Nous rabattons ce plan autour de sa trace verticale, et nous ramenons le point b de la trace horizontale en B (202); la droite se rabat en Ba'.

Le point mm' est rabattu, 1° par la construction directe écrite en m m_1 m_2 m_3 M (202), 2° par la ligne de front med $m'c'd'$ rabattue en DM (204), 3° par l'horizontale mh, $m'h'$ rabattue en h'M (203), nous n'expliquons pas ces constructions. Nous menons dans le plan la perpendiculaire MP à Ba'; MP est la distance du point à la droite.

Relevons le point P.

Pour ne pas compliquer inutilement la figure nous relèverons le point P par une seule construction, celle de l'horizontale rabattue en Pg' (206). Les projections de cette droite sont $g'p'$ et gp, elles rencontrent en pp' les projections de ab, $a'b'$; pp' sont les projections du point P et doivent se trouver sur une même perpendiculaire à la ligne de terre; de plus le point p' doit se trouver sur la perpendiculaire P$g'p'$ abaissée de P sur la trace verticale du plan.

Les projections de la perpendiculaire sont mp, $m'p'$.

On résoudrait de la même manière les problèmes suivants:

210 bis. *Étant donnés une droite et un point extérieur, trouver sur la droite un point situé à une distance connue du point donné.*

On fera passer un plan par la droite et le point. (Fig. 149.)

On rabattera ce plan, on obtiendra la droite a'B et le point M on construira dans le plan le point R, qui satisfait à la condition, et on relèvera ce point en rr' par l'une des constructions indiquées.

210 ter. *Étant donnés une droite et un point extérieur mener par le point une droite qui rencontre la droite donnée en faisant avec elle un angle donné.* (Fig. 149.)

Mêmes constructions, la droite MB faisant l'angle ω, sera mené dans le plan rabattu, et le point R ramené en rr'.

210 quater. *Par un point pris dans un plan, mener aux traces* *de ce plan, des droites de longueur donnée, en faisant avec ces traces des angles donnés.*

Constructions identiques aux précédentes.

211. *Construire le centre et le rayon d'un cercle passant par 3 points. Construire les projections du cercle.* (Fig. 150.)

Faire passer un plan par les trois points aa' — bb' — dd'.

Rabattre le plan et les 3 points qu'il renferme.

Tracer sur le plan rabattu le cercle dont on trouve alors le rayon en vraie grandeur : soit R.

Relever le centre, c_1 en cc'.

On pourrait relever l'un après l'autre un certain nombre de points du cercle, et construire les projections par points.

Il est préférable de construire les axes de ces projections qui sont des ellipses.

Projection horizontale. — Le diamètre e_1f_1 parallèle à la trace horizontale du plan, est horizontal, il se projettera donc en vraie grandeur sur le plan horizontal, et sa projection sera ecf égale et parallèle à $e_1c_1f_1$, ce diamètre est perpendiculaire aux cordes qui coupent à angle droit la trace horizontale du plan, qui sont des lignes de plus grande pente et qui se projetteront suivant des perpendiculaires à ecf. Donc ce diamètre perpendiculaire aux cordes qu'il divise en deux parties égales est un axe.

L'autre axe passe par le centre, est perpendiculaire au premier : il est donc rabattu suivant le diamètre g_1h_1, il suffit de relever les points h_1 et g_1 en h et g.

Projection verticale. En répétant les mêmes raisonnements on verra que le diamètre k_1l_1 parallèle à la trace verticale rabattue αP, se relèvera suivant une ligne de front et en vraie grandeur $k'c'l' = k_1c_1l_1$ et cette droite sera un axe. L'autre axe est donné par le diamètre m_1n_1 perpendiculaire à k_1l_1 et se relève en $m'n'$.

Points remarquables et tangentes.

Si nous considérons les horizontales rabattues qui passent par les points h_1 et g_1 et sont tangentes au cercle en ces points, ces horizontales sont les horizontales extrêmes. L'une est la plus haute, l'autre est la plus basse, elles comprennent la courbe.

Donc les projections horizontales des tangentes aux points h et g seront parallèles au grand axe, ce qui doit être puisque ces points sont des sommets, et les projections verticales des tangentes en h' et g' sont horizontales, ces deux points caractérisés par la tangente horizontale sont l'un, le plus haut, l'autre le plus bas de la courbe.

Considérons le diamètre $m_1 n_1$ des tangentes aux extrémités sont les lignes de front qui se relèveront, suivant des lignes de front encadrant la courbe. Donc aux points m et n, les projections horizontales des tangentes seront parallèles à la ligne de terre, aux points $m'n'$, elles seront parallèles à la trace verticale du plan, c'est-à-dire au grand axe, ce qui doit être, puisque ces points sont des sommets.

Proposons-nous de construire les tangentes dont les projections sont perpendiculaires à la ligne de terre.

S'il existe un point de la projection horizontale pour lequel la tangente soit perpendiculaire à la ligne de terre, la tangente en ce point est dans un plan de profil, puisque le plan vertical qui la projette horizontalement, a sa trace

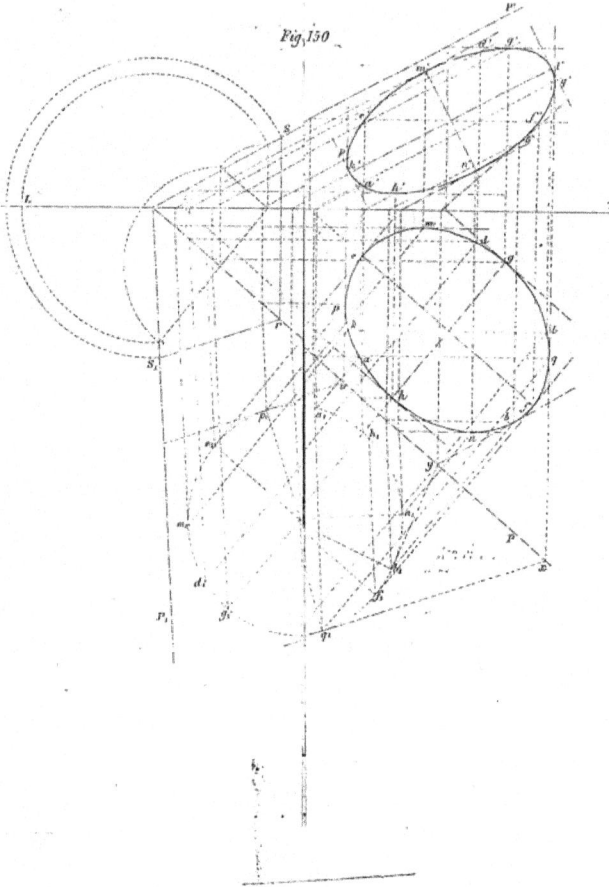

Fig. 150

perpendiculaire à la ligne de terre. Il en résulte que pour le point correspondant de la projection verticale, la projection de la tangente est aussi perpendiculaire à la ligne de terre.

Cette tangente sera donc dans un plan de profil, elle est dans le plan P'xP, elle sera parallèle à l'intersection d'un plan de profil avec le plan P'xP.

Menons un plan de profil rs, il coupe le plan suivant une droite que nous pouvons rabattre en rs_1.

La tangente au cercle, située dans un plan de profil, se rabattra donc suivant une tangente parallèle à rs_1; menons ces tangentes $p_1 v$ et $q_1 x$, les points q_1 et p_1 sont les points où la tangente est perpendiculaire à la ligne de terre; les points se relèvent en pp' et qq'.

On peut demander la tangente en un point quelconque.

Soit le point bb' rabattu en b_1.

La tangente est rabattue en $b_1 y$, y est la trace horizontale qui ne change pas dans le relèvement, et reste un point de la tangente; mais b est un point de la projection horizontale de cette tangente, elle est donc projetée en yb.

Les projections verti-

cales des points y et b étant y' et b', la projection verticale de
la tangente est $y'b'$.

212. Applications. — *Construire l'angle de deux
droites.* (Fig. 151.)

Nous supposons que les deux droites se rencontrent, si
elles ne se rencontrent pas, on mènera par un point de l'une d'elles une parallèle à l'autre, et ce sera l'angle de ces deux dernières que l'on prendra pour l'angle des droites proposées.

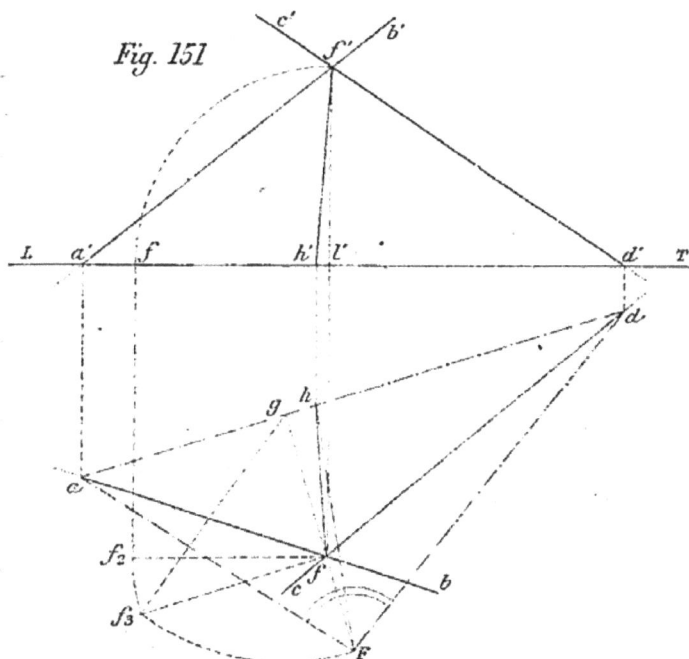

Fig. 151

La solution consiste à construire le plan des deux droites,
et à rabattre ce plan sur l'un des plans de projection.

ab, $a'b'$ — cd, $c'd'$ — sont les deux droites qui se rencontrent en ff'; la trace du plan qui les contient est ad.

Rabattons le plan autour de cette trace et cherchons le rabattement du point ff'.

Ce point décrira un cercle situé dans un plan vertical perpendiculaire à ad, dont la trace est gf, et il se rabattra sur cette droite. (202).

Le rayon de cercle qu'il décrit est l'hypoténuse d'un triangle rectangle, qui a pour côtés de l'angle droit fg et $f''l'$.—
Nous construisons ce triangle en gf_3f, gf_3 est le rayon cherché, c'est la distance du rabattement de ff' au point g; nous

prenons $g\mathrm{F} = gf_3$ et F est le rabattement du point ff' ; mais les points a et d situés sur la charnière n'ont pas changé, les droites se rabattront donc en $a\mathrm{F}$ et $d\mathrm{F}$. L'angle $a\mathrm{F}d$ est l'angle cherché.

La figure 152 montre les mêmes constructions appliquées à un rabat-tement sur le plan ver-tical.

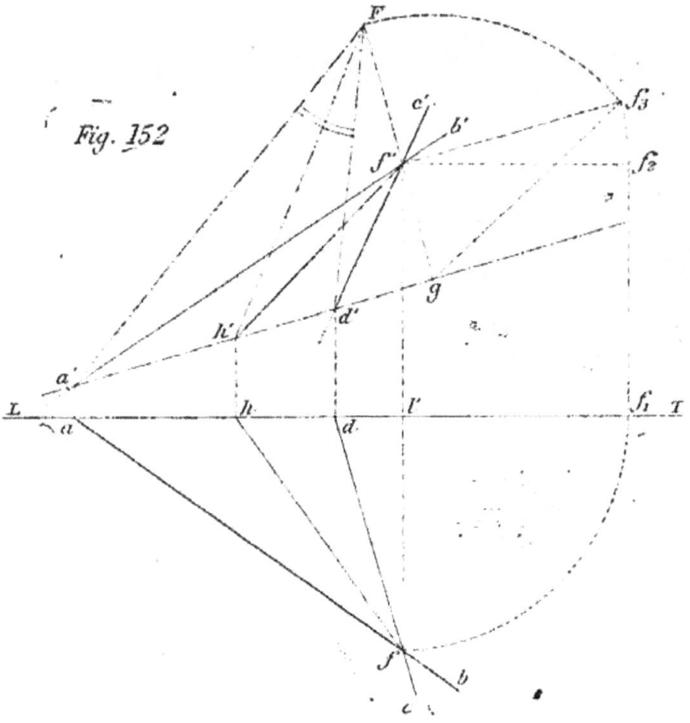

Fig. 152

213. *Con-struire la bis-sextrice de l'angle de deux droites.* (Fig. 152.)

On con-struira l'an-gle $a\mathrm{F}d$, on mènera la bissectrice Fh — cette ligne sera le rabatte-ment de la bissectrice cherchée, sa trace horizontale sera le point h qui se projettera en h', en sorte que les projections de la bissec-trice sont fh, $f'h'$.

Construire l'angle de deux plans donnés par leurs traces.

214. Première solution. — PαP' Q6Q' sont les deux plans donnés par leurs traces ; ab est la projection hori-zontale de leur intersection. (Fig. 153.)

Nous menons un plan perpendiculaire à l'intersection, sa trace horizontale est cd perpendiculaire à ab (trace verticale inutile). Ce plan coupe les deux plans suivant deux droites qui font entre elles l'angle cherché.

Ces deux droites forment avec cd un triangle que nous allons rabattre sur le plan horizontal, en le faisant tourner autour de cd.

Le sommet de ce triangle est le point où le plan sécant auxiliaire rencontre la droite d'intersection ; pour construire ce point nous faisons un changement de plan vertical en prenant pour plan vertical le plan qui projette horizontalement la droite ab (90). La ligne de terre est donc L_1T_1 ; la nouvelle projection verticale de la droite ab est ab'_1, obtenue en prenant $bb'_1 = bb'$; cette ligne est d'ailleurs la trace verticale commune des deux plans sur le plan vertical L_1T_1, les traces ho-

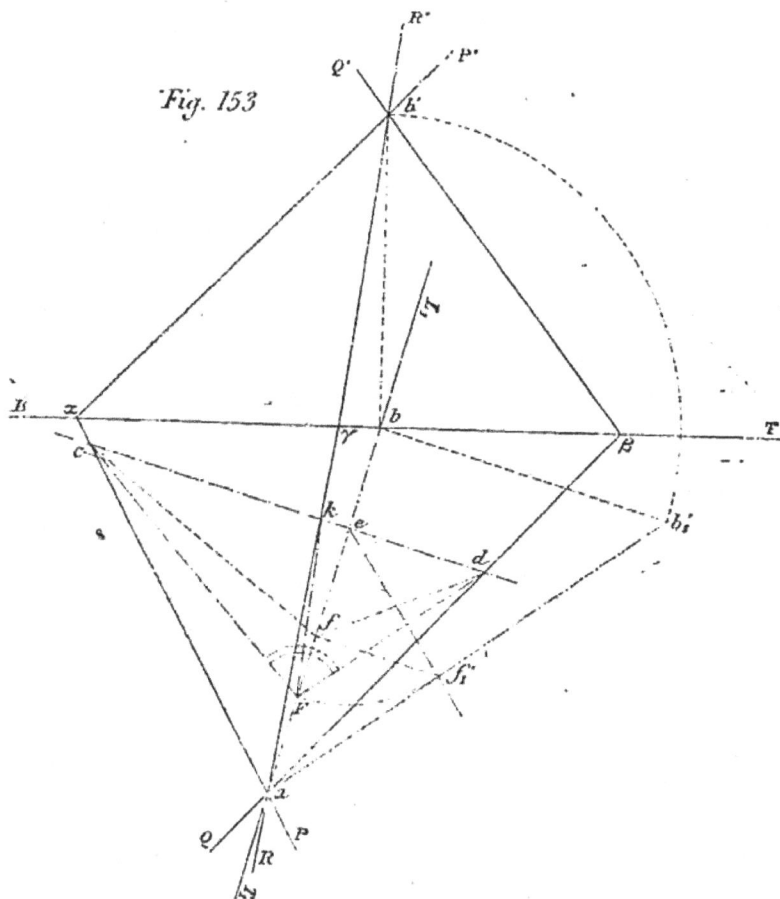

Fig. 153

rizontales ne changent pas. Le plan auxiliaire dont la trace horizontale est cd a pour trace verticale la ligne ef'_1 perpendiculaire à ab'_1, et le point f'_1 dont la projection horizontale est f' est le point de rencontre du plan et de la droite ; la projection horizontale du triangle est cfd.

Nous le rabattons autour de cd (212) ; le point ff'_1 vien une distance du point *e* égale à l'hypothénuse du triangle rectangle qui a pour côtés de l'angle droit la distance *fe* et la cote du point qui est *ff′*₁ ; le triangle rectangle est tout construit en *ef′*₁ *f*, et le point *ff′*₁ vient en F.

L'angle cherché est *c*F*d*.

215. Deuxième solution. — Au lieu de rabattre le triangle *d*F*c*, nous pouvons construire ce triangle au moyen de ses trois côtés, l'un des côtés est *dc*.

Les deux autres sont les droites suivant lesquelles le plan auxiliaire coupe les deux plans donnés.

Le plan auxiliaire étant perpendiculaire à l'intersection, ces deux droites sont perpendiculaires à l'intersection.

Rabattons le plan PαP′ autour de sa trace horizontale (202) l'intersection se rabattra en *ab₂*, et la perpendiculaire *cf₂* sera la droite suivant laquelle le plan auxiliaire coupe le plan P′αP. Ce sera un des côtés du triangle.

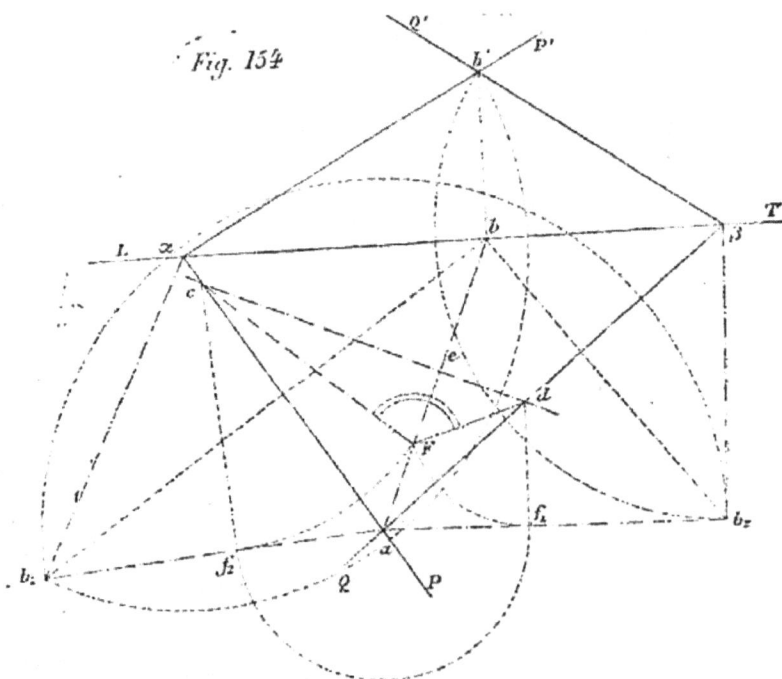

Fig. 154

Nous faisons la même construction pour le plan QβQ′ (202), l'intersection se rabat en *ab₁*, l'autre côté du triangle est la perpendiculaire *df₁*.

Les deux arcs de cercle décrits des points c et d comme centres avec cf_2 et df_1 comme rayons, nous donneront en F le sommet du triangle.

Nous savons d'ailleurs par les raisonnements faits à propos de la première solution que ce point F doit se trouver sur ab.

Remarque. — Les points f_1 et f_2 sont les rabattements du même point de l'espace, c'est-à-dire du point de rencontre du plan auxiliaire avec l'intersection des deux plans ; on doit donc avoir $af_1 = af_2$.

216. *Construire le plan bissecteur de l'angle de deux plans.* Le plan bissecteur coupera l'angle des deux droites qui représente l'angle des deux plans, suivant la bissectrice de cet angle. (Fig. 153.)

Sur la figure rabattue, cette bissectrice se rabattra en FK, K étant sur la charnière, dans le plan horizontal sera la trace horizontale de cette bissectrice, ce sera un point de la trace horizontale du plan bissecteur.

D'ailleurs ce plan passe par la droite d'intersection, et ses traces passent par les traces de cette droite.

Ce plan est donc $ak_\gamma b'$.

216 bis. Cas particulier. — *Construire l'angle de deux plans et le plan bissecteur quand les traces des deux plans*

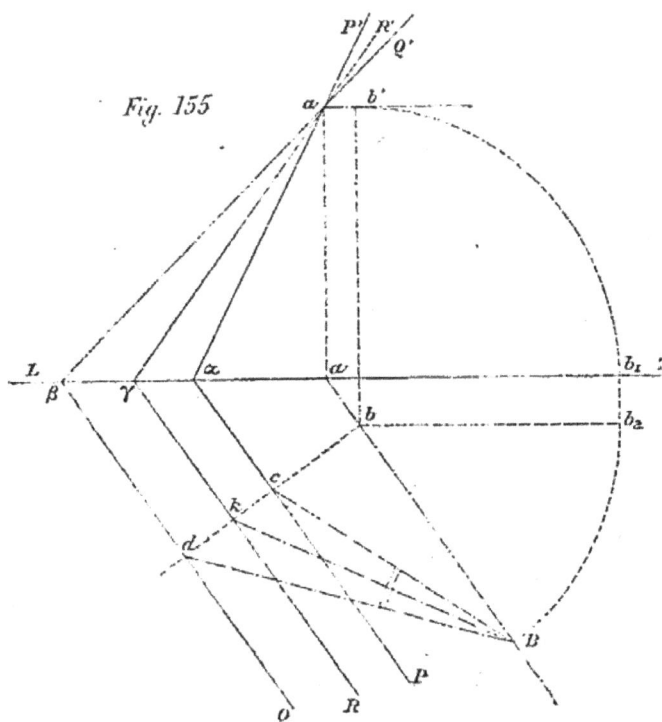

Fig. 155

donnés sont parallèles. (**Fig. 155.**)

L'intersection est l'horizontale ab, $a'b'$.

Le plan sécant perpendiculaire à cette intersection a pour trace horizontale cdb. (Trace verticale inutile.)

Il coupe l'intersection au point bb' qui se rabat en B; cBd est l'angle cherché.

La trace du plan bissecteur sur le plan auxiliaire sera la bissectrice de l'angle cBd, elle se rabattra en Bk, k est un point de la trace horizontale du plan bissecteur, et comme ce plan passe par l'intersection, ses traces sont $k_\gamma a'$.

216 *ter. Par une droite tracée dans un plan, mener un plan faisant avec le plan donné un angle donné.*

216 *quater. Étant données les traces horizontales de deux plans P et Q faisant entre eux un angle ω, et la projection horizontale de leur intersection, trouver leurs traces vertica'es.*

217. *Construire l'angle d'une droite et d'un plan.* (Fig. 156.)

L'angle d'une droi-te et d'un plan est l'angle que fait la droi-te avec sa projection sur ce plan. Nous allons construire la projec-tion de la droite sur le plan.

PαP' plan donné, ab, $a'b'$ droite donnée.

Nous cherchons le point de

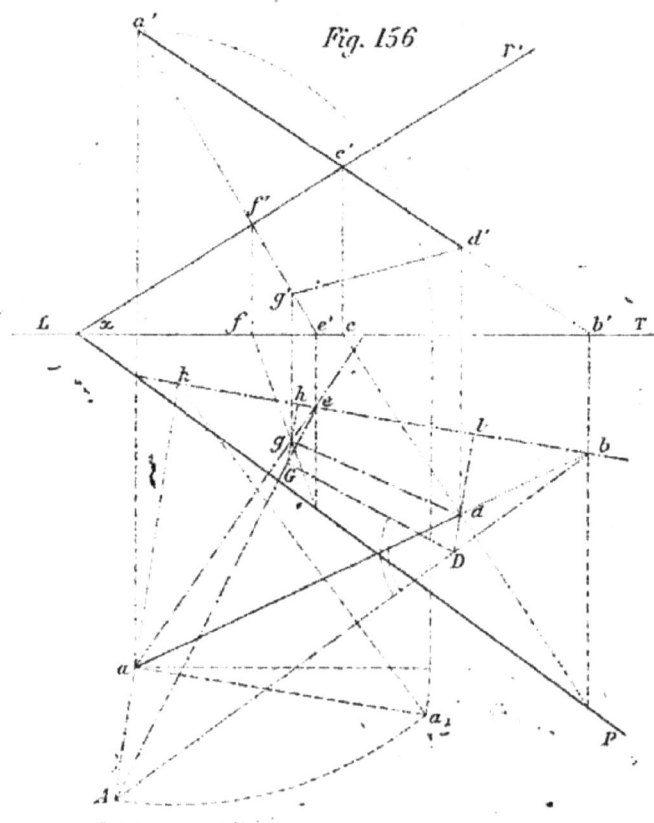

Fig. 156

rencontre de la droite et du plan à l'aide du plan qui projette verticalement la droite ; le point de rencontre est dd' (119).

D'un point aa' pris sur la droite, nous abaissons la perpendiculaire ae, $a'e'$ sur le plan, nous cherchons le pied de la perpendiculaire (nous employons encore le plan projetant verticalement la droite (119). Ce pied est gg' ; la projection de la droite sur le plan est dg, $d'g'$, et l'angle des deux droites dg, $d'g'$ — ab, $a'b'$ est l'angle cherché. Nous n'avons plus qu'à rabattre les deux droites par la construction du n° 212. Nous pouvons aussi construire le triangle rectangle adg $a'd'g'$, rectangle en gg'. Nous rabattons le plan de ce triangle autour de sa trace horizontale eb. Le sommet aa' se rabat sur la perpendiculaire ak à eb, à une distance du point k égale à l'hypoténuse d'un triangle rectangle ayant pour côtés de l'angle droit ak et $a'a''$. Nous construisons ce triangle en aka', $a'k$ est la distance cherchée que nous ramerons en Ak.

A est le rabattement du point aa'.

La droite ae, $a'e'$ se rabat suivant Ae.

La droite ab $a'b'$ se rabat suivant Ab.

Mais le point dd' est sur cette droite, il doit donc se rabattre sur Ab, de plus il reste sur la perpendiculaire dl à eb qui est la charnière ; il vient donc en D ; on pourrait d'ailleurs faire la construction complète. La même construction appliquée au point gg' amène ce point en G, la droite gd, $g'd'$ est donc rabattue en GD. D'ailleurs l'angle en G doit être droit, l'angle GDA est l'angle cherché.

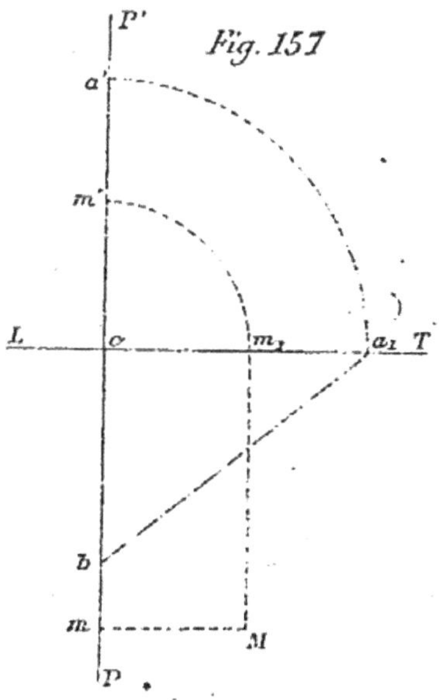

Fig. 157

213. Problème. — *Rabattre un plan de profil sur l'un des plans de projection.*

Un plan de profil est un plan vertical. Les constructions ne diffèrent en rien de celles que nous avons exposées dans ce cas.

Le plan contient la droite $a'b$ et le point mm'. Si le plan est rabattu sur le plan horizontal la droite se rabattra en a_1b et le point en M. Si le plan est rabattu sur le plan vertical les rabattements seront $a'b_1$ et M.

Inversement. — *Relever le plan rabattu.*

Constructions identiques à celles qu'on a faites pour un plan vertical.

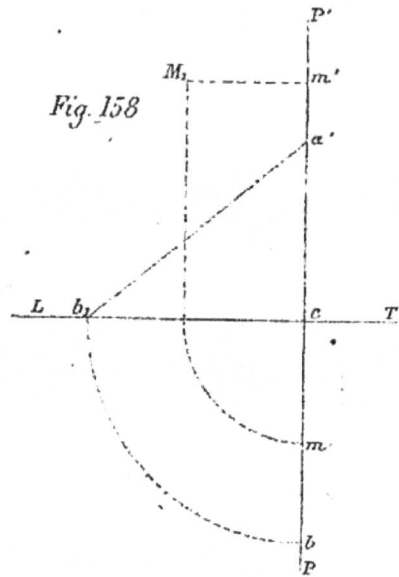

Fig. 158

Exercices. — 1° *Construire l'intersection et l'angle de deux droites situées dans un plan de profil.*

2° *Intersection et angle de deux plans dont l'un est un plan de profil.*

3° *Angle de deux plans parallèles à la ligne de terre.*

4° *Angle de deux plans passant par la ligne de terre.*

5° *Angle de deux plans qui ont leurs traces en ligne droite.*

6° *Distance d'un point à la ligne de terre.*

7° *Distance d'un point à une droite située dans un plan de profil.*

8° *Distance d'un point à un plan parallèle à la ligne de terre, ou passant par la ligne de terre.*

9° *Rabattre et relever un plan parallèle à la ligne de terre.*

10° *Rabattre et relever un plan passant par la ligne de terre.*

219. Exemples de solutions des problèmes précédents quand les données sont rapportées à un seul plan de projection.

1° *Trouver l'angle de deux plans.* (Fig. 159.)

On donne la projection horizontale d'un tetraèdre S ABC. La face ABC est dans le plan horizontal, on donne la cote du sommet. Construire l'angle compris entre les deux faces ABS et BCS.

C'est l'angle de deux plans dont la droite BS est l'intersection.

Nous prenons pour plan vertical, le plan qui projette horizontalement la droite BS, (214) alors sa projection verticale est BS′ obtenu en prenant SS′ égal à la cote donnée pour le sommet.

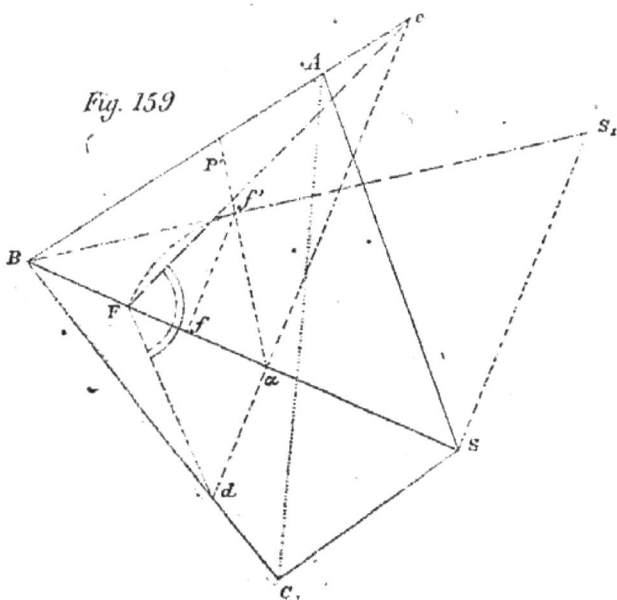

Nous menons un plan perpendiculaire à l'intersection sa trace horizontale est *dæ*, sa trace verticale est αP′, ce plan rencontre l'intersection au point *f′f*. Nous le rabattons sur le plan horizontal, et le point *ff′* se rabattant en F, nous obtenons l'angle cherché en *d* F*e*.

219 *bis.* 2° *Trouver l'angle d'une droite et d'un plan.*

On pourrait prendre des données analogues à celles du cas précédent et chercher l'angle d'une arête avec la face opposée.

Nous prendrons les données suivantes :

Le plan est donné par sa trace P et son angle α avec le plan horizontal ; la droite est donnée par sa projection horizontale *ab*, sa trace horizontale *a* et son angle β avec le plan horizontal.

Nous cherchons la projection de la droite sur le plan, et pour cela nous abaissons du point *a* une perpendiculaire sur le plan ; *ac* est la projection horizontale, nous prenons le plan vertical *ac*, la trace du plan est la droite *c* P′ faisant avec *ac* l'angle α (94), et la perpendiculaire située dans ce plan vertical est *ad′* ; *d′d* est le pied de la perpendiculaire.

Nous construisons le point de rencontre de la droite et du plan, en prenant pour plan vertical le plan projetant dont la trace est *ab* ; la projection verticale est *ab′* faisant avec *ab* l'an-

gle β (56); nous obtenons l'intersection du plan vertical *ab*
avec le plan P en considérant le point du plan qui se projette en *e* sur la même horizontale que le point *d* et dont nous
avons la cote *dd'*, ce point *e* vient en *e'* et l'intersection est *be'*.
Donc la droite rencontre le plan au point *f'f*.

Fig. 160

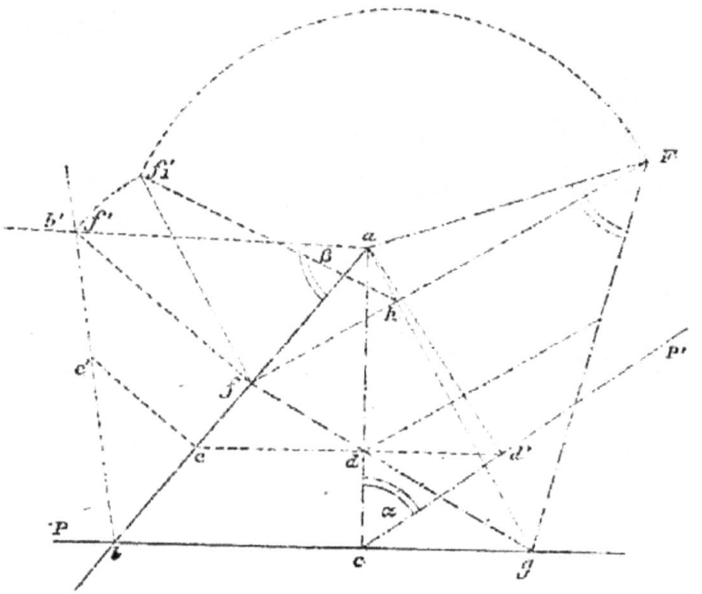

fd est la projection de la droite sur le plan, et nous devons
construire l'angle *afd*. La trace horizontale de la droite *fd* est
le point *g* sur la trace horizontale du plan P; nous rabattons
les deux droites autour de la trace *ag* du plan qui les contient (212). Le point *ff'* sommet de l'angle se rabat au point F
construit à la manière ordinaire et l'angle cherché est
*a*F*g*.

PLUS COURTE DISTANCE

DE DEUX DROITES

On obtient facilement la plus courte distance de deux droites dans deux cas particuliers que nous allons traiter d'abord.

220. 1ᵉʳ **cas.** — *L'une des droites est perpendiculaire à l'un des plans de projection.*

Nous avons déjà indiqué la construction à propos de rotation (165). La projection horizontale de la perpendiculaire commune est *af* perpendiculaire à *cd*; en effet, la droite *a*, *a′b′* étant verticale, la perpendiculaire est horizontale, et l'angle droit qu'elle forme avec *cd* se projette en vraie grandeur.

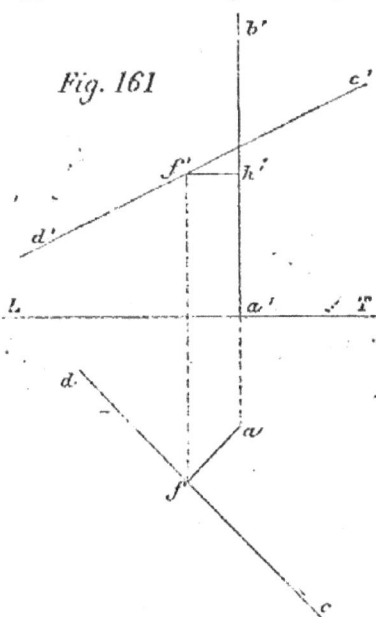

La projection verticale du point *f* est *f′* et la plus courte distance qui est horizontale a pour projection verticale *f′h′*. D'ailleurs *af* est la vraie grandeur.

On doit revenir à ce cas, par un changement de plan, toutes les fois qu'une des droites données est parallèle à un plan de projection.

Exemple : On donne la droite de front *ab*, *a′b′*, et une seconde droite *cd*, *c′d′*.

Fig. 161

On fait un changement de plan horizontal en prenant la ligne de terre L_1T_1 per-
pendiculaire
à $a'b'$(34). La
droite $ab, a'b'$
a pour nou-
velle projec-
tion horizon-
tale le point
a_1 ; la droite
$cd, c'd'$ a pour
nouvelle pro-
jection hori-
zontale c_1d_1.
La plus cour-
te distance

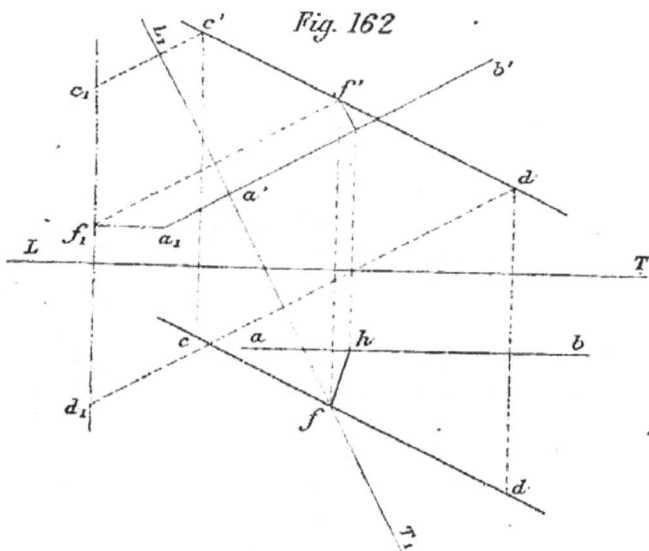

Fig. 162

est a_1f_1, dont la projection verticale est $f'h'$, et l'on retrouve
la projection horizontale fh dans le système primitif.

La vraie grandeur est a_1f_1.

Exercices. 1° Plus courte distance entre une droite
donnée par ses projections et la ligne de terre, ou une parallèle à la ligne de terre.

2° Plus courte distance entre une droite donnée par
ses projections et une droite située dans un plan de projection.

3° On donne la projection horizontale d'un tétraèdre SABC, la face ABC est horizontale, on connaît la cote du
sommet. Trouver la plus courte distance entre l'arête AC et
l'arête BS. (Fig. 159.)

On prendra un plan vertical perpendiculaire à AC.

221. 2° cas. — *Les deux droites ont leurs projections sur un
même plan, parallèle à la ligne de terre.*

Les projections des deux droites sont ab, $a'b'$ et $cd, c'd'$;
ab et cd sont parallèles à la ligne de terre.

La perpendiculaire commune aux deux droites est alors
perpendiculaire au plan vertical, elle est projetée tout en-

tière au point f' et sa projection horizontale qui donne en même temps sa vraie grandeur est fg.

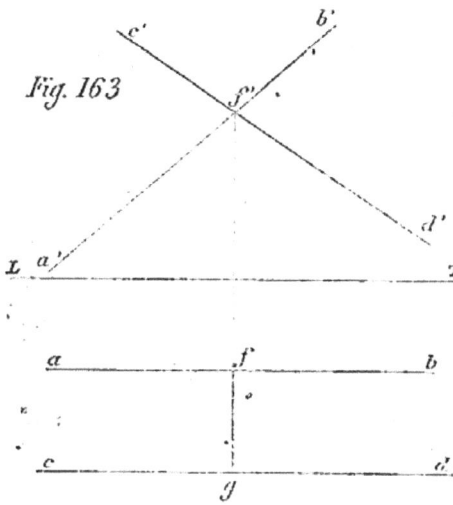

On doit revenir à ce cas par un changement de plan quand les droites données ont leurs projections parallèles. Ainsi les droites données sont ab, $a'b'$ et cd, $c'd'$. Les projections verticales $a'b'$ et $c'd'$ sont parallèles. Nous faisons un changement de plan horizontal, en prenant le plan L_1T_1 parallèle aux deux droites

Fig. 163

(54). Les nouvelles projections horizontales sont a_1b_1 et c_1d_1. La perpendiculaire commune est f_1, $f'g'$, et nous retrouvons sa projection horizontale dans le système primitif en fg. — $f'g'$ est la vraie grandeur.

Fig. 164

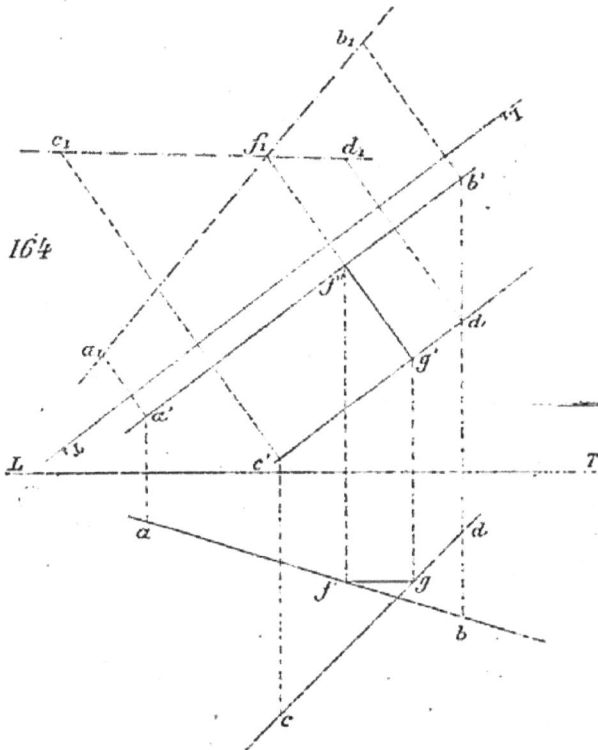

Remarque. — La projection horizontale fg doit être parallèle à la ligne de terre, parce que la perpendiculaire est perpendiculaire au plan horizontal L_1T_1

et alors tous ses points ont le même éloignement.

Cas général. — *Les deux droites données n'ont aucune position particulière.*

Nous allons d'abord donner un exemple de la solution par double changement de plan, parce que cette solution nous montrera en passant comment on peut amener deux droites quelconques à avoir leurs projections parallèles, ensuite nous donnerons la méthode générale qu'il convient de suivre dans la plupart des cas.

222. 1re *méthode : par double changement de plan.*

Les droites données sont ab, $a'b'$ et cd, $c'd'$ qui ne se rencontrent pas.

Nous allons amener ces deux droites à avoir leurs projections verticales parallèles.

Lorsque deux droites ont leurs projections verticales parallèles, les plans qui les projettent sur le plan vertical, et qui sont perpendiculaires au plan vertical, sont parallèles entre eux, et par suite chacun d'eux est à la fois parallèle aux deux droites.

Nous allons construire un plan parallèle à la fois aux deux droites (103 bis), nous amènerons ce plan à être perpendiculaire au plan vertical (90 ou 174), et les projections verticales des deux droites seront parallèles à la trace verticale du plan. Nous prenons un point ee' sur la droite ab, $a'b'$; (nous avons choisi le point e au point de rencontre des projections horizontales), et par ce point nous menons une parallèle ef, $e'f$ à la droite cd, $c'd'$, la trace de cette parallèle est le point f; af est donc la trace P d'un plan parallèle à la fois aux deux droites (103 bis).

Nous changeons de plan vertical, et nous prenons le plan vertical L_1T_1 perpendiculaire à la droite P (90). (Nous avons mené L_1T_1 par le point b, ce n'est pas nécessaire). La droite ab, $a'b'$ étant dans le plan, sa projection verticale sera confondue avec la trace du plan, le point b, b' a sa nouvelle projection verticale en b'_1 ; $a'_1 b'_1$ est la trace verticale du plan P, et est en même temps la projection verticale de la droite ab.

La droite cd aura sa projection parallèle à a'_1, b'_1, nous projetons le point c'_1 de cette ligne en c'_1 et la projection verticale est $c'_1 d'_1$.

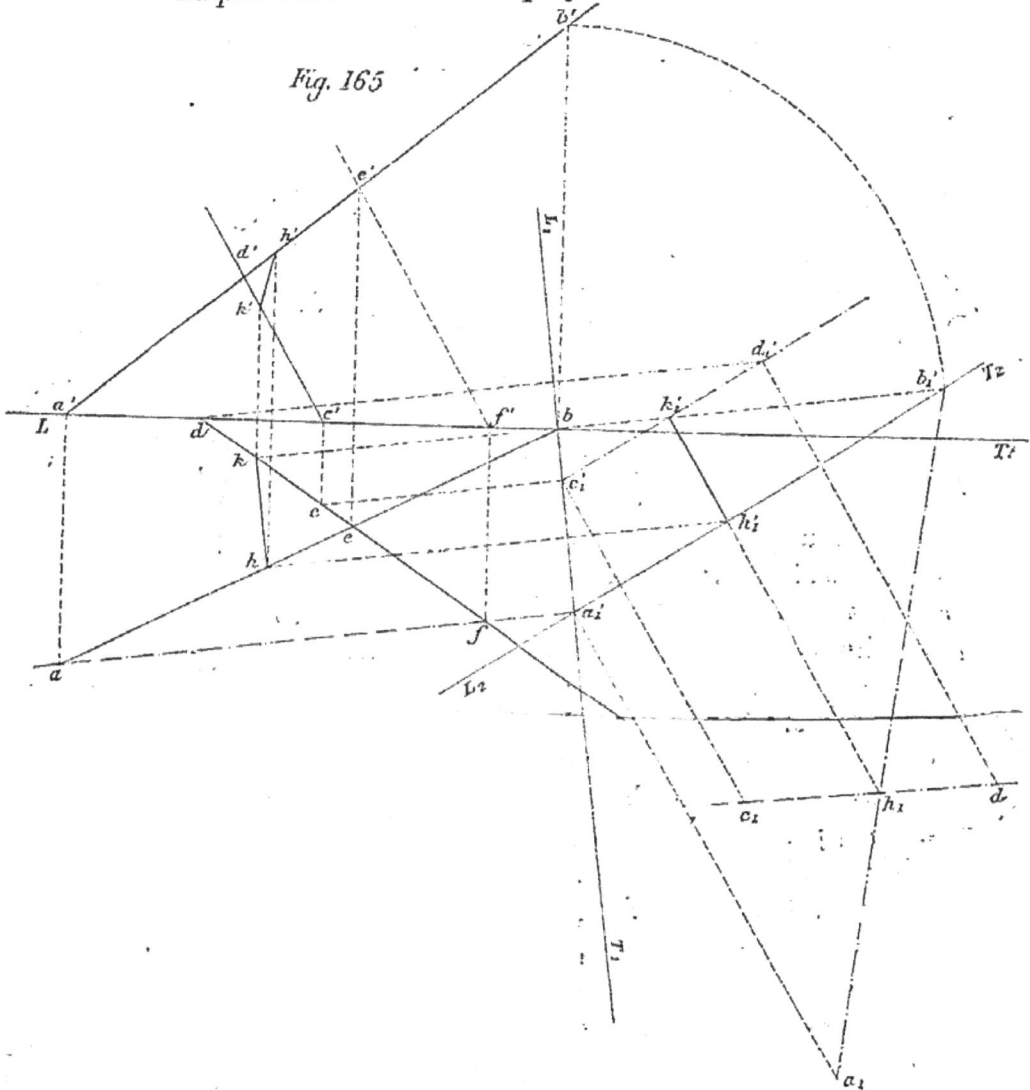

Nous sommes revenus au deuxième cas particulier, nous faisons le changement de plan horizontal en prenant le plan horizontal L_2T_2 parallèle aux deux droites, et nous confondons la ligne de terre avec $a'_1b'_1$ (92). Nous construisons les nouvelles projections horizontales : le point aa'_1 vient en a_1, le point b'_1 a un éloignement nul, et la première droite est $a_1b'_1$; le point cc'_1 vient en c_1, nous prenons un point dd'_1 qui vient en d_1, et la seconde droite est c_1d_1.

La plus courte distance est projetée horizontalement en h_1,

Fig. 165

sa projection verticale est $h'_1k'_1$ qui est sa vraie grandeur.

Nous revenons au système L_1T_1 par un changement de plan horizontal, le point h'_1h_1 vient en h sur ab et k'_1h_1 vient en k sur la droite cd ; ensuite nous retrouvons sur la projection verticale primitive les projections k' et h'.

La perpendiculaire commune a pour projections kh, $k'h'$.

Deuxième méthode. — Directe.

223. *C'est la méthode qu'il convient d'appliquer dans la plupart des cas.* (Fig. 166.)

Les deux droites sont ab, $a'b'$ et cd, $d'c'$.

La perpendiculaire commune aux deux droites sera perpendiculaire à un plan parallèle à la fois aux deux droites.

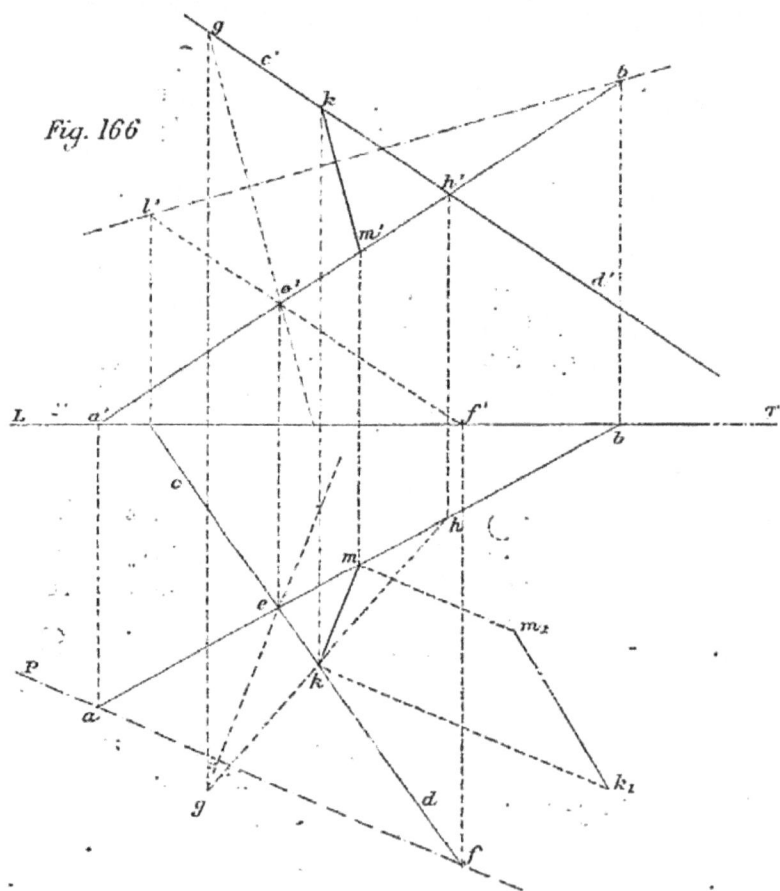

Fig. 166

Nous pouvons donc construire ce plan, et nous connaîtrons la direction de la droite cherchée.

Ensuite nous mènerons une droite parallèle et rencontrant les deux lignes données.

Nous choisissons le point ee' sur la droite ab, $a'b'$ (nous l'avons pris, pour simplifier, au point de rencontre des projections horizontales), et nous menons par ce point la parallèle ef, $e'f'$ à cd, $c'd'$.

Nous marquons les traces horizontales a et f des deux droites, les traces verticales b' et l' et nous figurons les traces P et P' du plan cherché.

La perpendiculaire commune a ses projections perpendiculaires aux traces P et P'. Il faut mener une parallèle à cette perpendiculaire, s'appuyant sur les deux lignes données (134).

Nous construisons un plan parallèle à la fois à ab $a'b'$, et à la perpendiculaire, en menant par le point e, e' la droite $e'g'$, eg perpendiculaire à PP'. Nous cherchons le point de rencontre de cd, $c'd'$ avec ce plan, et pour cela nous employons le plan qui projette la droite sur le plan vertical; il coupe ab, $a'b'$ au point $h'h$ et eg, $e'g'$ au point $g'g$, donc il détermine dans le plan ab, eg la droite gh qui rencontre cd au point k dont la projection verticale est k'.

Il n'y a plus qu'à tracer par kk' une perpendiculaire au plan P. Cette perpendiculaire km, $k'm'$ doit rencontrer la droite ab, $a'b'$, ce qui fournit une vérification. On doit ensuite construire la vraie grandeur de km, $k'm'$ pour obtenir la plus courte distance k_1m_1.

Exercices. — 1º On donne une droite ab, $a'b'$, la projection horizontale cd d'une autre droite, et la projection horizontale ef de la plus courte distance des deux droites. Construire les projections verticales de ef et de cd.

2º On donne une droite ab, $a'b'$, la projection horizontale cd d'une autre droite, la vraie grandeur de la plus courte distance des deux droites, et le point ff' où elle rencontre ab, $a'b'$, construire la projection de la plus courte distance, et la projection verticale de la droite cd.

RÉSOLUTION DES ANGLES TRIÈDRES

224. Nous ne pensons pas qu'il soit utile de revenir sur les propriétés des angles polyèdres dont l'étude fait partie de la géométrie élémentaire. Nous nous contenterons de rappeler les conditions nécessaires et suffisantes poar qu'un angle trièdre puisse être formé avec des éléments donnés.

1° La plus grande face doit être inférieure à la somme des deux autres ;

2° La somme des faces données doit être plus petite que quatre angles droits.

Si l'on donne les dièdres au lieu des faces, les mêmes conditions doivent être remplies, car on doit toujours pouvoir former un trièdre supplémentaire du trièdre considéré, et dans ce trièdre les faces seront les suppléments des angles dièdres donnés.

Un angle trièdre comprend trois faces et trois dièdres, la connaissance de trois de ces éléments suffit pour déterminer l'angle ; il en résulte qu'il y a six cas à considérer.

Nous nommons A. B. C. les trois faces.

$\alpha. \beta. \gamma.$ les dièdres respectivement opposés à chacune d'elles.

On peut donner 1° les trois faces A. B. C ;

2° Deux faces et le dièdre compris A. B. γ ;

3° Deux faces et le dièdre opposé à l'une d'elles A. B. α ;

4° Une face et les dièdres adjacents A. β. γ ;

5° Une face, un dièdre adjacent, le dièdre opposé A. β. α ;

6° Les trois dièdres α β. γ.

On pourrait, il est vrai, réduire ces cas à trois, au moyen de trièdres supplémentaires. Nous résoudrons directement les cinq premiers et nous donnerons seulement plus tard dans la seconde partie la solution directe du sixième.

225. Premier cas. — *On donne les trois faces* A. B. C.,
on veut construire les angles dièdres. (Fig. 167.)

Je suppose que la face C soit la plus grande des faces
donnees, je place cette face en aSb dans le plan de projection.
L'arête Sa sépare la face C de la face B, je suppose qu'on a
fait tourner la face B autour de Sa pour la rabattre sur le
plan de projection, elle vient alors en B_1, c_1, Sa étant l'angle
de cette face, et la troisième arête du trièdre est rabattue
en Sc_1.

De même je fais tourner la face A autour de l'arête Sb,
je la rabats sur le plan de projection, elle vient en A_1, et la
troisième arête du trièdre est rabattue en Sc_2.

Sc_1 et Sc_2 sont les rabattements de la troisième arête du
trièdre, et je vais relever cette droite.

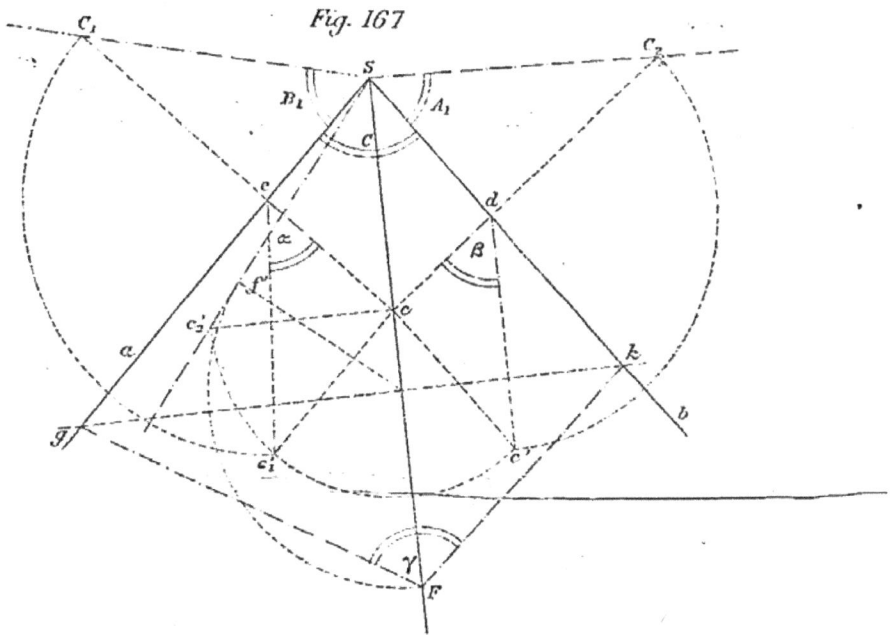

Fig. 167

Je prends sur le rabattement Sc_1 un point c_1, ce point en
se relevant va décrire autour de Sa un cercle dont le plan est
perpendiculaire à Sa et qui sera projeté suivant la perpendiculaire c_1e (202.)

Je prends sur le rabattement Sc_2 un point c_2 tel que Sc_2
$= Sc_1$; les points c_2 et c_1 seront les rabattements d'un même

point de la troisième arête ; je relève le point c_2, la projection se déplace sur la perpendiculaire c_2d à Sb ; par conséquent la projection du point c_1 c_2 est en c, à la rencontre de c_1e et de c_2d.

Pour achever la détermination de ce point, il faut sa cote. La longueur dc_2 est l'hypoténuse d'un triangle rectangle qui a pour côtés de l'angle droit la distance cd de la projection horizontale à la charnière et la cote du point, nous construisons ce triangle rectangle en cdc' ; cc' est la cote du point (202). L'angle aigu en d du triangle rectangle est l'angle β avec le plan de projection du plan déterminé par le point c et la droite Sb ; ce plan est celui de la face A, l'angle aigu en d représente donc le dièdre β compris entre les faces C et A. (94.)

Nous pouvons obtenir la cote du point c à l'aide du rabattement c_1 et nous construisons comme précédemment le triangle ecc'_1 ; cc'_1 est la cote qui doit être égale à cc' trouvée précédemment (202.)

L'angle aigu en e du triangle ecc'_1 est l'angle dièdre α compris entre les faces C et B (94).

La troisième arête est donc Sc ; le trièdre est déterminé ; nous avons obtenu la construction de deux dièdres ; il ne nous reste qu'à construire le dièdre γ suivant l'arête Sc. C'est l'angle de deux plans dont Sc est l'intersection. Nous répétons la construction connue (214). Nous prenons pour plan vertical le plan qui projette Sc, la projection verticale de la ligne sera Sc'_2 obtenue en prenant $cc'_2 = cc'$. Nous menons le plan perpendiculaire à l'arête, ses traces sont ghk, hf', et nous rabattons le point f' en F. L'angle cherché γ est gFk.

Il est évident que nous pouvions relever les points c_1 et c_2 au-dessous du plan de projection, et que nous aurions obtenu un point C symétrique par rapport au plan de projection du point que nous avons considéré. Nous avons donc deux trièdres symétriques qui répondent à la question.

La construction même de la côte du point C exige que la face C soit plus petite que la somme des deux autres, et fait ainsi ressortir la condition de possibilité du trièdre.

Prenons l'angle C plus grand que la somme des deux angles A et B, et répétons la construction précédente, nous obtiendrons toujours un point c, intersection des deux perpendiculaires c_1e et c_2d ; décrivons le cercle qui a pour rayon $Sc_1 = Sc_2$, la corde c_1e coupera ce cercle en n et l'angle aSn sera égal à B ; la corde c_2d coupera le cercle en m et l'angle bSm

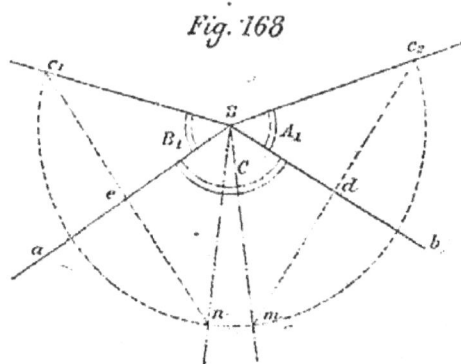

Fig. 168

sera égal à A, les droites Sn, Sm seront placées comme le montre la figure, et le point c sera extérieur au cercle ; si nous voulons obtenir la cote du point, il faudra construire un triangle rectangle ayant pour hypoténuse $c_1e = en$, et pour côté de l'angle droit ec plus grand que l'hypoténuse ; le point c n'est pas la projection d'un point de la troisième arête puisqu'on ne peut déterminer sa cote, et le trièdre est impossible.

Nous ne pouvons faire ici la discussion de ce premier cas de l'angle trièdre, nous reprendrons cette discussion dans la seconde partie du cours.

Cas particuliers : 1° *Une des faces est rectangulaire.*

Il n'y aucun changement à faire à la construction, le dièdre opposé à la face rectangulaire n'est pas droit.

2° *Deux faces sont rectangulaires.*

Les deux dièdres opposés sont droits, parce que l'arête intersection des deux faces rectangulaires est perpendiculaire au plan de la troisième face.

3° *Les trois faces sont rectangulaires.*

Alors les trois dièdres sont droits, le trièdre est trirectangle.

226. Applications. — *Mener une droite rencontrant deux droites données et faisant avec elles des angles donnés.* (Fig. 169.)

Soient A et B les droites données et C la ligne qui fait avec les deux premières des angles donnés.

Par un point d pris sur la droite A, nous menons une parallèle db à B et une parallèle dc à C ; ces trois droites forment un trièdre dans lequel nous connaissons l'angle fdb que forment entre elles les deux droites données, et les angles

que forment la troisième avec les deux premières, par conséquent si nous construisons
la troisième arête *dc* de ce
trièdre dont nous connaissons les trois faces, nous obtiendrons une parallèle à la
ligne demandée, et nous serons ramenés à ce problème
que nous avons déjà résolu :
*construire une parallèle à une
direction donnée et rencontrant
deux droites données* (133).

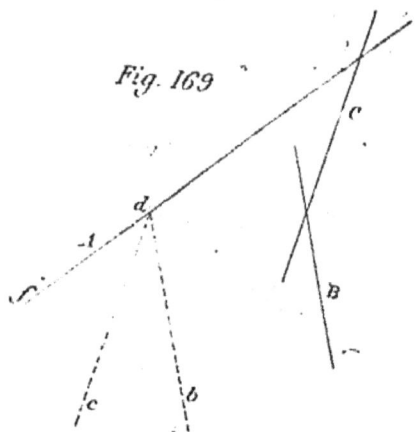

Fig. 169

La discussion de ce pro-
blème est la même que celle du trièdre, nous y reviendrons,
pour montrer qu'il peut recevoir deux, trois, ou quatre
solutions.

227. *Réduire un angle à l'horizon.* (Fig. 170.)

Ce problème est posé de la manière suivante : d'un point S,
un observateur a mesuré
l'angle que fait une di-
rection SB avec la ver-
ticale S*a*, l'angle que fait
une autre direction SC
avec la même verticale,
et l'angle que font entre
elles les deux directions
SB et SC, on veut cons-
truire la projection de

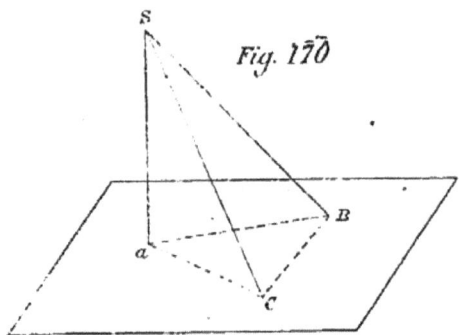

Fig. 170

l'angle observé BSC sur un plan horizontal H perpendiculaire
à la verticale S*a*.

Nous avons à construire l'angle dièdre suivant S*a*, d'un
trièdre dont nous connaissons les trois faces. On dispose
généralement la figure d'une manière particulière.

On place l'angle *a*SB dans le plan vertical, et l'on construit la vraie grandeur de l'arête SC ; pour cela on trace dans
le plan vertical la droite SC₁ faisant avec S*a* l'angle observé
*c*S*a*, le triangle rectangle *a*C₁S est la vraie grandeur du triangle *a*SC ; le point *c* se trouvera donc à une distance du

point a égale à $a\,c_1$; nous décrivons du point a comme centre un cercle avec cette longueur.

Fig. 171

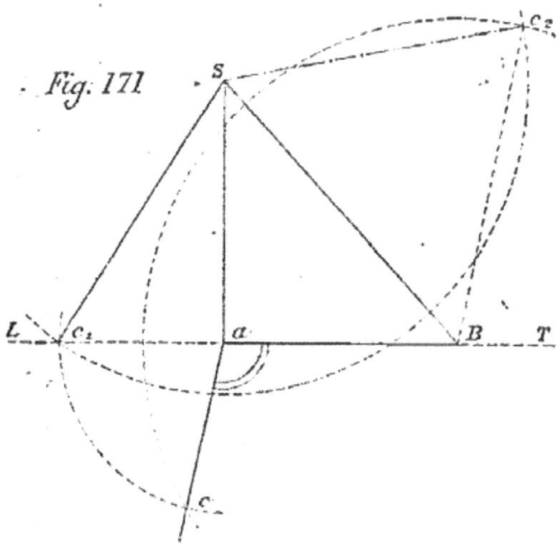

Nous construisons ensuite la vraie longueur de BC; dans le triangle SBC nous connaissons l'angle CSB et les longueurs SB et SC qui sont sur notre figure SB et SC_1, nous construisons le triangle et nous obtenons la longueur BC_2; de B comme centre avec BC_2 comme rayon nous décrivons un arc de cercle qui détermine le point c; l'angle cherché est caB.

Exercices. — 1° *On donne deux droites de front, construire une droite rencontrant ces deux droites et faisant avec elles des angles donnés.*

2° *On donne un plan par ses traces, et un point extérieur; mener par le point une droite faisant avec le plan horizontal et avec le plan donné des angles donnés.*

228. 2° cas. — *Deux faces* A *et* B *et le dièdre compris.* (Fig. 172.)

Nous plaçons l'une des faces B, par exemple, dans le plan de projection en cSa. L'arête Sc sépare la face B de la face A, nous rabattons la face A autour de Sc, et cette face vient en cSb_1, la troisième arête est rabattue en Sb_1. Nous prenons un plan vertical perpendiculaire à Sc, ce plan coupe le dièdre Sc formé par les deux faces B et A suivant le dièdre γ, en sorte que si nous menons la droite $d'c$ faisant avec LT l'angle γ nous aurons la trace verticale du plan de la face A (94). Relevons le point b_1, ce point décrit un cercle dans le plan vertical et vient se placer sur la trace verticale de la face A en b', en sorte que Sb est la projection de la troisième arête, et le trièdre est construit. Nous déterminerons facilement la grandeur de la face C en rabattant le plan de cette face autour de Sa : le point b, b' vient en b'_i: l'angle aSb'_i est la vraie grandeur de l'angle C, la construction nous donne en même temps en $b'_i fb$,

Fig 172

le dièdre α suivant l'arête Sa (94).

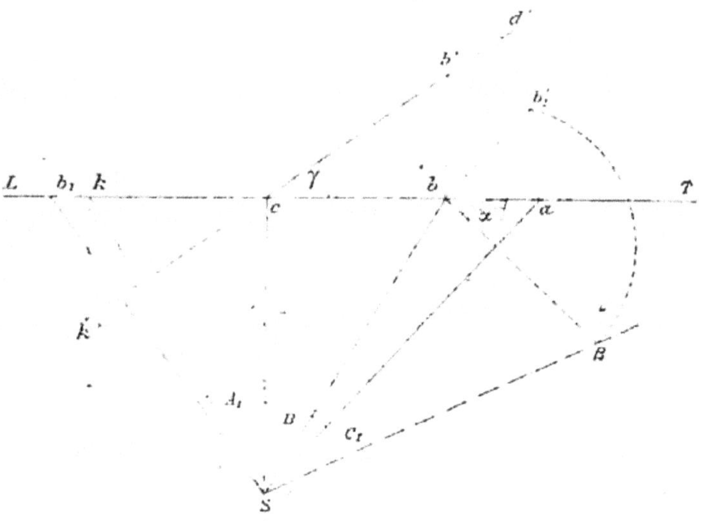

On construirait le troisième dièdre suivant Sb, ainsi que nous l'avons déjà fait dans le cas précédent, en appliquant la construction ordinaire de l'angle de deux plans (214). Le trièdre est toujours possible, et nous ne trouvons évidemment qu'une seule solution, car si l'on prenait le second point de rencontre k' de l'arc de cercle décrit par le point b avec la trace du plan de la face A, on trouverait Sk pour troisième arête, et le trièdre ainsi obtenu ne répondrait pas à la question, l'angle dièdre suivant Sc serait le supplément de l'angle donné γ.

229. 3e cas. — *Deux faces et le dièdre opposé à l'une d'elles* A.Cγ. (Fig. 173.)

Nous plaçons la face A dans le plan de projection en cSb.

L'arête Sb sépare la face A de la face C, nous rabattons cette face sur le plan de projection autour de Sb en bSa_i ; le dièdre donné γ est le dièdre suivant Sc, nous prenons un plan vertical LT perpendiculaire à Sc, la droite $f'c$ qui fait avec la ligne de terre l'angle γ est la trace verticale du plan de la face B qui fait avec A l'angle γ.

C'est dans ce plan que doit venir se relever la troisième arête rabattue suivant Sa_i.

Si nous relevons le point a_1 de cette arête, ce point décrira un cercle autour de Sb, ba_1 en est le rayon et le point de rencontre de ce cercle avec le plan $f'c$S de la face B sera la position du point a.

Le cercle est contenu dans un plan vertical L_1T_1, nous allons construire la trace du plan sur le plan vertical L_1T_1 et prendre les points d'intersection du cercle et de la trace.

Nous avons donc à effectuer un changement de plan vertical par rapport au plan $f'c$S (90).

Les lignes de terre LT et L_1T_1 se croisent en e ; nous élevons les perpendiculaires égales $ee' = ee'_1$ et de'_1 est la nouvelle trace verticale du plan.

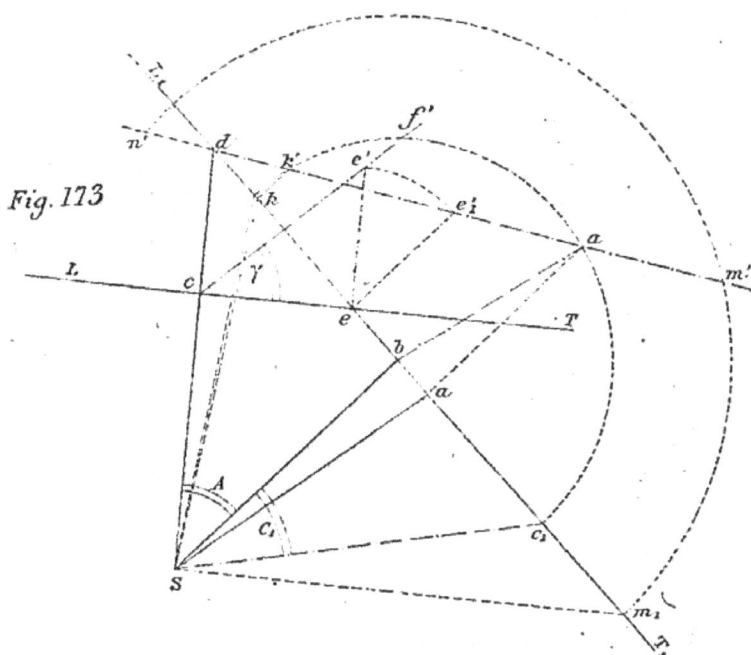

Fig. 173

Les points d'intersection du cercle avec la droite sont les points a' et k' ; considérons le point a', sa projection horizontale est a et la droite Sa S'a' est une position de la troisième arête cherchée.

Les éléments inconnues du trièdre s'obtiendront aisément comme dans les cas précédents.

Le point k', k, fournit une autre solution de la question. Ainsi le cercle coupant la droite en deux points il y a deux solutions. Cependant si l'angle C avait une grandeur telle que bSm_i, le cercle couperait la droite en deux points m' et n', et le point n' ne répondrait pas à la question. Ce point est bien dans le plan de la face B, mais au-dessous du plan horizontal, et le trièdre qui correspondrait à ce point aurait pour angle dièdre suivant Sc non plus l'angle γ mais le supplément de γ.

Si le cercle touche la droite il n'y aura qu'une solution, et s'il ne la rencontre pas le trièdre sera impossible.

230. 4ᵉ cas. — *Une face et les deux dièdres adjacents.* A.β.α. (Fig. 174.)

On pourrait considérer le trièdre supplémentaire ayant pour faces B et C, suppléments de β et γ et, pour angle dièdre compris α supplément de A et construire les éléments inconnus de ce trièdre. Il est préférable d'opérer directement.

Nous plaçons la face donnée A dans le plan de projection en bSc, nous connaissons les dièdres Sb et Sc qui sont les angles que font avec les plans de projection, les plans des faces B et C', et nous devons construire l'intersection de ces deux plans. Nous prenons un plan vertical LT perpendiculaire à Sb, il coupe la face C suivant $a'b$ faisant avec la ligne de terre l'angle β (94).

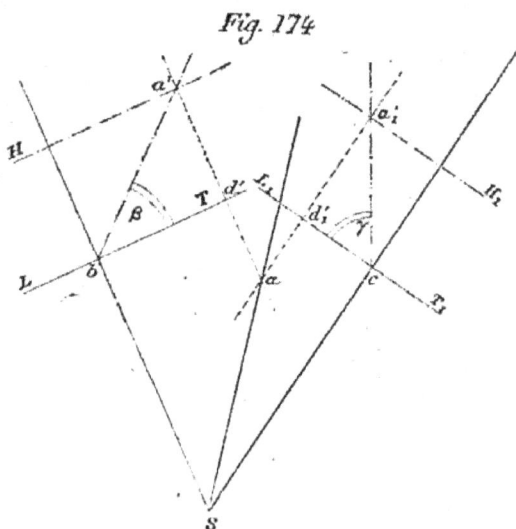

Fig. 174

Nous prenons un second plan vertical L_iT_i perpendiculaire à Sc, il coupe la face B suivant a'_ic faisant avec L_iT_i un angle égal à γ (94).

Nous coupons les deux plans par un plan horizontal. La trace de ce plan sur le plan vertical LT est une droite H, et il détermine dans le plan $a'bS$ une horizontale dont la trace verticale est d' et dont la projection horizontale est $d'a$.

La trace de ce plan sur L_iT_i est la droite H_i à la même cote que H, et il détermine dans le plan $a_i c$ S une horizontale dont la trace verticale est au point a'_1, et dont la projection horizontale est $d'_1 a$. Le point a où se rencontrent ces deux horizontales est un point de la troisième arête dont la cote est $a'd'$. La troisième arête a pour projection Sa et est déterminée (117).

C'est la construction que nous avons donnée pour l'intersection de deux plans déterminés par leurs traces horizontales et les angles qu'ils font avec le plan horizontal.

Les autres éléments du trièdre seront faciles à obtenir. Le problème admet encore une seule solution à moins qu'on ne construise la solution symétrique par rapport au plan de la face A.

231. 5ᵉ cas. — *Une face, un dièdre adjacent, le dièdre opposé* A$\beta\alpha$. (Fig. 175.)

Nous prenons pour plan horizontal le plan de la face adjacente aux deux dièdres donnés. C'est le plan de la face C qui est inconnue.

Nous traçons l'arête Sb, intersection de cette face avec la face donnée A et nous rabattons la face A en bSc_1 sur le plan horizontal.

Prenons ensuite un plan vertical LT perpendiculaire à Sb, la trace verticale du plan de la face A sera $c'b'$, faisant avec la ligne de terre l'angle β (94). Nous pouvons relever l'arête rabattue en Sc_1 le point c_1 vient en c', et Sc est la projection horizontale de l'arête.

Le plan de la troisième face B passe par l'arête Sc et fait avec le plan de la face C, c'est-à-dire avec le plan horizontal l'angle donné α, sa trace verticale passera par le point c'. Supposons qu'on ait fait tourner ce plan autour de la verticale $c'c$ pour l'amener à être perpendiculaire au plan vertical (176). Alors la trace verticale sera $c'\delta$ faisant avec la ligne de terre l'angle α du plan avec le plan horizontal, sa trace horizontale sera δP perpendiculaire à LT (94).

Quand ce plan reviendra à sa position, sa trace horizontale restera tangente au cercle décrit du point c comme centre et tangent à cette trace, c'est-à-dire au cercle dont le rayon est $c\delta$; d'ailleurs cette trace horizontale qui sera l'intersection de la face B avec la face C, c'est-à-dire la troisième arête, devra passer par le sommet S. Nous allons donc mener du point S la tangente Sf au cercle $c\delta$.

Fig. 175

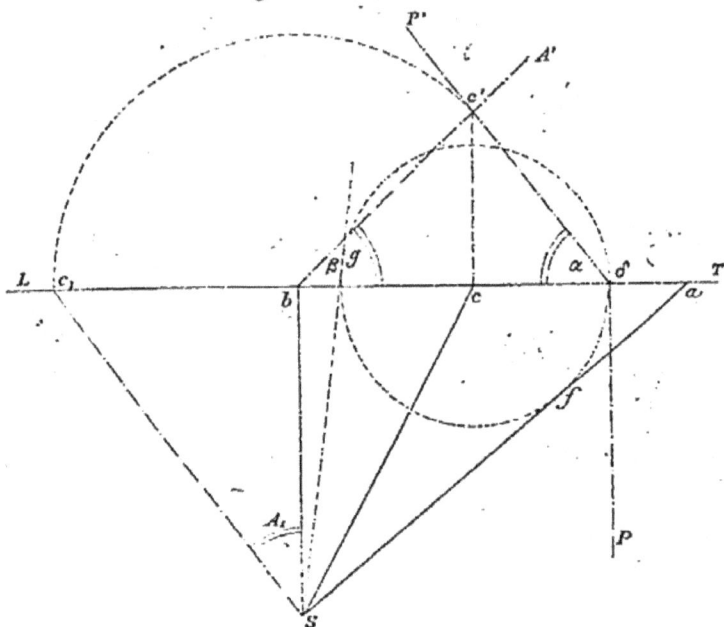

Cette tangente est la trace de la face B ; c'est la troisième arête Sa, et le trièdre est construit ; bSa est la vraie grandeur de la face C. Les éléments inconnus du trièdre sont faciles à obtenir. Du point S on peut mener au cercle $c\delta$ la tangente Sg. Cette tangente sera bien la trace d'un plan faisant avec le plan horizontal l'angle α; mais cet angle α ne sera pas compris dans le trièdre qui renfermera son supplément, et le trièdre ainsi obtenu ne répond pas à la question.

On eût pu encore ramener ce cas au troisième, au moyen du trièdre supplémentaire.

232. 6ᵉ **cas.** *Les trois dièdres $\alpha\beta\gamma$.*

Nous donnerons plus tard une solution directe pour ce cas, actuellement nous ne pouvons indiquer que la solution au moyen du trièdre supplémentaire dont les trois faces seraient $180° - \alpha$, $180° - \beta$, $180° - \gamma$; on construira les dièdres A_1, B_1, C_1, et les faces du dièdre proposé seront $180 - A_1$, $180° - B_1$, $180° - C_1$.

233. Angle trièdre trirectangle. — Si l'on considère les projections horizontales de trois droites partant d'un même point et faisant entre elles des angles obtus, ces trois droites peuvent être considérées comme les projections des arêtes d'un angle trièdre trirectangle.

Si l'on donne la trace d'une des arêtes sur le plan de projection, la position du trièdre est déterminée. On donne les trois lignes S*a*, S*b*, S*c* et la trace *a* de l'une d'elles. Nous allons déterminer d'abord la trace du trièdre sur le plan de projection.

Une arête du trièdre est perpendiculaire au plan de la face opposée, sa projection fait un angle droit avec la trace de cette face. Ainsi la trace de la face *a*S*b* passe par le point *a*, et est perpendiculaire sur S*c*, c'est donc *ab*; de même la trace de la face *a*S*c* passe par le point *a* et est perpendiculaire sur S*b*, c'est

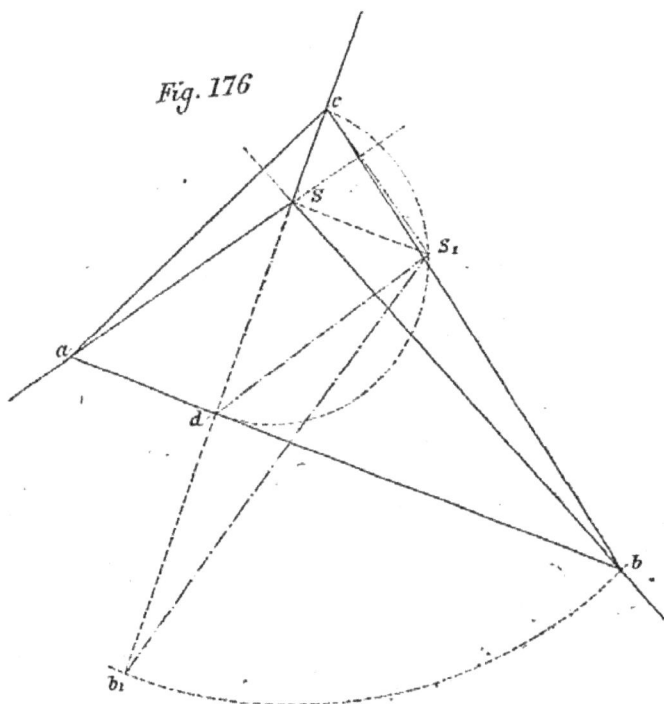

Fig. 176

donc *ac*; la troisième trace est *cb*, et comme vérification cette trace est perpendiculaire sur S*a*.

La trace du trièdre est le triangle *abc*.

Nous pouvons construire la cote du sommet; le plan vertical *c*S*d* coupe la face *a*S*b* suivant une droite S*d* rectangulaire avec S*c*; donc nous décrivons une demi-circonférence sur *cd* et nous élevons une perpendiculaire au point S, la longueur SS′ sera la cote du point S.

cS' sera la vraie longueur de l'arête Sc et l'angle $S'cd$ sera l'angle de cette arête avec le plan horizontal.

Il est facile de construire les longueurs des autres arêtes et leurs angles avec le plan horizontal. Ainsi pour l'arête Sb, nous faisons tourner cette arête autour de la verticale SS', de manière à l'amener dans notre plan vertical, le point b vient en b_1 (169); $S'b_1$ est la longueur de l'arête, et l'angle $S'b_1S$ est son angle avec le plan horizontal. Nous ferons pour la troisième des constructions analogues.

234. Exercices.—1° *On donne la projection et la longueur d'une arête d'un angle trièdre trirectangle, la longueur d'une autre arête. Construire le trièdre.* (Fig. 177.)

Sa est la projection donnée, a est la trace.

Nous prenons pour plan vertical le plan qui projette l'arête Sa, la projection verticale du point S est sur la verticale SS', la vraie longueur de l'arête est connue; si nous menons l'o-

Fig. 177

blique aS' égale à la longueur donnée, le point S′ sera la projection verticale du point S.

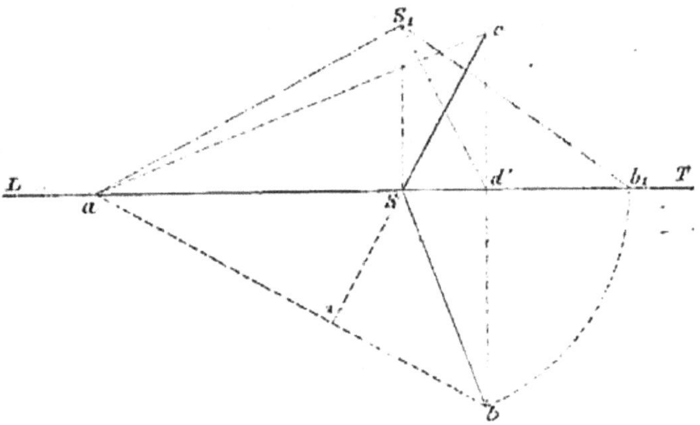

Le plan vertical LT coupe la face opposée à l'arête Sa suivant une perpendiculaire à cette arête, menons $S'd'$ à angle droit sur $S'a$, nous aurons la trace verticale de la face, et sa trace horizontale sera $bd'c$, rectangulaire sur la ligne de terre. L'arête Sb dont la longueur est donnée est dans la face opposée à Sa, et sa trace est sur $bd'c$. Amenons cette ligne dans le plan vertical par une rotation autour de la verticale SS' (165), elle viendra en $S'b_1$, cette ligne ayant la grandeur donnée, et sa trace horizontale b_1 décrira un cercle qui rencontrera *bc* au point *b* trace de l'arête.

L'arête est S*b*, par suite la troisième a pour projection S*c* perpendiculaire à *ab*.

On obtiendra évidemment une solution symétrique en prenant le second point de rencontre du cercle lieu de la trace b_1 avec la ligne *bd'c*.

2° On donne la projection horizontale d'une arête, la cote du sommet, l'angle d'une autre arête avec le plan horizontal. Construire le trièdre.

3° On donne la projection horizontale d'une arête, son angle avec le plan horizontal, l'angle d'une autre arête avec le plan horizontal. Construire le trièdre.

4° Sur un triangle acutangle donné construire un trièdre trirectangle.

5° Construire un plan qui coupe un trièdre trirectangle suivant un triangle égal à un triangle donné.

SPHÈRE INSCRITE

ET SPHÈRE CIRCONSCRITE AU TÉTRAÈDRE

Problème : Inscrire une sphère dans un tétraèdre, ou plus généralement **Construire une sphère tangente à quatre plans.**

235. Lemme I. — Quand une sphère est tangente à deux plans, son centre est à égale distance de ces deux plans et se trouve dans le plan bissecteur du dièdre qu'ils comprennent; de plus les points de contact des deux plans avec cette sphère sont à égale distance de leur intersection.

236. Lemme II. — Quand une sphère est inscrite dans un angle trièdre, son centre se trouve à égale distance des trois faces, et par conséquent il est sur la droite suivant laquelle se coupent les trois plans bissecteurs des dièdres formés par les trois faces. Les points de contact avec les trois faces sont à égale distance du sommet du trièdre.

237. Lemme III. — 1º Dans un tétraèdre les six plans bissecteurs intérieurs des angles dièdres se coupent en un même point qui est le centre de la sphère inscrite. (Fig. 178.)

2º Si l'on considère dans un tétraèdre SABC les trois dièdres extérieurs formés par une face SBC et les prolongements des trois faces adjacentes, les plans bissecteurs de ces trois dièdres suivant SB, SC, BC et les plans bissecteurs des dièdres intérieurs suivant SA, AC, AB, se coupent en un même point qui est le centre d'une sphère ex-inscrite, tangente extérieurement à la face SBC.

3° Si l'on considère dans le tétraèdre SABC, les deux plans bissecteurs extérieurs des dièdres suivant SB et SC, formés par la face SBC et les prolongements des deux faces adjacentes SAB et SAC, les plans bissecteurs extérieurs des dièdres suivant AC et AB formés par la face ABC et les prolongements des deux faces SAB, SAC, et les plans bissecteurs intérieurs suivant AS et BC; les six plans se coupent en un même point qui est le centre d'une sphere inscrite dans le comble prismatique BC ou dans son opposé AS.

238. Considérons le tétraèdre SABC, cherchons les lieux de tous les points également distants des trois faces SAB, SBC, SAC, aboutissant au sommet S.

Les trois plans bissecteurs intérieurs se coupent suivant une droite SK qui est le lieu des points intérieurs au trièdre également distants des trois faces (237).

Si nous considérons les dièdres extérieurs suivant SA et SB, les plans bissecteurs extérieurs et le plan intérieur suivant SC se coupent suivant une droite SF, lieu des points également distants de la face ASB extérieurement et des autres faces intérieurement (237).

Nous aurons de même une droite SL, lieu des points également distants de la face BSC extérieurement et des autres faces intérieurement (237).

Nous aurons enfin une droite SP, lieu des points également distants de la face ASC extérieurement et des autres faces intérieurement (237).

Les centres de toutes les sphères tangentes aux quatre faces du tétraèdre seront sur ces droites.

Nous appliquons le lemme 3 : Le plan bissecteur intérieur d'un des dièdres de la face ABC, du dièdre AB, par exemple, rencontre la droite SK au point O_1, centre de la sphère inscrite, rencontre les droites SL et SP, aux points O_3, O_5, centres des sphères ex-inscrites aux faces BSC, ASC; il rencontre la droite SF en un point O_7 qui sera le centre de la sphère inscrite dans le comble prismatique SC ou dans son opposé AB.

Le plan bissecteur extérieur du dièdre AB, donne sur la droite SK le point O_2, sur la droite SF le point O_4, centres de sphères ex-inscrites aux faces ABC et ASB, et rencontre les droites SL et SP en deux points O_6, O_8, centres de sphères inscrites dans les combles prismatiques AC, BC, ou dans leurs opposés.

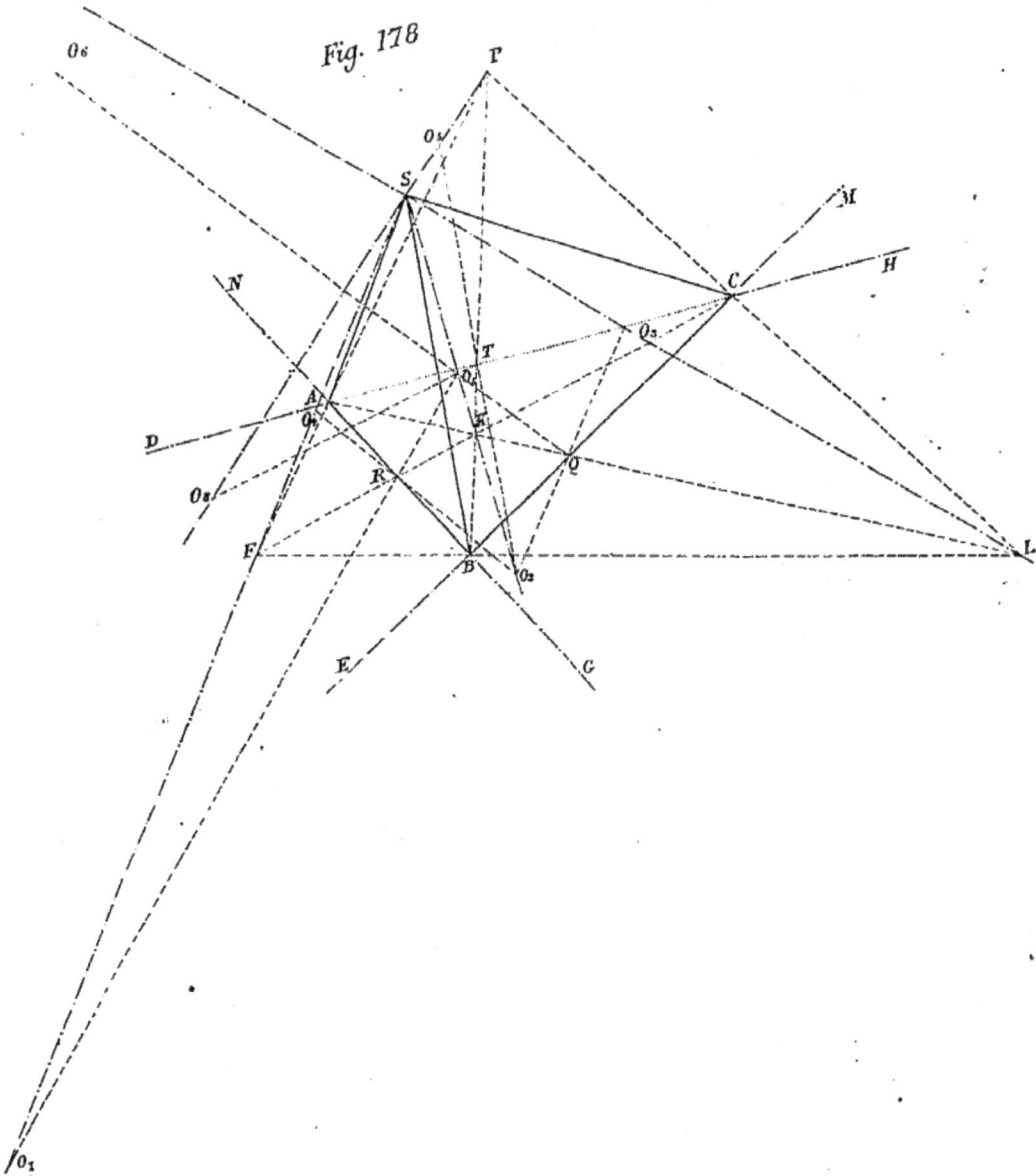

Fig. 178

Nous aurons donc en tout huit sphères possibles.

Du reste nous renvoyons pour la discussion du nombre

des sphères et des conditions dans lesquelles quelques-unes de ces sphères s'éloignent à l'infini à la géométrie élémentaire de M. Rouché.

Nous pouvons effectuer par les méthodes de la géométrie descriptive les constructions que nous venons d'indiquer.

Nous plaçons la face ABC du tétraèdre dans le plan hori-zontal, et nous prenons un plan vertical perpendiculaire à l'arête AB, le sommet se projette en SS'.

Nous construisons d'abord les plans bissecteurs des dièdres intérieurs et extérieurs dont l'arête est AS.

C'est la construction de l'angle de deux plans que nous appliquons (214), nous prenons pour plan vertical auxiliaire AS, et l'arête se projette en AS'_1, le plan perpendiculaire à l'arête a pour trace horizontale acb et cd' est sa trace verticale sur le plan AS.

Le sommet d' est rabattu en d_1, et l'angle intérieur des deux plans est bd_1a; nous menons la bissectrice d_1f et la per-pendiculaire d_1g qui sera la bissectrice de l'angle extérieur.

Les traces des deux plans bissecteurs sont Af et Ag (216).

Nous construisons de même les deux plans bissecteurs des dièdres suivant SB; l'angle des deux plans est rabattu en hl_1k, les deux bissectrices sont l_1m et l_1n; les traces des deux plans bissecteurs Bm et Bn (214 et 216).

Les traces Ag et Bn donnent le point F trace d'une des droites; les traces Af et Bm donnent le point K trace de la seconde droite. (Comme vérification les trois points CKF sont sur la trace du plan bissecteur du dièdre intérieur SC et sont en ligne droite (237); Af et Bn donnent le point L trace de la troisième droite; Ag et Bm donnent le point P trace de la qua-trième droite. (Comme vérification les trois points P. C. L. sont sur la trace du plan bissecteur du dièdre extérieur SC et sont en ligne droite (237).

Les quatres droites lieux de tous les centres sont SK, SF, SL, SP, et nous figurons leurs projections verticales.

L'arête AB est perpendiculaire au plan vertical; par suite $S'A'P'$ est la vraie grandeur du dièdre suivant AB; nous menons les deux plans bissecteurs dont les traces verticales sont $v'A't'$ et $r'A'q'$; le premier donne sur les quatre droites les centres O'_1, O_1; O'_3, O_3, O'_5, O_5, centres de la sphère inscrite et de

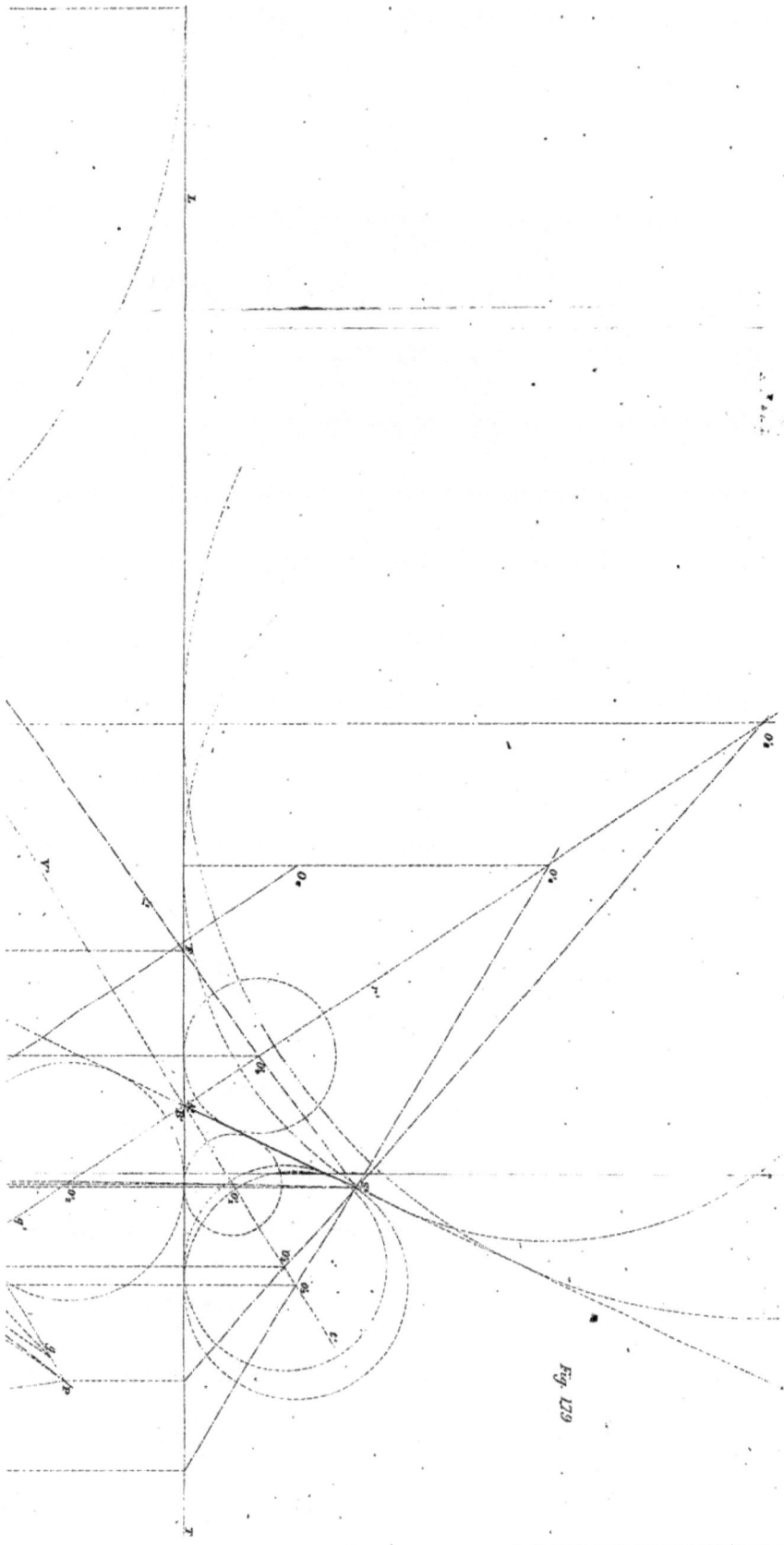

Fig. 179

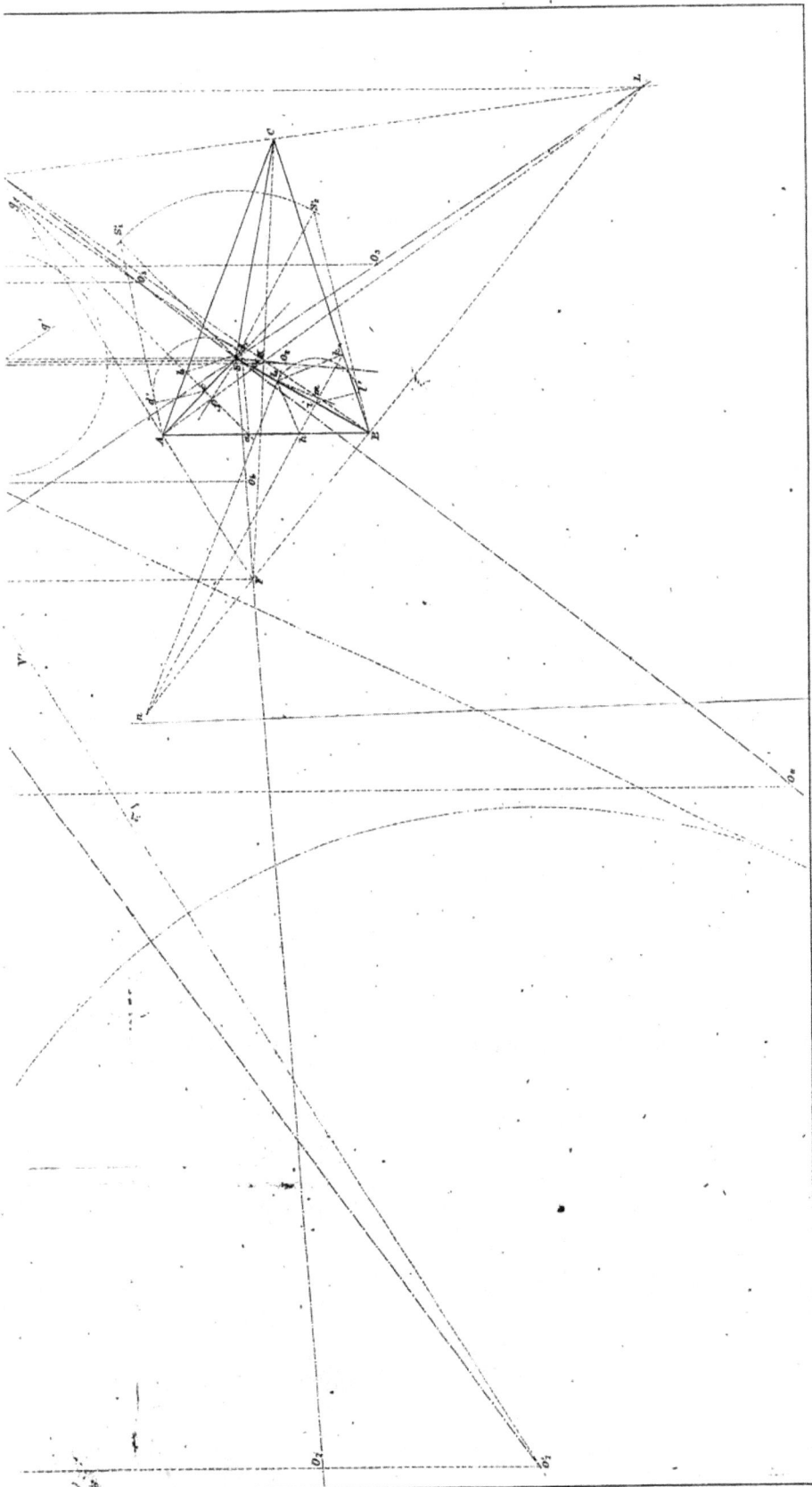

Librairie CH. DELAGRAVE, 15, rue Soufflot, Paris.

deux sphères ex-inscrites, et détermine sur la droite S'F' le centre de la sphère du comble AB. Le plan r'A'q', donne les centres O'$_2$,O$_2$; O'$_4$,O$_4$; de deux sphères ex-inscrites ; il coupe la droite SL, S'L' en un point situé au-dessus du sommet et qui est le centre de la sphère du comble SA opposé à BC, il coupe la droite SP, S'P' en un point au-dessus du sommet et qui est le centre de la sphère inscrite dans le comble SB opposé à AC.

Les rayons de ces sphères sont faciles à obtenir, car elles sont tangentes au plan horizontal et au plan S'A', AB.

239. Autre solution. — *Nous devons signaler une construction donnée récemment par M. Hermary.*

L'auteur, s'appuyant sur le lemme 1 (235), remarque que si l'on rabat l'une sur l'autre les faces du dièdre qui comprend la sphère, les deux points de contact coïncideront après le rabattement.

Ensuite, s'appuyant sur le lemme 2 (236), il remarque que si l'on rabat les trois faces du tétraèdre sur le plan de la base, intérieurement, les quatre points de contact coïncideront en un même point qui sera également distant des rabattements des trois sommets. Donc le point de contact sera le centre du cercle passant par les rabattements des trois sommets.

Soit SABC la projection horizontale du tétraèdre, je rabats la face ASB sur le plan horizontal en la faisant tourner autour de AB, la cote du sommet est donnée, je la prends égale à SS', et je fais la construction connue pour le rabattement (202), le point S vient en S$_1$; la même construction répétée pour les autres faces donne les rabattements S$_2$ et S$_3$; je mène des perpendiculaires au milieu des droites S$_1$S$_2$ et S$_2$S$_3$, le point de rencontre de ces perpendiculaires donne le point O, centre du cercle qui passe par les trois points, et projection du point de contact de la sphère inscrite avec le plan de base ; il faut encore déterminer la cote de ce point ; pour cela nous allons relever le point de contact avec l'une des faces, avec la face ASB, par exemple.

Or la construction du rabattement S, nous a donné en SaS' l'angle de la face avec le plan horizontal (201), nous allons faire un relèvement au moyen de la ligne de plus grande pente.

Nous imaginons le plan vertical perpendiculaire à l'arête
AB et passant par le point O, nous rabattons ce plan ; sa
trace horizontale est O*f* perpendiculaire à AB, et nous menons par *f* une droite parallèle à *a*S′, (elle fera avec o*f* l'angle
de la face et du plan de base). Nous reportons la longueur *fo*
en *fo′₁* (205). Le point O′₁ donne la position du point de contact de la sphère avec SAB.

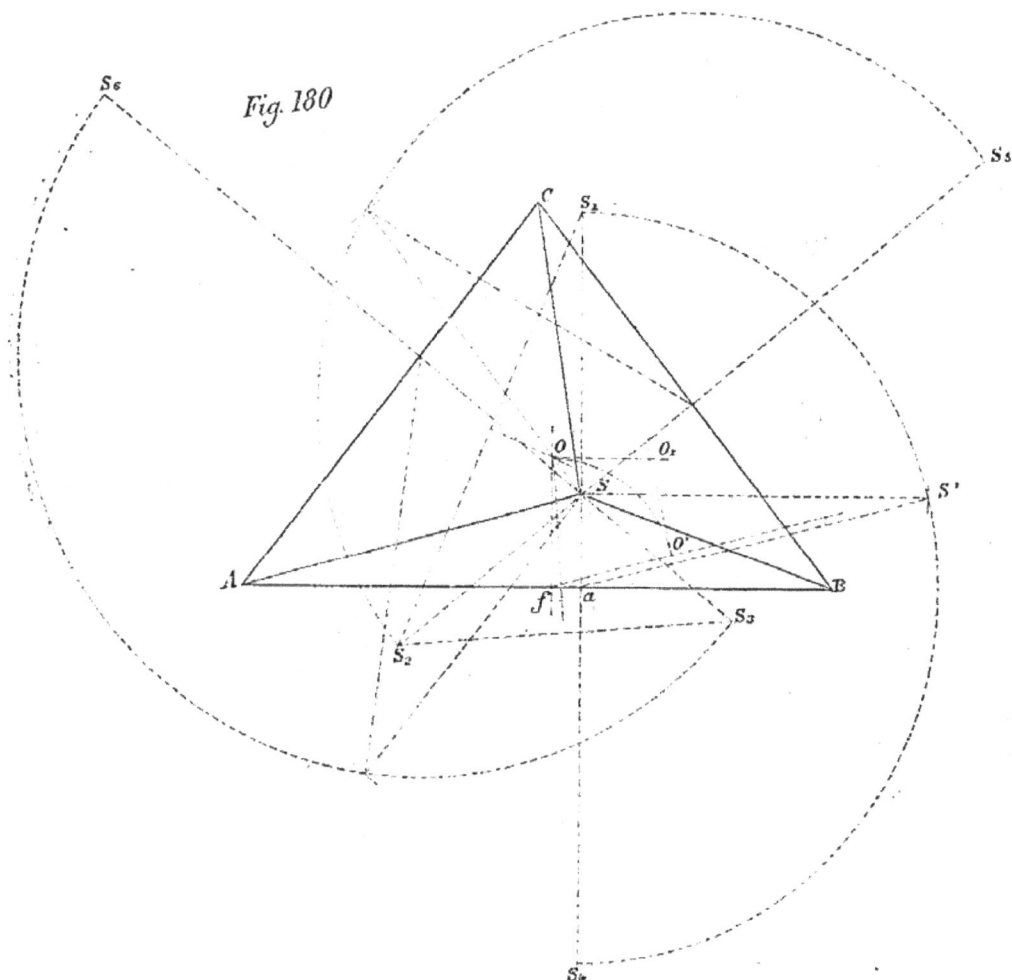

Fig. 180

Nous élevons au point *o* une perpendiculaire à *fo*, au
point O′₁ une perpendiculaire à *a*S′, elles se croisent au point
o′ : *oo′* est la cote du centre, et en même temps le rayon de la
sphère.

Si nous voulons déterminer une autre sphère, par exemple, la sphère ex-inscrite O'_4 de la figure précédente, nous ferons toujours les rabattements des trois faces du tétraèdre, de manière à obtenir la superposition des points de contact; nous voyons alors que les faces BSC, ASC doivent être rabattues dans le même sens que la première fois, mais il faudra rabattre la face ASB en sens contraire, extérieurement au tétraèdre; le point S viendra en S_4, symétrique du point S_1 par rapport à AB.

Le centre de la sphère correspondra au centre du cercle circonscrit au triangle $S_4 S_2 S_3$. On relèvera ce point comme précédemment. Nous obtiendrons le centre de la sphère O_3, correspondant à la face BSC en construisant le triangle $S_1 S_3 S_5$, S_5, étant symétrique de S_2, par rapport à CB.

Nous prendrons de même S_6, symétrique de S_3, par rapport à CA, et le triangle $S_2 S_1 S_6$ nous donnera le centre de la sphère O_5.

Pour obtenir le centre de la sphère O_2 il faudra rabattre les trois faces extérieurement, et c'est le centre du cercle circonscrit au triangle $S_4 S_5 S_6$ qui fournira le centre de la sphère.

Restent les sphères des combles : par le comble AB il faudra rabattre la face ASB intérieurement; le point S en S_1, les deux autres extérieurement, le sommet en S_5 et S_6; on prendra le centre du triangle $S_1 S_5 S_6$.

Remarquons que le centre sera au delà de AB, en sorte que quand nous relèverons, ce centre viendra au-dessus du plan de base du tétraèdre, la sphère ne sera pas dans le comble AB, mais dans son opposé SC.

Pour le comble AC, nous considérerons le triangle $S_3 S_4 S_5$; la sphère sera encore dans le comble SB et non dans le comble AC.

La dernière sphère sera donnée par le triangle $S_2 S_4 S_6$. Cette fois le centre se trouvera au-dessous de CB, c'est-à-dire au-dessous du plan horizontal, et la sphère sera bien dans le comble CB.

Dans l'un de ces triangles $S_1 S_5 S_6$, ou $S_3 S_4 S_5$, ou $S_2 S_4 S_6$, les trois sommets peuvent être en ligne droite, ce qui rejetterait à l'infini l'une des sphères des combles.

240. Problème : Circonscrire une sphère à un tétraèdre, ou construire une sphère passant par quatre points. — Nous pouvons toujours supposer qu'on a mis une face du tétraèdre ou trois des points dans le plan horizontal. Nous avons donc pris les trois points A, B, C dans le plan horizontal. Le quatrième point est projeté au point S dont on connaît la cote $\sigma S'$.

Le centre de la sphère étant également distant des deux points A et C, se trouvera dans le plan vertical perpendiculaire au milieu de AC ; de même il se trouvera dans le plan vertical perpendiculaire au milieu de AB ; ces deux plans se coupent suivant une droite verticale dont la trace horizontale est au point de rencontre o des traces do et fo, de ces plans et qui est le lieu des points également distants des trois points A, B, C.

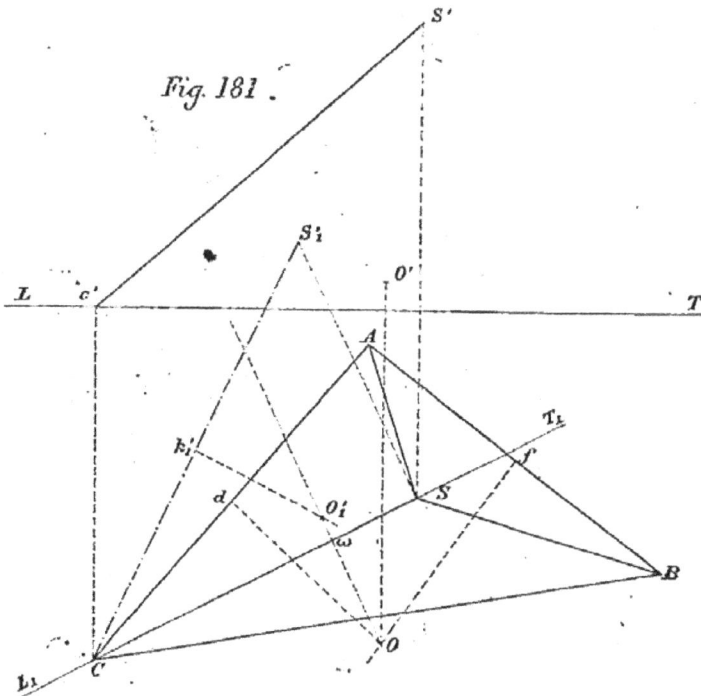

Fig. 181.

Nous obtiendrons un autre lieu du centre de la sphère en construisant un plan perpendiculaire au milieu d'une des trois autres arêtes, l'arête CS par exemple. Pour faire facilement cette opération, nous effectuons un changement de plan vertical en prenant le plan qui projette la droite CS, et pour ligne de terre L_1T_1 ; la nouvelle projection verticale de la droite CS_1, la verticale du point o, se projette en oo'_1 ; le plan perpendiculaire au milieu de la droite CS_1 est perpendiculaire au plan vertical, sa trace verticale est $k'_1o'_1$, et il rencontre la verticale oo'_1 au point o'_1, qui est le centre de la sphère ; sa cote est $\omega o'_1$; en revenant au système primitif LT, nous trouvons en $\omega o'$ le centre de la sphère cherchée ; son rayon est la vraie grandeur de la droite qui joint le centre à l'un quelconque des sommets, et on le construira facilement (170).

Exercices. — 1° *Construire une sphère passant par trois points et tangente à un plan.*

Prendre les trois points dans le plan horizontal, et le plan perpendiculaire au point vertical.

2° *Construire une sphère passant par trois points et tangente à une droite.*

POLYÈDRES

Sections planes.

On donne les projections des différents sommets d'un polyèdre, et en joignant ces points deùx à deux de manière à
former les faces qui composent le polyèdre, on obtient ses
deux projections ; nous reviendrons tout à l'heure sur la distinction qu'on doit faire entre les parties vues et cachées de
ces projections. Nous construirons la section plane d'un polyèdre en cherchant les points de rencontre des différentes
arêtes avec le plan sécant, et nous joindrons les points de
manière à tracer les intersections des faces successives avec
le plan sécant.

241. Nous considérons la pyramide dont la base ABCD est
dans le plan horizontal, le sommet est en SS', et nous proposons de construire l'intersection de cette pyramide avec le
plan P'αP.

Nous allons chercher les points de rencontre des quatre
arêtes SA, SB, SC avec le plan (119). Nous employons comme
plans auxiliaires les plans qui projettent ces arêtes sur le
plan vertical ; ainsi le plan S'D'Df coupe le plan P'αP, suivant la droite dont la projection horizontale est fdg, et qui
rencontre la projection SD au point d dont la projection verticale est d' ; c'est le point de rencontre de l'arête SD, S'D'
avec le plan.

Nous employons ensuite le plan S'C'Ck, il détermine la
droite kh et le point cc'. Le plan S'B'Bl donne la droite lm et
le point bb'. Le plan S'A'An donne la droite np et le point aa'.
Nous joignons les points situés sur les arêtes qui comprennent la même face de manière à obtenir les intersections de
ces faces successives avec le plan.

Le quadrilatère *abcd*, *a'b'c'd'* est la section cherchée. Nous ne nous sommes point occupés de montrer comment doit se

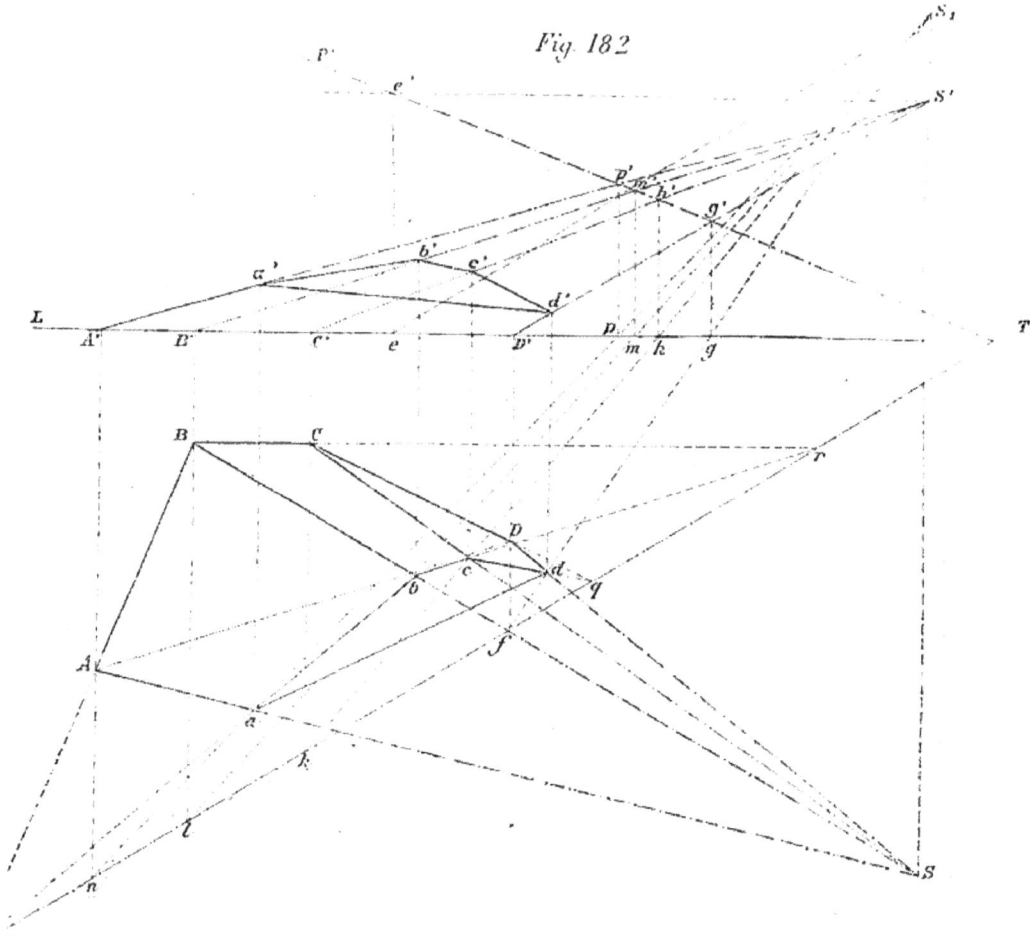

Fig. 182

faire la distinction des parties vues et cachées, nous ferons de cette question un article à part.

Remarque. — Toutes les droites *fg*, *kh*, *lm*, *np* sont les intersections des plans auxiliaires perpendiculaires au plan vertical avec le plan P'αP. Or tous ces plans auxiliaires passent par une même perpendiculaire au plan vertical mené par le point SS', et leurs intersections avec le plan P'αP passeront par le point de rencontre de cette perpendiculaire avec le plan.

Nous pouvons commencer par construire ce point fixe (119); nous coupons le plan P par le plan horizontal S'e' qui contient la perpendiculaire dont nous venons de parler, et dont la projection horizontale est S'S; nous déterminons dans le plan l'horizontale eS_1 parallèle à αP qui rencontre la perpendiculaire au point S_1 dont la projection verticale est S', c'est par ce point que passent toutes les droites fg, kh, lm, np, en sorte que si l'un des points de rencontre n des traces horizontales était trop éloigné nous aurions pu tracer encore l'intersection du plan auxiliaire avec le plan P'αP en menant la ligne S_1p par exemple.

Vraie grandeur de la section. — On rabattra sur l'un des plans de projection le plan sécant et le polygone qu'il contient.

242. Deuxième méthode. — Nous construisons directement un point de l'intersection, le point d,d' par exemple.

Nous observons que CD est la trace horizontale de la face SCD, et si nous prolongeons cette trace jusqu'à sa rencontre avec αP au point q, ce point q sera un point de l'intersection de la face SCD avec le plan, d est un autre point; donc qd est l'intersection du plan SCD avec P'αP, et coupe l'arête SC au point c, point de rencontre de l'arête et du plan.

Ensuite nous prolongeons BC jusqu'en r, cr est l'intersection du plan P avec la face SBC, elle traverse SB au point b, point de rencontre de l'arête et du plan.

Enfin nous prolongeons AB jusqu'en t et tb est l'intersection du plan P avec la face SBC; elle traverse l'arête SA au point a, point de rencontre de l'arête et du plan.

Les projections verticales de ces points se trouvent sur les arêtes correspondantes, et on les joint comme précédemment.

Cette méthode est surtout commode lorsqu'on ne veut employer qu'une seule projection; il est clair que si l'on définit le plan sécant par sa trace horizontale Pα et un point d situé sur une arête SD, le polyèdre étant défini par sa base, la projection et la cote du sommet, tout le reste de l'intersection peut s'obtenir; si quelques traces prolongées rencontrent la ligne αP trop loin, on se servira des plans diagonaux.

Mais cette construction, applicable à une pyramide ou à un prisme, ne le serait plus à un polyèdre quelconque, il faudrait commencer par obtenir les traces de toutes les faces sur le plan de l'une d'elles et la première méthode est préférable.

243. Section plane d'un prisme. — Dans la construction de la section plane d'un prisme, tous les plans qui projettent les arêtes sur un même plan de projection sont des plans parallèles et coupent le plan sécant suivant des droites parallèles.

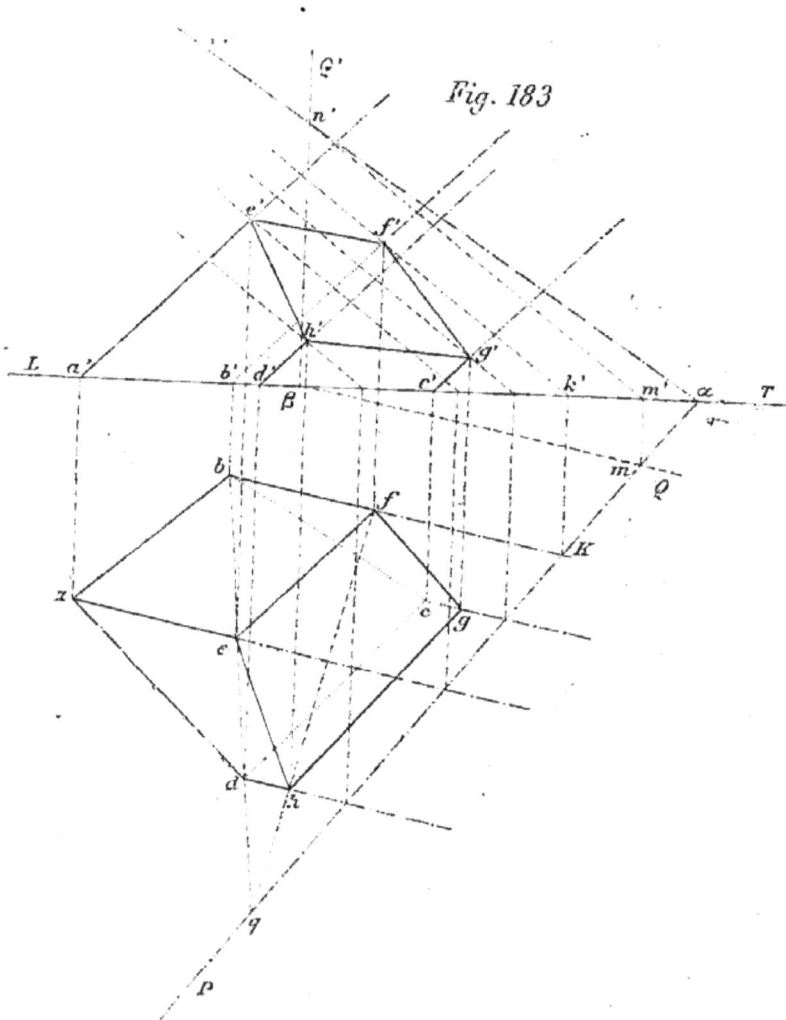

Fig. 183

Ainsi le prisme a pour base le quadrilatère *abcd* en donne ses arêtes; le plan a pour traces P'αP. Nous employons les plans qui projettent les génératrices sur le plan horizontal (119); ainsi le plan dont la trace horizontale est *bfk* ; comme la trace verticale de ce plan est éloignée, nous prenons un plan parallèle Q'₅Q' qui coupe le plan P'αP, suivant une droite dont la projection verticale est *m'n'* ; le plan *bfk*, coupe le plan P'αP suivant une droite *k'f'* parallèle à *m'n'* qui rencontre la génératrice *bf* au point *ff'* point de l'intersection cherché.

Nous avons appliqué la même construction aux autres arêtes.

Nous pouvons aussi obtenir les points par la seconde méthode (242); ayant le point *f*, nous menons la droite *bd* trace du plan diagonal que nous prolongeons jusqu'en *q*, *qf* est l'intersection du plan diagonal avec le plan P'αP et coupe l'arête *dh* au point *h*. — Nous obtiendrons le point *e* en prolongeant *da*, et nous aurons recours au second plan diagonal *ac* pour déterminer le point *g*.

244. Définition : Figures homologiques. —

Les deux polygones ABCD et *abcd* sont tels que tous leurs points A et *a*, B et *b*, C et *c*, D et *d* passent par un point fixe S ; en outre, la ligne qui joint deux points d'une figure et celle qui joint les points correspondants de l'autre figure se rencontrent en un même point de l'intersection des plans des deux polygones. Ces deux figures sont dites *homologiques ;* les points correspondants A et *a*, B et *b*, etc., sont des points *homologues ;* le point S est le *centre d'homologie ;* la droite intersection des deux plans est l'*axe d'homologie*. Or de quelque manière qu'on projette trois points en ligne droite, les projections sont en ligne droite ; donc quel que soit le plan sur lequel on projette des figures homologiques, les projections seront toujours homologiques. On dit alors que cette propriété est *projective*, c'est-à-dire qu'elle existe toujours quel que soit le mode de projection. Nous aurions pu appliquer les mêmes raisonnements, les mêmes constructions à la section plane d'un prisme, mais alors les droites qui allaient concourir au point S sont parallèles, le *centre d'homologie est à l'infini*.

Nous reviendrons à plusieurs reprises sur ces considérations dont nous ferons d'autres applications.

245. Problème. Construire les points de rencontre d'une droite et d'un polyèdre. — La méthode à suivre consiste évidemment à mener un plan par la droite; ce plan déterminera dans le polyèdre un polygone qu'on construira et dont on prendra les points de rencontre avec la droite donnée. Le plus souvent on prendra un des plans projetants de la droite comme plan auxiliaire. Par exemple, nous avons le polyèdre $a \ b \ c \ d \ e$, $a'b'c'd'e'$ et la droite pq, $p'q'$; nous prenons l'intersection du polyèdre avec le plan qui projette horizontalement la droite et dont la trace est pq.

L'arête $ae, a'e'$ est coupée au point ff' ;

L'arête $eb, e'b'$ appartenant à la même face est coupée au point gg' ; fg' est l'intersection de la face eab, $e'a'b'$ avec le plan.

L'arête $ec, e'c'$ est coupée au point hh', ce qui nous donne le côté $g'h'$; l'arête cd, $c'd'$ est coupée au point k, k' qui nous donne $h'k'$; enfin l'arête ad est coupée au point l, l' qui nous donne $k'l'$, et le polygone se referme par le côté $l'f'$.

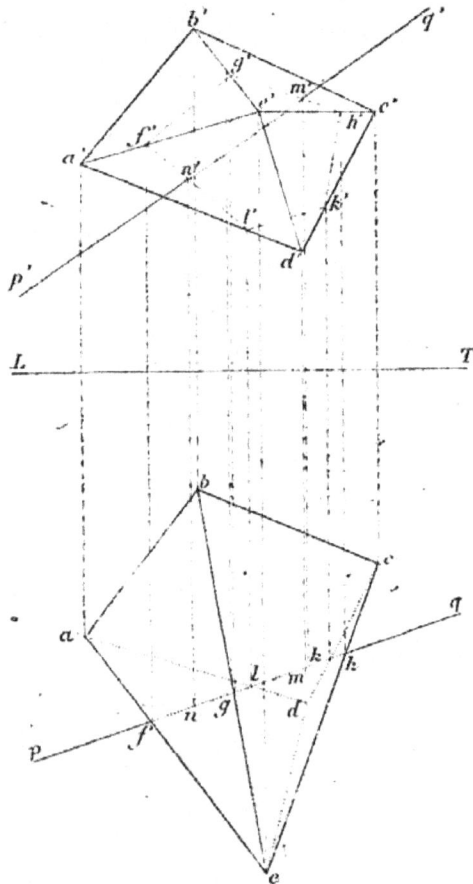

Fig. 184

La droite traverse ce polygone aux points $m'm$, et n', n qui sont les deux points cherchés.

Nous ne nous occupons pas encore ici de montrer comment

on distingue les parties vues des parties cachées, nous y reviendrons dans l'article suivant.

Cas des pyramides ou des prismes. — Au lieu d'employer le plan projetant, il est préférable lorsque le polyèdre est une pyramide, d'employer un plan passant par la droite et le sommet, ce plan coupe la pyramide suivant des lignes passant par le sommet et dont la construction est facile.

246. La pyramide donnée est Sabc, S'$a'b'c'$. La droite est ef, $e'f'$

Nous menons par le point SS' une parallèle à ef, $e'f'$, cette parallèle S'h', Sh a sa trace au point h, et la ligne he est la trace horizontale du plan auxiliaire passant par la droite et le sommet.

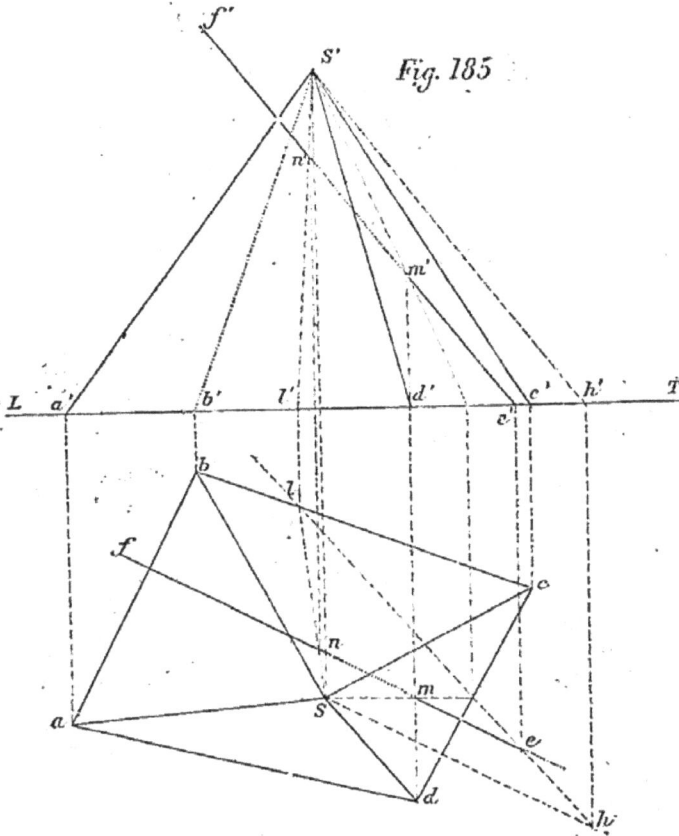

Fig. 185

Cette face rencontre la base de la pyramide aux points k et l, en sorte que le plan auxiliaire détermine dans le polyèdre les lignes Sk et Sl qui croisent la droite en m et n, dont les projections verticales sont m' et n'.

La droite perce le polyèdre aux points m, m' et n, n'.

Si le polyèdre est un prisme, on fait passer par la droite un plan parallèle aux arêtes, on prend sa trace sur le plan de la base du prisme, et l'on mène par les points de rencontre de cette trace avec le polygone de base des parallèles aux arêtes qui déterminent sur la droite les points de rencontre cherchés.

Nous engageons les élèves à faire cette construction.

247. Distinction entre les parties vues et cachées. — Nous avons déjà indiqué la convention relative aux plans de projection, et montré comment on devait représenter une droite (37 à 41). Mais une ligne qui fait partie d'un polyèdre peut avoir sa projection horizontale cachée par le corps lui-même qui sera placé verticalement au-dessus de la droite; sa projection verticale peut être cachée si le solide se trouve par rapport au plan vertical en avant de la droite.

Nous supposerons toujours dans ce qui suit que les surfaces recouvrent des corps solides pleins et opaques.

Étant données les projections d'un corps solide nous devons toujours tracer en plein sur chaque projection toutes les lignes qui forment le contour extérieur. C'est cette convention que nous avons appliquée d'abord dans la figure 182, qui représente le tronc de pyramide et dans les figures 183, 184 et 185.

Restent les lignes qui se projettent à l'intérieur du contour.

Si nous considérons la figure 182, nous voyons que le point b, b' est le point le plus élevé du corps solide aucun point ne peut donc le cacher à l'observateur placé au-dessus du plan horizontal, et sa projection horizontale est *vue* ; dès lors les trois lignes qui partent de ce point sont *vues* ; et elles ne peuvent devenir cachées que si elles percent un des plans de projection.

La projection bc est *vue*, donc le point c est vu, et les lignes qui partent de ce point sont *vues*. Examinons la droite AD ; imaginons la verticale menée par le point de rencontre des projections AD et ab; cette verticale rencontre évidemment la projection $a'b'$ en un point situé au-dessus de AD, donc la ligne AD est au-dessous de ab, et elle est *cachée*.

Examinons la droite $a'd'$ de la projection verticale : est-elle en avant ou en arrière de S'C' par rapport au plan vertical ? Imaginons la perpendiculaire au plan vertical menée par le point v' où se croisent les projections verticales ; cette ligne rencontre SC au point v_1 et ad au point v, situé en avant du point v_1 ; donc ad est en avant de SC ; par conséquent $a'd'$ est *vu* et S'C' est *caché*.

De même il est facile de reconnaître que b'B' est *caché*. Prenons la figure 184; après avoir tracé en plein les contours du solide, nous voyons que le point ee' est celui dont l'éloignement est maximum, donc sa projection verticale e' est *vue*, et les lignes qui partent de ce point sont *vues*.

Sur la projection horizontale, considérons be et ad, nous imaginons encore la verticale qui passe par le point de croisement de be et ad, et cette verticale rencontrera évidemment $b'e'$ en un point situé au-dessus de $a'd'$; donc be est *vue*, ad est *cachée*, et les deux lignes qui partent du point d sont *cachées*. Quant à la droite qui perce le polyèdre, la partie comprise à l'intérieur entre les deux points m,m' et n,n' est nécessairement *cachée* sur les deux projections ; le point n' est dans la face $a'e'd'$ entièrement *vue* sur la projection verticale, la partie $p'n'$ sera *vue* ; de même le point m' est dans la face $b'e'c'$ entièrement *vue*, et la partie $m'q'$ sera *vue*.

Sur la projection horizontale, le point n est dans la face ade *cachée*, la droite est vue jusqu'au moment où elle croise le contour du solide en f, elle passe alors sous le solide pour percer la face, et fn est *caché* ; elle ressort au point m dans la face *vue* bec, et elle devient *vue* elle-même à partir de ce point. Des considérations tout à fait identiques ont permis de faire la distinction sur les figures 183 et 185.

Les procédés que nous venons d'indiquer suffisent en général; il pourrait cependant arriver qu'on ait quelque incertitude pour un sommet, si les projections des arêtes menées par ce sommet ne croisent pas les projections d'autres arêtes ; il est alors facile de chercher les points où la verticale de ce sommet (s'il s'agit de la projection horizontale), perce le po-

186

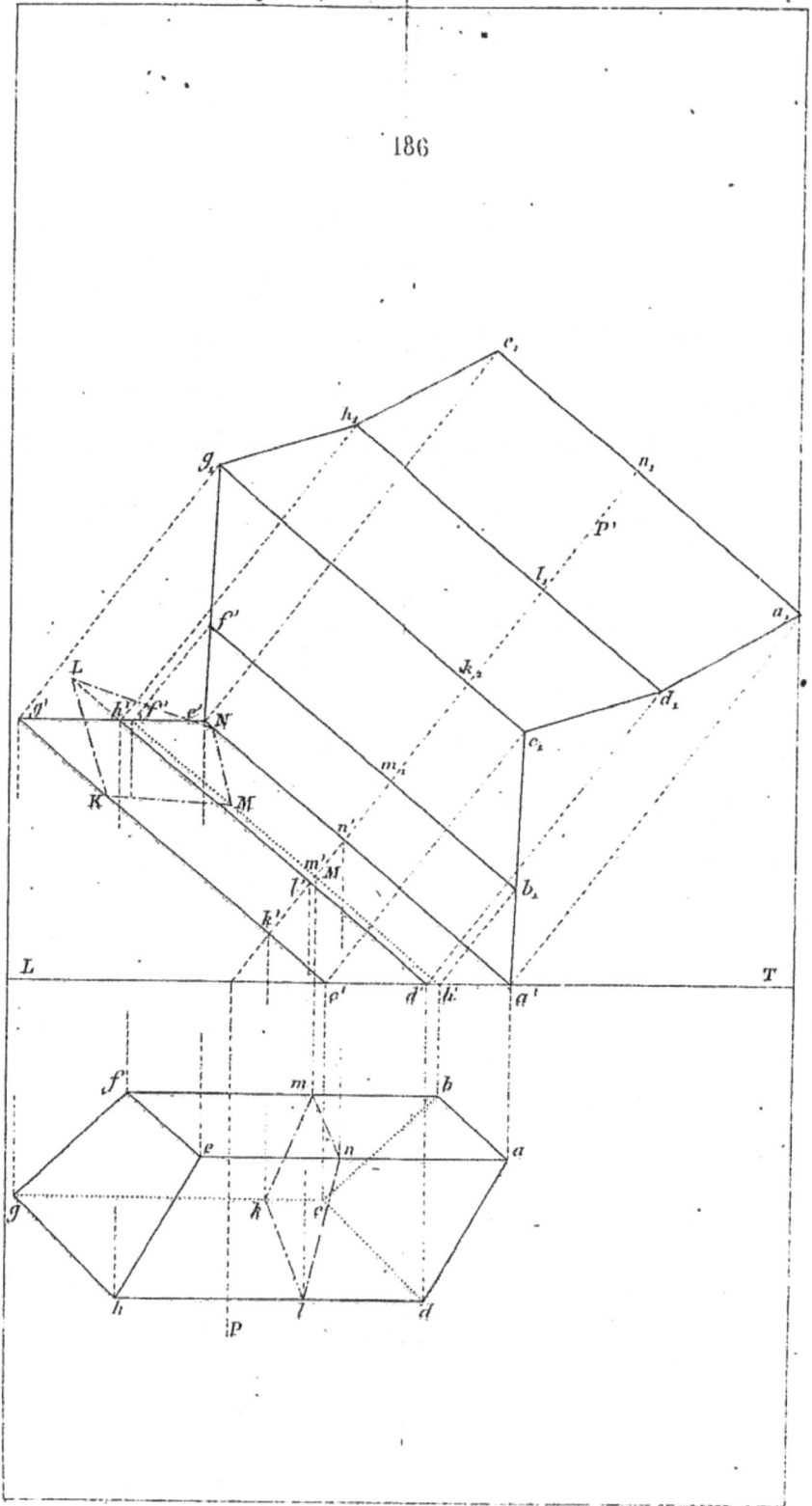

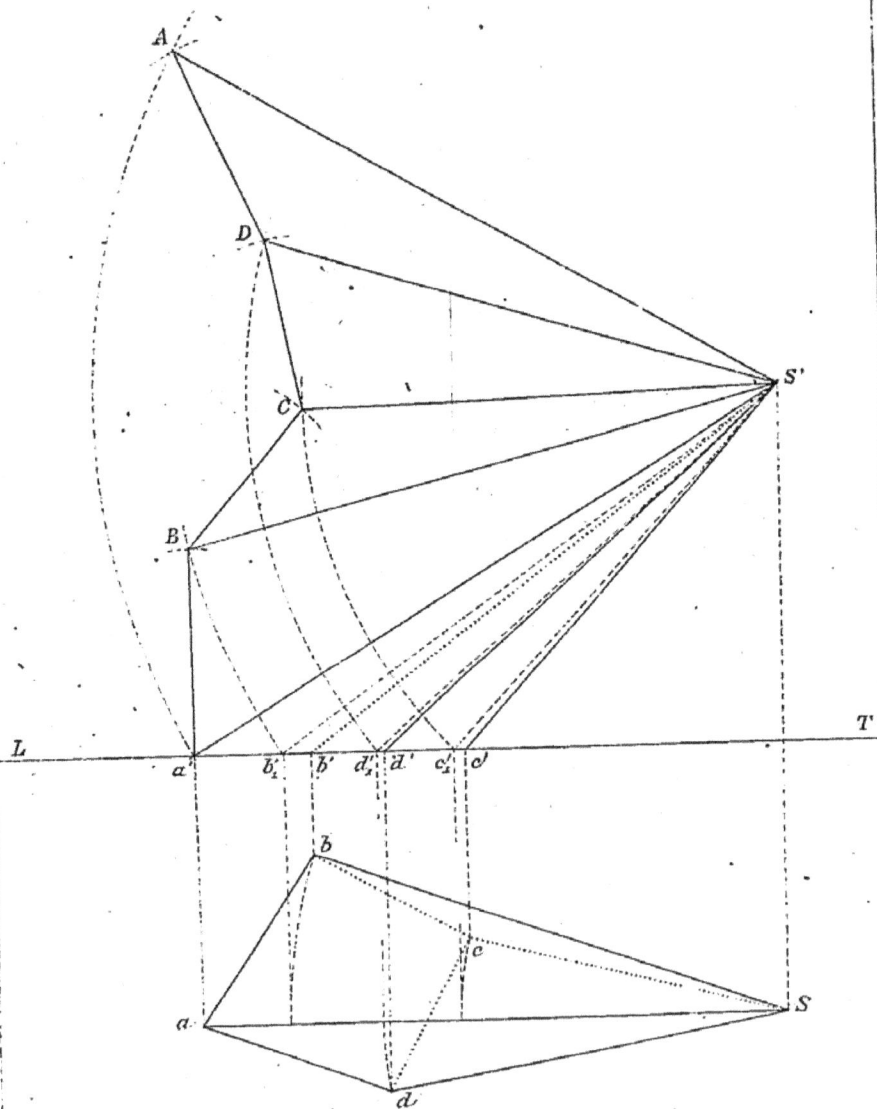

lyèdre, on mène par ce point un plan vertical, dont on
construit l'intersection avec le polyèdre, et l'on détermine
ainsi le point de rencontre de la verticale avec la surface du
solide ; si ce point est au-dessous du sommet, le sommet sera
vu. Pour la projection verticale on prendra le point de rencontre avec la surface d'une perpendiculaire au plan vertical.

DÉVELOPPEMENT DES POLYÈDRES

248. Problème. Construire le développement d'un prisme. — Le prisme donné a pour base le quadrilatère *abcd*, situé dans le plan horizontal, les arêtes sont parallèles à *ae a'e'*, ce sont des droites de front ; nous voulons construire le développement de ce prisme, en le limitant à un plan parallèle à la base et qui donne la section *efgh*. Nous commençons par construire une section droite, c'est-à-dire une section par un plan perpendiculaire aux arêtes. Nous avons pris les arêtes parallèles au plan vertical, on peut toujours les amener à cette position par un changement de plan, et leur projection verticale est en même temps leur vraie grandeur ; le plan est PαP'. (Fig. 186.)

La section droite est alors *k'l'm'n'*, *klmn*. Nous la rabattons sur le plan vertical, autour de la trace verticale du plan (194) pour obtenir sa vraie grandeur, qui est le quadrilatère KLMN. Les côtés de ce quadrilatère sont perpendiculaires aux arêtes du prisme, leur longueur représente la distance des arêtes adjacentes. Nous considérons la face *abfe*, et nous les rabattons autour de *ae*, non pas sur le plan vertical, mais sur le plan de front qui passe par la droite, afin de ne pas avoir à tenir compte de son éloignement.

L'arête *bf* viendra se rabattre parallèlement à *ae* et à une distance égale à la distance MN des deux droites.

D'ailleurs le point *m'm*, de la section droite vient en m_1 sur la droite $n'm_1$, le point *b'* vient en b_1 sur la perpendiculaire à l'arête, et le point *f'* vient en f_1 ; la face est donc $b_1 f_1 e'a'$.

Nous répéterons les mêmes constructions pour les autres faces dont nous construirons successivement les vraies grandeurs ; la figure $e'f_1 g_1 he_1 a_1 d_1 c_1 b_1 a'$ est le développement de la surface extérieure du prisme.

188

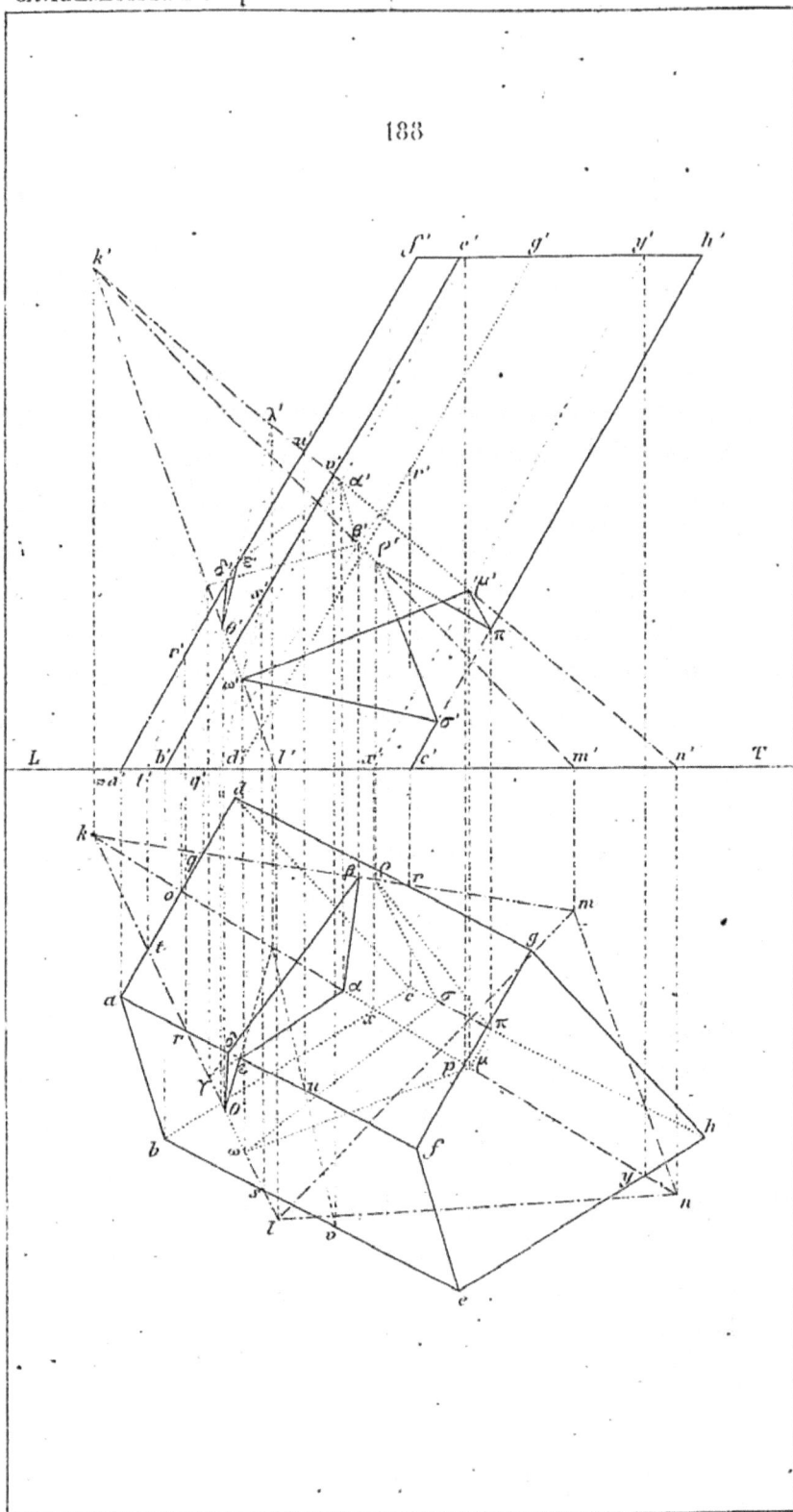

189

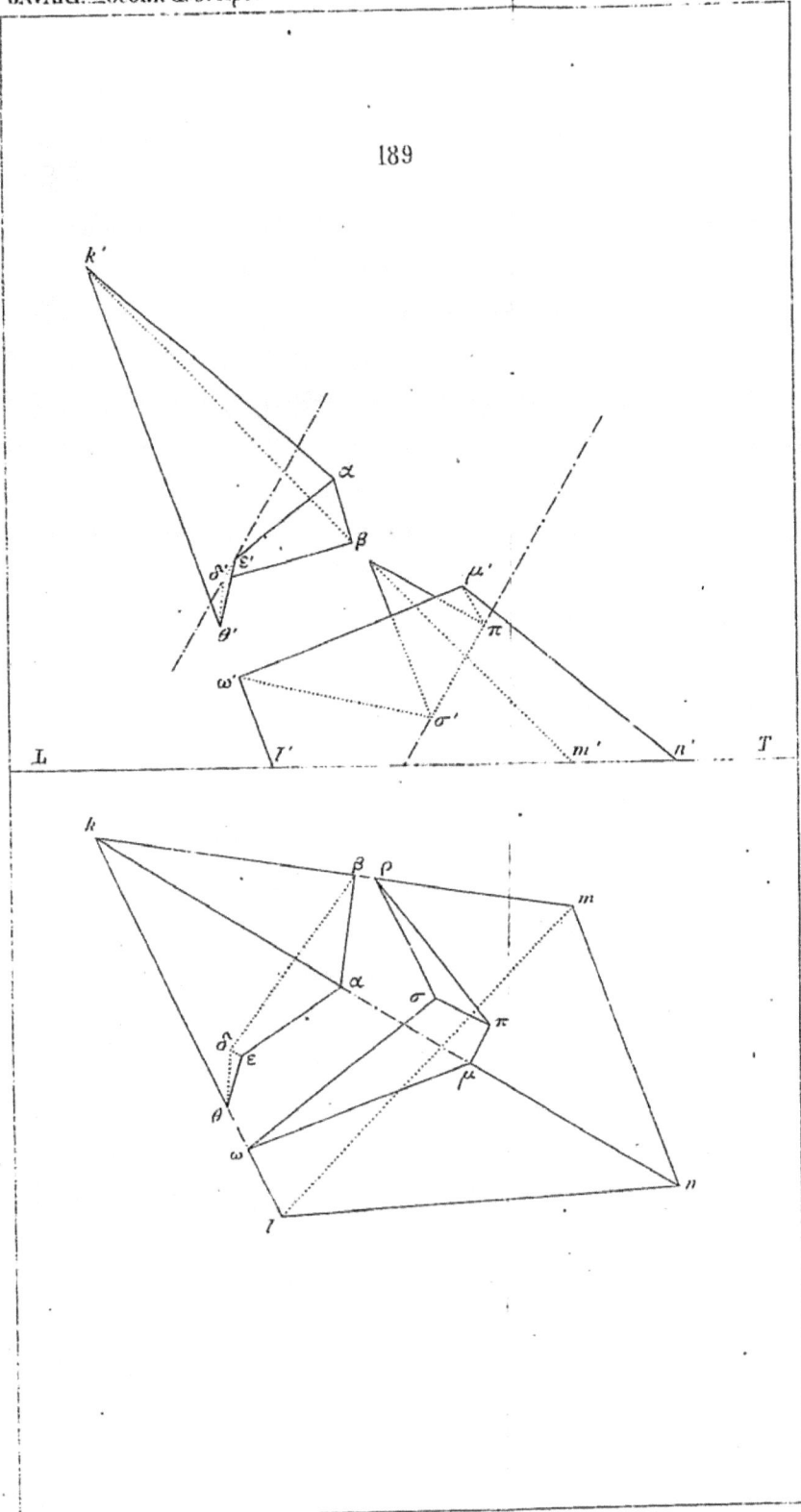

249. Problème. Construire le développement d'une pyramide. — Les principes qui permettent d'exécuter le développement d'une pyramide sont les mêmes que ceux que nous avons appliqués au développement du prisme. (Fig. 187.)

Ici nous ne pouvons obtenir un polygone dont le développement soit une droite, et nous allons construire successivement les vraies grandeurs des triangles qui forment les faces de la pyramide.

La pyramide est S$abcd$, S'$a'b'c'd'$.

Dans le triangle Sab, nous pouvons connaître les trois côtés : ab est dans le plan horizontal, l'arête Sa est donnée parallèle au plan vertical, et sa vraie grandeur est S'a' ; et nous amenons par une rotation autour de la verticale du point S,S' l'arête Sb à être parallèle à ce plan, en sorte que sa vraie grandeur est S'b'_{ι} (170). Nous construisons avec ces trois côtés le triangle S'a'B. Nous obtenons successivement les autres triangles par des opérations analogues, et la surface totale de la pyramide se développe suivant S'a'BCDA.

249 *bis*. Développement d'un polyèdre quelconque. — Si l'on doit développer un polyèdre quelconque, on commence par chercher la vraie grandeur d'une face qu'on amène par des changements de plans ou de rotations à être parallèle à un plan de projection ; on rabat autour de cette face toutes les faces adjacentes. Chaque face rabattue sert à son tour de base pour le rabattement d'autres faces adjacentes, et qu'on construit en décomposant les polygones qui constituent ces faces en triangles dont on détermine les trois côtés.

INTERSECTION DES POLYÈDRES

250. Méthode générale. — Nous considérons un prisme *abcdefgh*, *a'b'c'd'e'f'g'h'* et une pyramide *klmn*, *k'm'n'l'*. (Fig. 188.)

Nous nous proposons de construire l'intersection de ces deux polyèdres. (La méthode que nous allons donner ici s'applique à deux polyèdres quelconques, et nous ne ferons aucun usage des propriétés du prisme et de la pyramide.)

Nous cherchons d'abord l'intersection d'une arête d'un polyèdre avec une face de l'autre ; par exemple, l'intersection de l'arête *kn*, *k'n'* avec la face *adgf*.

Le plan qui projette cette arête sur le plan horizontal coupe l'arête *ad* au point *o*,*o'*, et l'arête *fg* au point *pp'*, il coupe la face *adgh* suivant *op*, *o'p'* qui rencontre l'arête au point α',α (119). Il faut toujours obtenir un premier point, en essayant la construction par plusieurs arêtes successives, si cela est nécessaire.

L'arête *kn* est l'intersection de deux faces, cherchons la trace de l'une de ces faces, *nkm*, par exemple, sur la face *adgf*. Le point α est un point de cette trace ; cherchons le point où une autre arête de *nkm*, *km*, par exemple, perce *adgf*. Nous employons encore le plan qui projette *km* sur le plan horizontal : ce plan détermine dans la face *adgf* la droite *qr*, *q'r'* qui croise l'arête *km* au point β',β (119) ; l'intersection des deux faces est la droite $\alpha\beta$, $\alpha'\beta'$. Nous continuons : L'arête *km* est l'intersection de deux faces, la face *kmn* déjà employée et la face *kml* ; construisons la trace de la face *kml* sur *adgf*. Le point β,β' est un point de cette trace, nous allons chercher l'intersection d'une autre arête *kl*, par exemple, avec la face.

Le plan qui projette horizontalement l'arête coupe la face

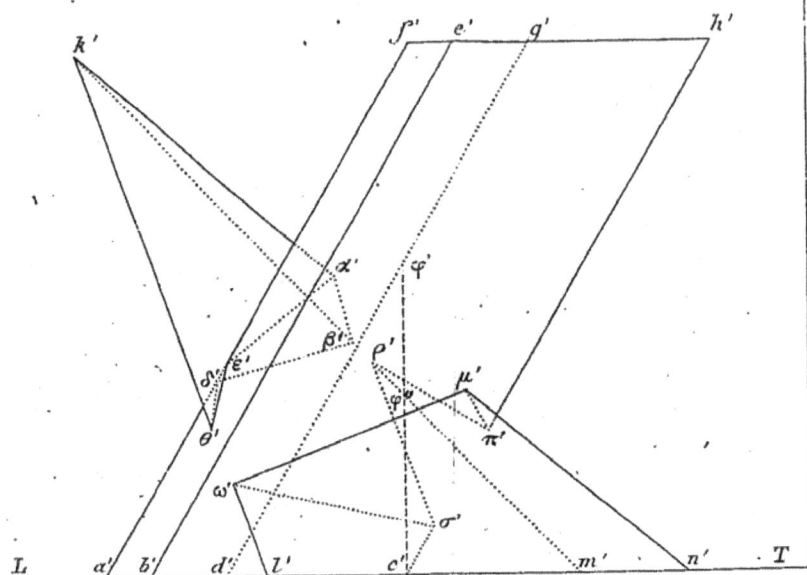

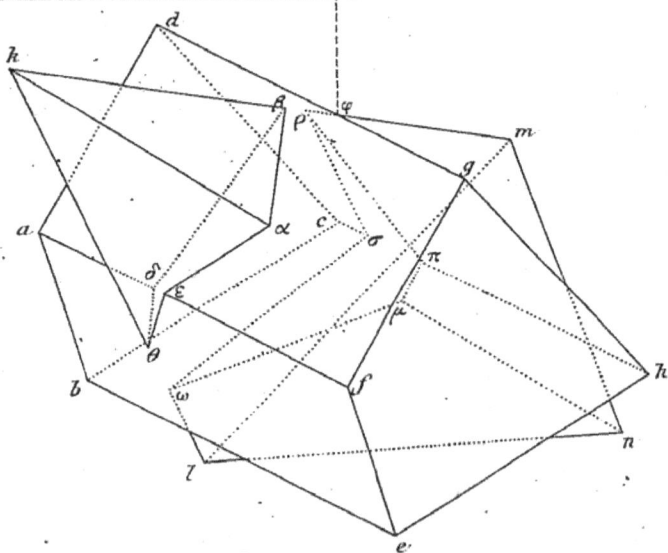

190

191.

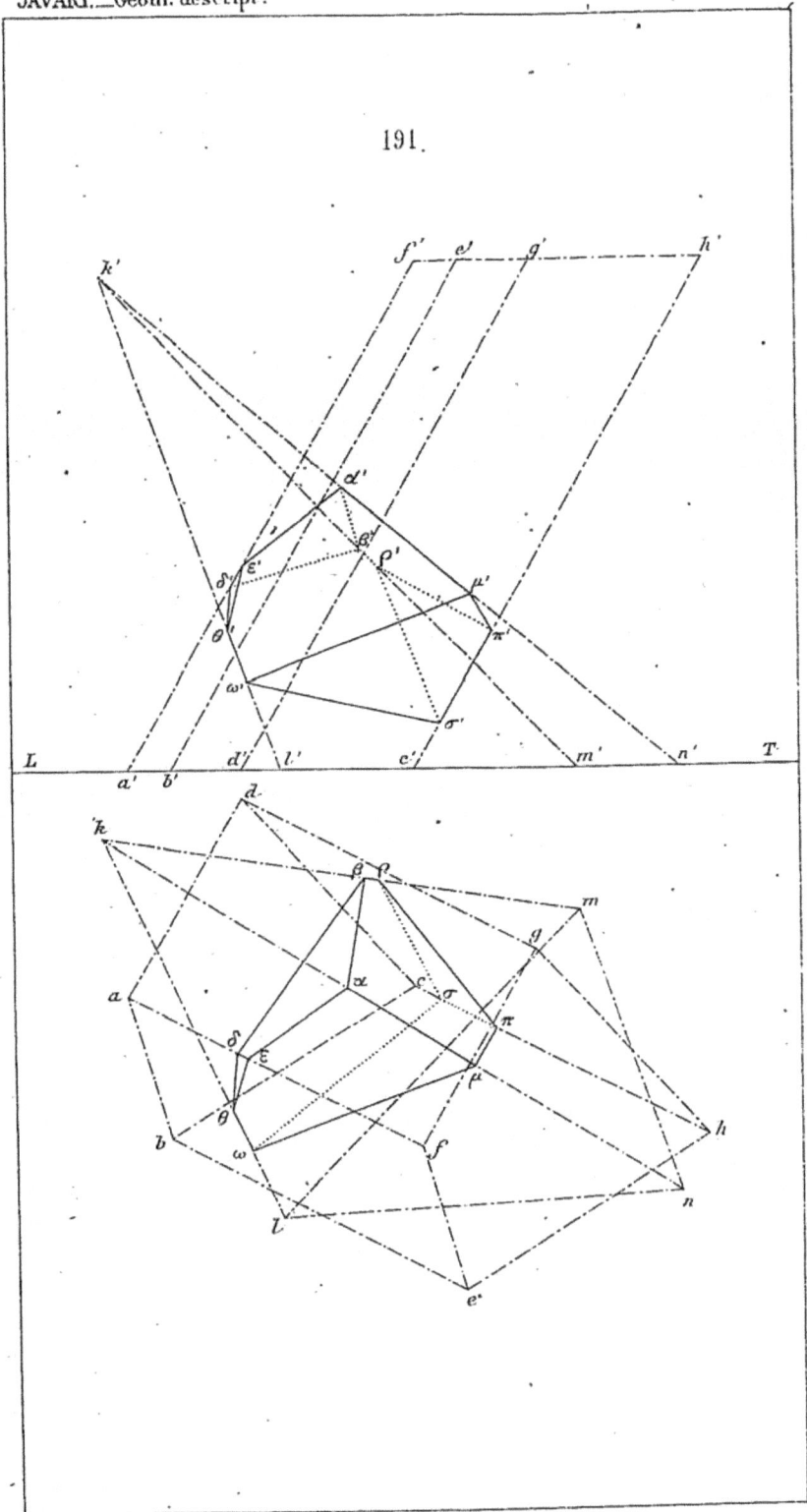

suivant tr, $t'r'$ qui croise l'arête au point γ,γ', point cherché. Ce point est ici en dehors de la face $agdf$ sur son prolongement, l'intersection des deux plans est $\beta\gamma$, $\beta'\gamma'$, mais elle n'est utile que dans l'étendue de la face, c'est-à-dire jusqu'en δ,δ' situé sur l'arête af, $a'f'$. Cela nous montre que la face klm coupe la face $abef$ adjacente à af, et δ, δ' est un des points d'intersection.

Cherchons la rencontre de l'arête kl avec la face $abef$; le plan qui projette cette arête coupe la face suivant rs, $r's'$ qui croise l'arête au point θ,θ' point cherché ; $\delta\theta$, $\delta'\theta'$ est donc l'intersection des deux faces klm et $abef$.

Nous continuons: L'arête kl est l'intersection de deux faces, la face mkl que nous venons de considérer et la face lkn; cette dernière coupe la face $abef$ suivant une droite dont θ est un point et dont nous allons construire un autre point; nous cherchons l'intersection de $kn,k'n'$ appartenant à la même face avec $abef$: le plan qui projette la droite sur le plan horizontal serait d'un emploi peu commode, nous prenons celui qui projette la droite sur le plan vertical, ce plan détermine dans la face la droite $u'v'$ uv qui croise l'arrte au point λ,λ' point cherché.

L'intersection des deux faces est $\theta\varepsilon\lambda$, utile jusqu'au point $\varepsilon\varepsilon'$, situé sur l'arête af, la face lkn coupe donc la face $afgd$ adjacente à af suivant une droite dont $\varepsilon\varepsilon'$ est un point; nous cherchons l'intersection d'une autre arête de la face nkl avec $afgd$; ici nous avons déjà obtenu le point α,α' et l'intersection est $\varepsilon\alpha$, $\varepsilon'\alpha'$ qui doit aller passer comme vérification par le point γ,γ' précédemment obtenu et qui est l'intersection de l'arête kl avec $afgd$.

Si nous avions plus de trois faces groupées autour du sommet kk', nous pourrions continuer l'opération de proche en proche de la même manière. Dans le cas actuel, nous trouvons le polygone $\alpha\beta\delta\theta\varepsilon$, $\alpha'\beta'\delta'\theta'\varepsilon'$.

Mais une arête d'un polyèdre ne peut percer un autre polyèdre en un seul point; il y a un second point sur chaque arête, nous chercherons le second polygone formé par tous ces points, et nous obtiendrons un polygone de sortie. Ainsi l'arête kn perce la face $bche$ au point $\mu\mu'$ obtenu en coupant cette face par le plan qui projette horizontalement la droite et qui détermine dans la face la ligne xy, $x'y'$. Nous ne répétons pas les constructions que nous venons de détailler et qui fournissent le polygone de sortie $\mu\pi\rho\sigma\omega$, $\mu'\pi'\rho'\sigma'\omega'$. Il y a donc deux polygones séparés, un polygone d'entrée et un polygone de sortie ; on dit alors que l'intersection présente *une pénétration*.

251. Ponctuation de la figure. — La figure représente le prisme seul après qu'on en a enlevé la partie comprise dans la pyramide.

Pour nous rendre compte de cette figure, examinons d'abord quelles sont les parties enlevées des arêtes du prisme.

Les arêtes dg, $d'g'$; be, $b'e'$ ne rencontrent par la pyramide et restent entières ; la première est *cachée* et la seconde est évidemment *vue*.

L'arête af, $a'f'$ perce la pyramide aux deux points δ,δ' et ε,ε' ; la partie intérieure $\delta\varepsilon$, $\delta'\varepsilon'$ est *enlevée*. Nous la représentons *en traits mixtes* (·—·—·—). L'arête ch, $c'h'$ perce la pyramide aux deux points σ,σ' et π,π' ; la partie intérieure $\pi\sigma,\pi'\sigma'$ est *enlevée*.

La face $bche$ est *vue* sur la projection verticale et la partie du polygone de sortie $\pi'\mu'\omega'\sigma'$ est *vue* sur la projection verticale, mais la face est *cachée* sur la projection horizontale, ainsi que la projection horizontale $\pi\mu\omega\sigma$.

La face $dchg$ est *cachée* sur la projection verticale et la partie du polygone de sortie $\pi'\rho'\sigma'$ contenue dans cette face devrait être cachée ; cependant une partie est *vue* à cause de l'entaille faite dans la face antérieure, et grâce à la partie enlevée.

La projection horizontale de la face $dchg$ est *cachée* ainsi que le polygone $\pi\rho\sigma$.

La face $dgfa$ est *cachée* sur la projection verticale ainsi que le polygone $\varepsilon'\alpha'\beta'\delta'$ qui y est contenu ; mais la projection horizontale de la face et du polygone est entièrement *vue*.

La face $afeb$ est *vue* sur la projection verticale ainsi que le polygone $\varepsilon'\theta'\delta'$ qu'elle renferme.

Il en est de même pour la projection horizontale.

Nous observerons encore sur la projection verticale qu'une

192

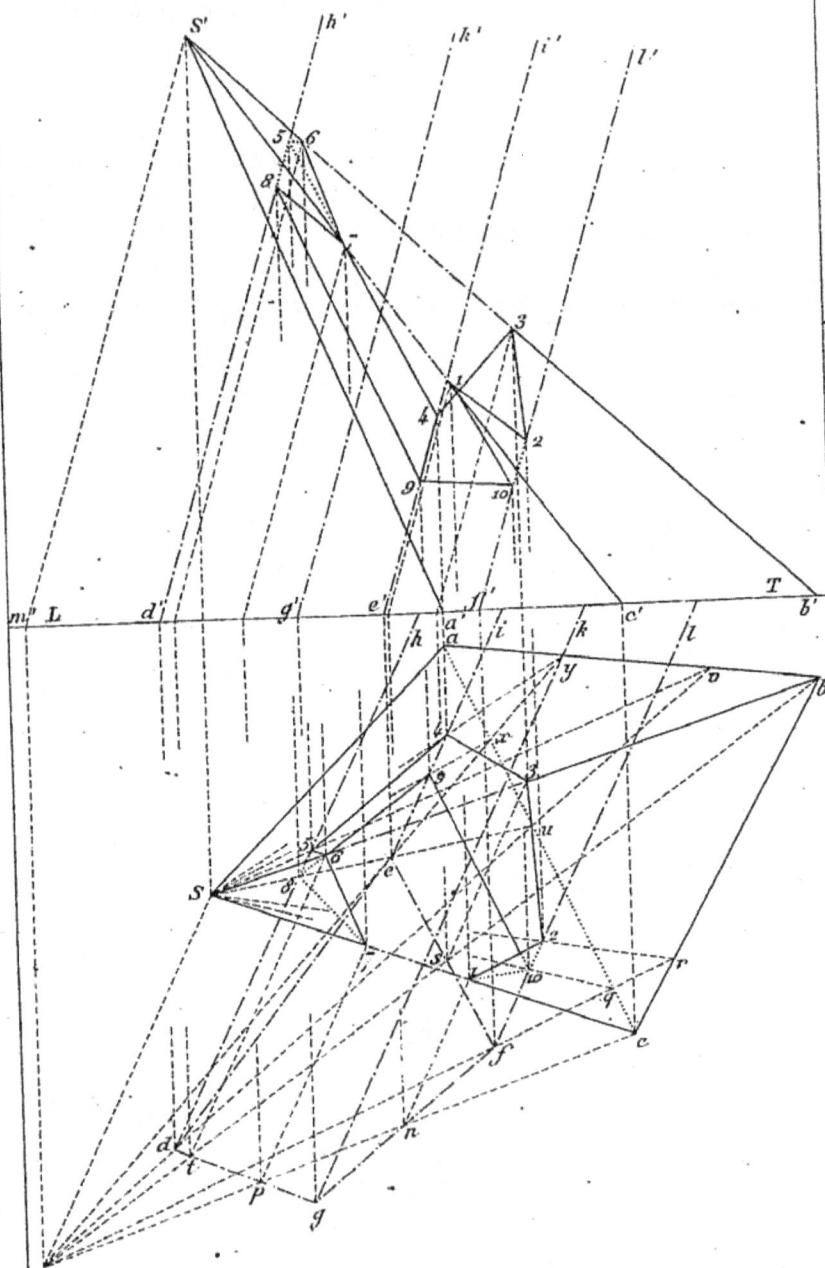

petite portion de la ligne δ'β' qui devrait être cachée est *vue* à travers le trou fait dans la face antérieure.

Nous ferons remarquer à propos de ces lignes d'intersection vues à travers le trou, qu'il est toujours très aisé de les reconnaître. Ces lignes limitent le contour extérieur du corps solide, elles ne peuvent donc être représentées en points ronds qui indiqueraient qu'elles sont cachées. Quant à la pyramide, nous la supposons enlevée, et nous la représenterons en traits mixtes *sans distinction de parties vues et cachées*, excepté pour les parties des arêtes contenues dans le prisme.

Ainsi les portions θω, θ'ω'; βρ, β'ρ'; αμ, α'μ' sont dans le prisme, qui est un corps solide plein, en sorte que ces portions d'arête limitent le creux fait dans le solide, elles existent réellement, sont *cachées* et doivent être représentées par des lignes de points ronds.

Deuxième exemple de ponctuation. — Nous pouvons nous proposer de représenter au contraire *ce qui reste de la pyramide après qu'on a enlevé la partie comprise dans le prisme.* (Fig. 189.)

Nous avons reproduit la pyramide avec les polygones d'intersection sans construction.

(Le lecteur pourra se reporter à la figure 188.)

Les arêtes de la pyramide sont comprises dans le prisme entre les points θ et ω, α et μ, β et ρ. Ces parties sont *enlevées* et mises en traits mixtes.

La face *lkn* est *vue* sur les deux projections avec les lignes θεα, θ'ε'α' et ωμ, ω'μ' qui y sont contenues. La face *kmn* est *vue* sur la projection horizontale ainsi que le polygone μπρ et la ligne αβ; mais la projection verticale de cette face est *cachée*, ainsi que le polygone; seulement une partie de la ligne π'ρ' est *vue* au-dessus de la ligne μ'ω', parce que la partie antérieure du solide est enlevée; de même la ligne α'β' qui limite ce qui reste de la face se trouve *vue* sur la projection verticale parce qu'elle forme contour extérieur.

La face *lkm* est *cachée* sur la projection horizontale; le polygone ρσω tracé sur cette face devrait être caché, il se trouve *vu* parce qu'il forme le contour extérieur de la partie restante; le polygone θρβ est *caché*.

Sur la projection verticale, le polygone ω'σ'ρ' est *caché*, sauf une petite partie de σ'ρ' qui est au-dessus de ω'μ' et qui est *vue* à cause de l'enlèvement de la partie antérieure du solide ; le polygone β'δ'θ' devrait être *caché ;* une partie de la droite β'δ' est *vue* parce qu'elle forme contour du solide.

Tout le prisme est enlevé excepté les portions d'arêtes σπ,σ'π' et δε,δ'ε' qui sont dans la pyramide et qui limitent le creux fait dans le solide.

Sur la projection horizontale σπ est *vu*, parce que cette ligne joint deux points *vus ;* sa projection verticale est *cachée*.

Troisième mode de ponctuation. — Nous *représentons l'ensemble des deux solides*, considérés comme ne formant qu'un seul corps. (Fig. 190.)

Nous commençons ici par rechercher quelles sont les lignes vues des polygones d'intersection.

Prenons d'abord la projection horizontale.

Le côté αϛ est sur une face *vue* du prisme, et sur une face *vue* de la pyramide, il est *vu*.

αε et εθ sont dans le même cas et sont *vus*.

βδ est sur une face *vue* du prisme, mais il est sur la face *klm cachée* de la pyramide, donc il est *caché* puisque la pyramide existe ; il en est de même pour δθ.

Le polygone ωμπρ est sur deux faces *vues* de la pyramide, mais il est en même temps sur les deux faces *cachées* du prisme, donc le prisme est au-dessus de lui et il est *caché*.

Le polygone ωσρ est à la fois sur les faces *cachées* du prisme et de la pyramide, il est *caché*.

Conclusion. — Un côté du polygone d'intersection est *vu* lorsqu'il est l'intersection de deux faces *vues* en même temps sur les deux polyèdres, et est *caché* si l'une des faces qui le déterminent est *cachée*.

Passons aux arêtes :

L'arête *km* de la pyramide perce le prisme au point β situé sur une face vue, donc *k*β est vu ; ensuite l'arête pénètre dans le solide et en sort au point ρ situé dans une face *cachée*, elle est donc sous le prisme et *cachée* par lui jusqu'au point où elle dépasse son contour, et alors elle redevient *vue*.

193

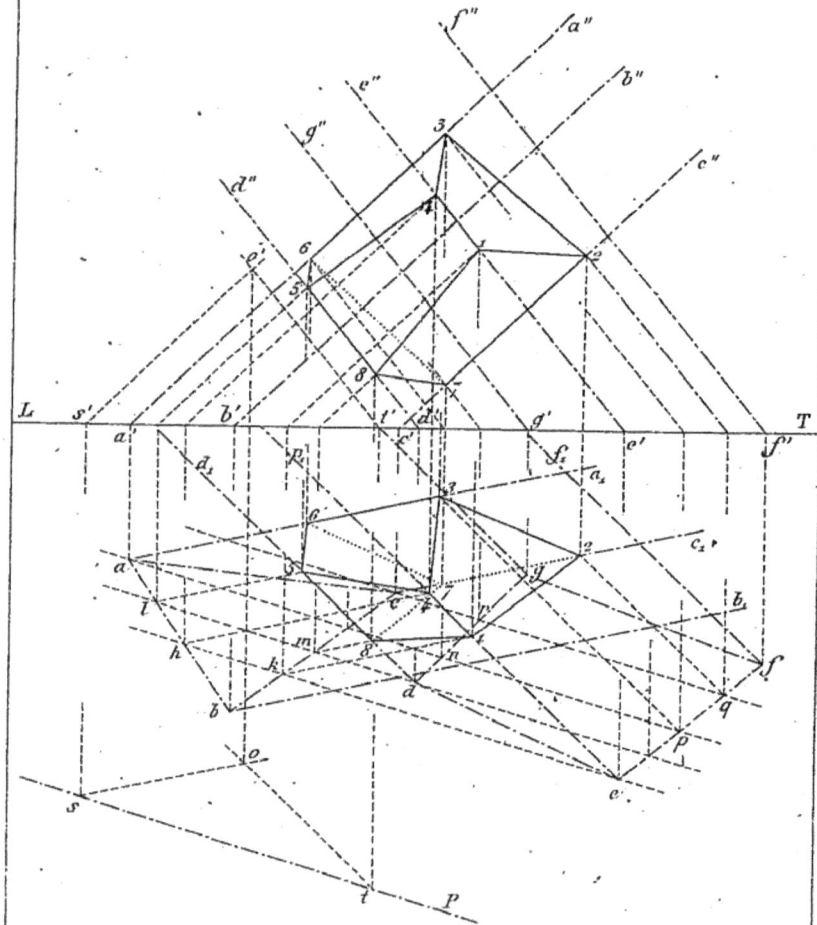

194

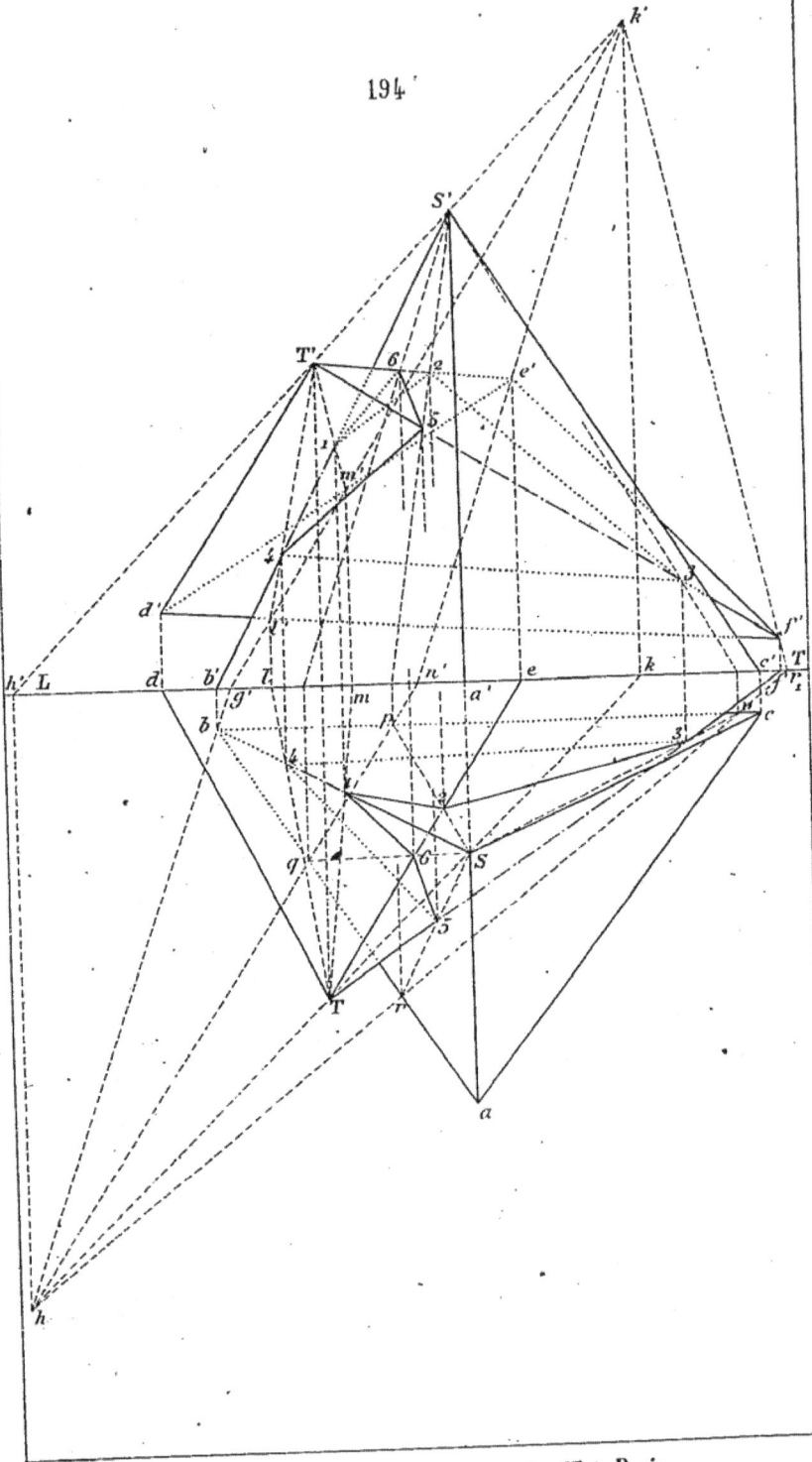

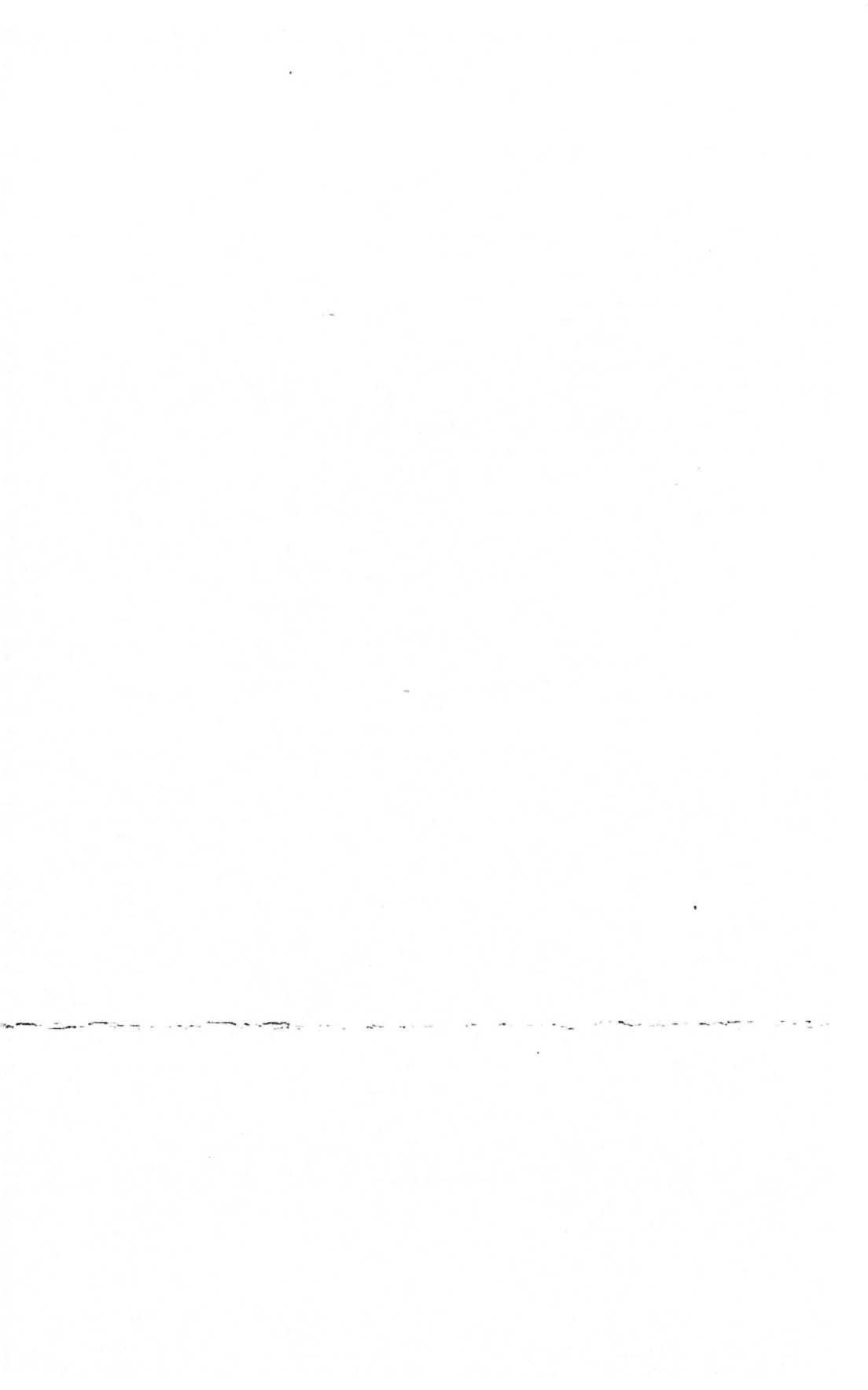

L'arête *kn* est *vue* pour les mêmes raisons jusqu'au point α, elle sort du prisme au point μ qui est *caché* et est *cachée* par le prisme jusqu'au point où elle dépasse son contour.

De même pour l'arête *kl*.

L'arête *dg* du prisme n'est pas coupée par la pyramide ; nous considérons la verticale qui passe par le point de rencontre φ des projections horizontales de *dg* et *km*. Cette verticale rencontre l'arête *k'm'* au point φ", et l'arête *d'g'* au point φ' qui est placé au-dessus ; par conséquent l'arête du prisme est au-dessus de la pyramide dans la partie où les projections horizontales se superposent et elle est *vue*.

On verra facilement que l'arête *be* est ainsi *vue*.

L'arête *af* entre dans la pyramide au point δ qui est dans une face *cachée ;* elle passe donc sous la pyramide, et est *cachée* à partir du point où elle croise le contour. Elle ressort au point ε dans une face *vue*, passe au-dessus de la pyramide et redevient *vue*.

La quatrième arête *ch* est entièrement *cachée*.

Nous ne répéterons pas le détail de ces distinctions que le lecteur devra faire lui-même pour la projection verticale.

Nous n'avons pas prolongé les arêtes dans l'intérieur du corps solide entre leurs deux points de rencontre. Nous ferons remarquer qu'on pourrait prolonger les arêtes d'un seul des deux corps au travers de l'autre, et représenter par exemple le prisme traversé par la pyramide ; mais les arêtes des deux corps ne peuvent exister simultanément dans la partie commune.

Quatrième mode de ponctuation. — *Représenter le solide commun aux deux corps ou la partie de l'un d'eux contenue dans l'autre.* (Fig. 191.)

(Le lecteur est prié de revenir à la figure 188 pour les intersections des polyèdres.)

Nous remarquons d'abord que les deux solides existant ensemble, les parties du polygone d'intersection vues et cachées se reconnaîtront comme dans le cas précédent, une intersection sera *vue* si elle est à la fois dans deux faces *vues*.

Sur la projection horizontale le polygone θεαβ sera *vu*.

Ensuite nous recherchons quelles sont les parties d'arêtes d'un solide contenues dans l'autre.

Les portions βρ, κμ, θω, des arêtes de la pyramide font partie du solide, elles sont vues dans la pyramide et comme la partie du prisme extérieure à ces arêtes est enlevée, elles restent *vues*. ..

La portion δε de l'arête *af* du prisme est dans la pyramide et fait partie du solide commun, cette arête *vue* dans le prisme le sera dans le solide.

La portion πσ de l'arête *ch* est dans le solide, mais elle est *cachée*.

Il n'y a plus qu'à compléter par des lignes pleines le contour extérieur du solide : le polygone ρπμω qui était caché sur les deux corps devient *vu* parce qu'il forme la limite du solide ; θδϛ devient aussi *vu* pour la même raison. Il est facile d'appliquer les mêmes raisonnements à la projection verticale, et nous engageons le lecteur à vérifier ainsi la ponctuation de la figure.

252. Cas particuliers. 1° Intersection d'un prisme et d'une pyramide. — Le prisme est un prisme quadrangulaire dont la base est le quadrilatère *defg* dans le plan horizontal, une des arêtes est *gk*, *g'k'*, et les autres sont parallèles. (Fig. 192.)

La pyramide a pour base le triangle *abc* dans le plan horizontal. Son sommet est en SS'.

Nous allons chercher les intersections des arêtes du prisme avec la pyramide, et pour cela nous ferons passer des plans auxiliaires par les arêtes du prisme et par le sommet de la pyramide.

Menons par le sommet de la pyramide une parallèle S'*m'* S*m* aux arêtes du prisme, soit *m* la trace horizontale de cette droite. Imaginons un plan passant par S*m* et par l'arête *dh* du prisme, ce plan aura pour trace la droite *md* qui croise la base de la pyramide aux points *u* et *v*. Ce plan passant par le sommet de la pyramide coupera les faces de ce polyèdre suivant des droites passant par le sommet, par conséquent suivant les droites S*u* et S*r* qui déterminent sur *dh* les points

5 et 8 qui sont les points de rencontre de l'arête *dh* avec la pyramide.

Le plan *mfqr* contient l'arête *fl* et coupe la pyramide suivant S*q* et S*r* qui déterminent sur *fl* les points 2 et 10.

Le plan *mexy* contient l'arête *ei* et coupe la pyramide suivant S*x* et S*y* qui déterminent sur *ei* les deux points 4 et 9.

Il est inutile de mener le plan dont la trace est *mg*. Ce plan ne coupe pas la pyramide, ce qui montre que l'arête *gk* ne rencontre pas ce polyèdre.

Nous nous contenterons de relever les projections verticales des points obtenus, sur les projections verticales correspondantes des arêtes.

Cherchons maintenant les intersections des arêtes de la pyramide avec le prisme.

Menons un plan par l'arête S*c*, S'*c'* et par la droite S*m*, S'*m'*. Ce plan passant par une parallèle aux arêtes du prisme coupera les faces du prisme suivant des parallèles aux arêtes.

La trace du plan est *mc* qui croise la base du prisme aux points *p* et *n*, le plan coupera le polyèdre suivant les deux droites *p*7 et *n*1, parallèles aux arêtes et qui déterminent sur S*c* les deux points 1 et 7.

Le plan *mb* contient l'arête S*b* et coupe le prisme suivant les droites *t*6 et *s*3 qui déterminent sur S*b* les points 6 et 3.

Nous relevons les projections verticales des points sur les projections verticales des arêtes.

Nous voyons encore que le plan dont la trace est *ma* ne rencontre pas le prisme, et par suite que l'arête S*a* ne donne pas de point d'intersection.

Nous obtenons ainsi très rapidement les points de rencontre de toutes les arêtes de chaque polyèdre avec les faces de l'autre, c'est-à-dire tous les sommets du polygone d'intersection.

Nous pouvons maintenant joindre ces points dans l'ordre convenable en raisonnant comme nous l'avons fait dans le cas général (250.)

Nous allons répéter ce raisonnement :

Nous partons de l'arête S*c* qui rencontre le prisme au

point 1 situé dans la face *gf*, ainsi que le montre la droite *n*1 qui a donné le point 1. L'arête S*c* est l'intersection de la face *a*S*c* et de la face *b*S*c*. Je cherche le point de rencontre de la droite S*b* avec le prisme, c'est le point 3 situé dans la face *ef*, ainsi que le montre la position de la droite S3 qui a donné le point 3. Nous voyons donc que la face *b*S*c* coupe la face *gf* et la face *fe* du prisme, donc elle est rencontrée par l'intersection *fl* de ces deux faces ; le point de rencontre est le point 2 qui est bien situé dans la face S*cb* puisque la droite qui fournit ce point est la droite S2*r*.

L'arête S*b* perce la face *ef* du prisme au point 3 ; cette arête est à la rencontre de deux faces, la face *b*S*c* dont nous venons de nous occuper, et la face *b*S*a* ; cherchons l'intersection de la face *b*S*a* avec le prisme. Or l'arête S*a* ne rencontre pas le prisme, le polygone ne passera pas sur cette ligne et se continuera par le point où l'arête *ei* du prisme va percer la face *b*S*a* ; c'est le point 4 ; le côté du polygone est 3,4. Nous allons continuer le raisonnement de la même manière, prendre l'intersection de l'arête *dh* du prisme avec *a*S*b* ; c'est le point 5 ; 4 5 est la ligne commune aux faces *a*S*b* et *deih*, etc. On verra alors que le polygone se referme au point 1 et qu'il n'y en a qu'un seul au lieu de deux que nous avions trouvés dans l'exemple précédent. On dit alors que l'intersection présente un *arrachement*.

Autre manière de déterminer l'ordre des points.

— On peut déterminer l'ordre dans lequel les points doivent être joints d'une manière plus commode en raisonnant comme il suit :

Imaginons un point mobile, se déplaçant à la fois sur les deux surfaces, de manière à décrire le polygone commun.

Nous plaçons le point de départ au point 1, choisi dans un des plans auxiliaires extrêmes qui sont le plan *mpnc* et le plan *mdxy*, et que nous appellerons *plans limites*. En même temps nous considérons les traces horizontales des lignes qui fournissent les points ; ainsi pour le point 1, ce sont les points *c* et *n*, et nous déplaçons ces traces d'un mouvement continu sur les bases des deux polyèdres.

Nous marchons sur le prisme dans le sens *nfed*.

Nous marchons sur la pyramide dans le sens crb.

Les points f et r donnent le point 2.

— b et s —   3.

— e et q —   4.

Le plan mey est un plan limite, et lorsque nous arrivons au point y nous devons rebrousser chemin sur la pyramide puisque la partie ya est en dehors de la partie commune. Mais nous continuons notre chemin sur le prisme et nous obtenons des points nouveaux.

Les points d et v nous donnent le point 5.

— t et b —   6.

— p et c —   7.

Nous sommes arrivés au plan limite $mpnc$, nous rebroussons chemin sur le prisme, et continuons sur la pyramide.

Les points d et u donnent le point 8.

— e et x —   9.

Revenus au plan limite mxq nous rebroussons chemin sur la pyramide et continuons sur le prisme.

Les points f et q donnent le point 10.

— n et c —   1.

Nous revenons donc au point de départ, le polygone est fermé, nous l'avons parcouru d'un mouvement continu, sans interruption, et sans jamais reprendre deux fois le même point.

Il n'y a qu'à joindre les points dans l'ordre des numéros. On donne aux points de la projection verticale les mêmes numéros d'ordre qu'aux points correspondants de la projection horizontale.

Nous ne nous arrêterons pas sur la distinction des parties vues et cachées. La figure est ponctuée dans l'hypothèse qu'on représente, ce qui reste de la pyramide après qu'on a enlevé la partie comprise dans le prisme, et le lecteur devra se reporter au paragraphe 251.

253. 2° Intersection de deux prismes. — La méthode consiste à faire passer par les arêtes de chacun des prismes des plans parallèles aux arêtes de l'autre. (Fig. 193.)

Le premier prisme a pour base dans le plan horizontal le quadrilatère $defg$; ses arêtes sont parallèles à dd_1, $d'd''$.

Le second prisme a pour base dans le prisme horizontal le triangle *abc* ; ses arêtes sont parallèles à aa_1, $a'a''$.

Nous prenons un point quelconque oo' et nous menons par ce point des parallèles $o's'$, os et $o't'$, ot aux arêtes des deux prismes. Elles déterminent un plan P dont la trace horizontale est *st*.

Nous menons par l'arête ee_1 un plan parallèle au plan P (102). Sa trace horizontale sera *ekh* parallèle à *st*, elle rencontre la base du second prisme aux points *k* et *h*, et le plan coupe le prisme suivant des parallèles aux arêtes passant par ces points. Ces parallèles déterminent sur l'arête ee_1 les points d'intersection 1 et 4.

On répétera la même construction pour toutes les arêtes des deux prismes :

Les plans limites sont le plan *ekh* et le plan *crq*.

On déterminera l'ordre dans lequel doivent être joints les points d'intersection en suivant l'une des méthodes que nous avons indiquées (250).

La distinction des parties vues et cachées se fera par les procédés que nous avons expliqués (251).

La figure est ponctuée de manière à représenter le *solide commun*.

254. 3° Intersection de deux pyramides. — L'une des pyramides a pour base le triangle *abc* dans le plan horizontal ; son sommet est au point SS'. La seconde pyramide a pour base le triangle $d'e'f'$ dans le plan vertical ; son sommet est au point TT'. Nous allons employer des plans auxiliaires passant à la fois par les deux sommets, c'est-à-dire contenant la ligne des sommets et menés successivement par les arêtes des deux pyramides ; nous serons obligés de nous servir à la fois des deux traces de la droite ST, S'T' (66) ; les traces verticales des plans auxiliaires passeront par le point k', trace verticale de cette ligne, leurs traces horizontales passeront par la trace horizontale *h*. Ainsi le plan contenant l'arête Te, T'e' aura pour traces $k'n'pqh$; il coupe la pyramide S suivant deux droites *p*S et *q*S qui déterminent sur l'arête Te, T'e' les points 2 et 6 dont nous relevons immédiatement les projections verticales. (Fig. 194.)

Tous les autres points s'obtiendront de la même manière. Les plans limites sont $k'g'bh$ passant par l'arête Sb, $S'b'$ et $k'f'zh$ passant par l'arête Tf, $T'f'$. L'ordre de jonction des points (250) et la distinction des parties vues et cachées (251) se règlent comme dans les cas précédents. La figure représente l'ensemble des deux solides.

Remarque. — Dans les exemples que nous avons choisis, nous avons toujours supposé que les bases étaient dans les plans de projection. Si les bases des solides étaient dans des plans obliques, il faudrait employer des plans auxiliaires déterminés de la même manière, mais on devrait construire les traces de ces plans auxiliaires sur les plans des deux bases. Le reste des constructions est identique à ce que nous avons fait.

POLYÈDRES RÉGULIERS

Nous admettrons qu'il n'existe que cinq polyèdres réguliers, et que tout polyèdre régulier est inscriptible et cir-
conscriptible à la sphère.

La démonstration de ces propositions se trouve dans les
traités de géométrie.

Nous allons nous proposer de construire les projections
des polyèdres réguliers.

TÉTRAÈDRE

255. Le tétraèdre est compris sous quatre faces qui sont
des triangles équi-
latéraux égaux.

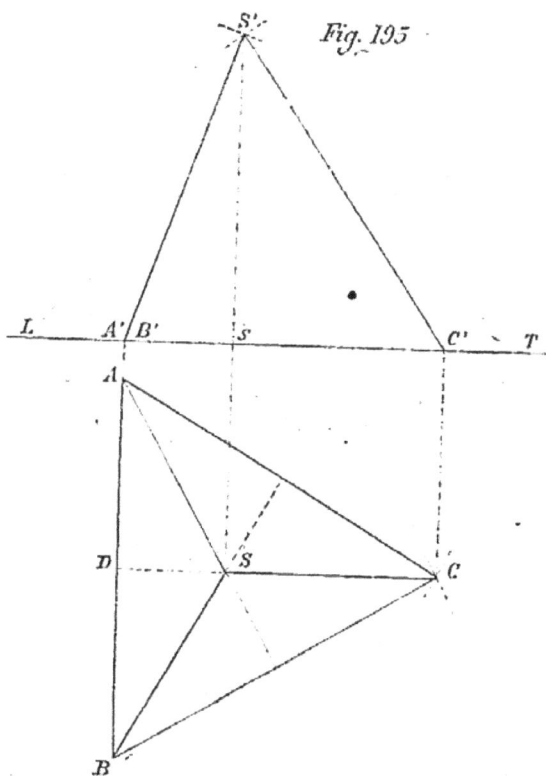

Plaçons une face
ABC dans le plan
horizontal, tout té-
traèdre qui aura
pour base le trian-
gle ABC et dont les
faces seront égales
entre elles, aura
son sommet projeté
au point S, centre
du triangle.

Nous allons dé-
terminer la cote du
point S par la con-
dition que le té-
traèdre soit régu-
lier.

Nous remar-
quons que SC est

la projection d'un côté du tétraèdre, c'est-à-dire d'une ligne qui doit être égale à AC ; par conséquent SC est le côté de l'angle droit d'un triangle rectangle dont la hauteur est l'autre côté et dont l'hypoténuse est égale à AC.

Nous prenons le plan vertical parallèle à SC, le triangle est S's'C' et S's est la cote du sommet, la projection verticale du tétraèdre est A'S'C'.

Remarquons que A'S' est la vraie grandeur de SD, c'est-à-dire de l'apothème du triangle équilatéral ASA, et par conséquent S'A' est égal à DC.

Exercices sur le tétraèdre régulier. — 1° On donne une droite Sa, S'a' située dans un plan de profil. Cette droite est la projection d'une arête d'un tétraèdre régulier. Le plan de profil qui contient la droite est un plan de symétrie du tétraèdre ; le tétraèdre est situé au-dessus de la droite. Construire les projections.

2° On donne une droite oblique par ses deux projections et deux points sur cette droite. La distance des deux points est la hauteur d'un tétraèdre régulier, et le plan qui projette horizontalement la droite est un plan de symétrie du tétraèdre. Construire ses deux projections.

HEXAÈDRE ou CUBE

256. Chacune des faces est un carré. La construction des projections lorsqu'une des faces est dans le plan horizontal est trop facile pour que nous nous y arrêtions.

Nous allons dessiner les projections du cube quand une de ses diagonales est verticale.

Cherchons d'abord la grandeur de cette diagonale.

Nous formons en *cab* un triangle rectangle isocèle, *cb* est la diagonale d'une face ; au point *c* nous menons une perpendiculaire égale au côté, et *db* est la diagonale. Nous la plaçons verticalement en *bd*, *b'd'* et nous construisons le rectangle *c'd'g'b'* égal au double de *dcb*. Ce rectangle, qui est la section du cube par un plan qui passe par la diagonale et un côté, représente en même temps ici la projection verticale du solide.

Remarquons que les trois arêtes qui se croisent au sommet $d'd$ sont également inclinées sur le plan horizontal, et font

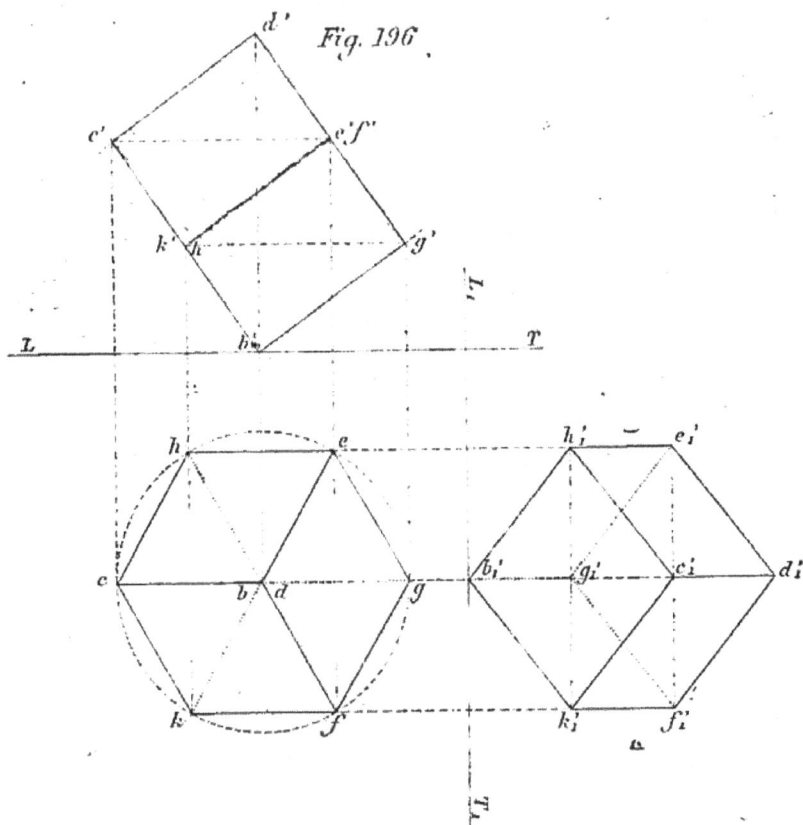

Fig. 196.

entre elles des angles égaux, leurs projections horizo ntales seront donc trois droites rayonnant du point d et faisant entre

Fig. 196 bis

elles des angles égaux, de plus elles seront égales entre elles.

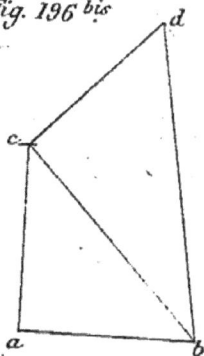

De même les trois arêtes partant du point $b'b$ auront pour projections horizontales trois droites égales, et égales aux trois arêtes issues du point d, faisant entre elles des angles égaux, l'arête $b'g'$ se projettera en bg sur le prolongement de l'arête cd, et par suite les autres arêtes se prolongeront réciproquement.

Donc les six sommets seront à égale distance du centre et sur des droites faisant entre elles des angles de 60°. La projection horizontale du cube est donc un hexagone régulier. Les sommets c' et g' se projettent en c et g, ce qui fait connaître la longueur des projections des arêtes, et en joignant les sommets deux à deux on a le contour du cube.

Le point $d'd$ est un point vu, ainsi que les trois arêtes issues de ce point sur la projection horizontale. Nous avons fait une projection verticale auxiliaire sur un plan vertical L_1T_1 perpendiculaire au premier, et nous avons obtenu un autre aspect de la projection du cube. Il est facile de distinguer les parties vues et cachées sur cette seconde projection.

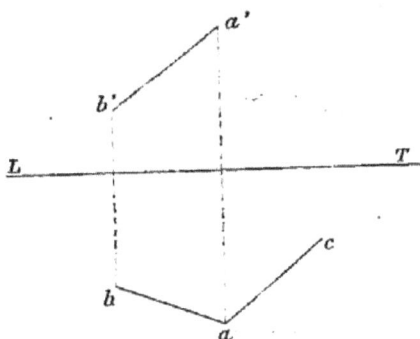

Fig. 196 ter

Exercice. — On donne par ses deux projections une droite limitée à deux points ab, $a'b'$. Cette droite est le côté d'un cube ; on donne la projection horizontale ac d'une seconde arête du cube. Construire les projections du solide.

OCTAÈDRE

257. L'octaèdre est le solide compris sous *huit* faces qui sont des triangles équilatéraux égaux.

Construisons un carré *bcde* dont le côté soit égal au côté donné de l'octaèdre, et menons les diagonales qui se coupent au point a. Cette figure peut être regardée comme la projection horizontale d'une pyramide quadrangulaire régulière dont nous allons déterminer la hauteur par la condition que chacun des triangles, tel que *acd* par exemple, soit la projection d'un triangle équilatéral. *ae* est donc le côté de l'angle droit d'un triangle rectangle dont l'hypoténuse est égale à *ed*, le troisième côté est la hauteur qui, par conséquent, est égale à *ad*.

Nous prenons un plan horizontal $d'b'$ à une cote égale à ad, les qua-

Fig. 197

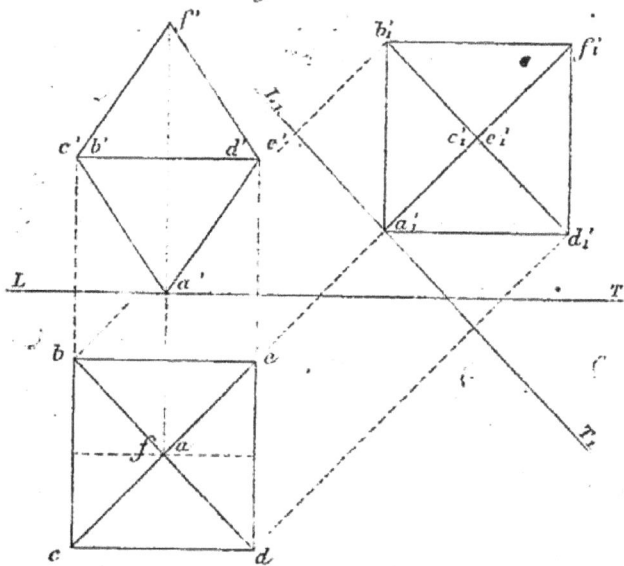

tre points $bcde$ sont projetés en $b'c'd'e'$, le sommet a en a' et la pyramide est formée; nous lui superposons une autre pyramide égale dont le sommet est en $f'f$, et nous avons ainsi un solide compris sous huit triangles équilatéraux.

Nous avons fait une projection verticale sur un plan L_1T_1 parallèle à la diagonale bd.

Nous observons que dans ce solide toutes les faces sont égales et parallèles deux à deux, mais que ces triangles égaux et parallèles sont disposés en sens inverse.

Tout plan passant par deux côtés adjacents coupe le solide suivant un carré.

Nous allons nous proposer de construire les projections du solide posé sur une de ses faces.

Ainsi on donne la face abc dans le plan horizontal. Nous plaçons un côté perpendiculaire au plan vertical. Considérons le carré adjacent au côté cb; son plan sera perpendiculaire au plan vertical, le côté du carré opposé à cb aura donc pour projection verticale un point qui se trouvera à une distance du point c égale au côté de l'octaèdre. Nous décrirons donc du point c' comme centre avec un rayon égal au côté un arc de cercle.

De plus, ce côté du carré forme avec le point a un triangle équilatéral, donc sa distance au point a est égale à l'apothème du triangle équilatéral; nous décrivons du point a

comme centre avec $a'c'$ comme rayon, un arc de cercle qui
coupe le premier au point
d', projection verticale du
côté du carré opposé à bc.
Le plan du carré a pour
trace verticale $b'd'$, et le
carré se projette horizontalement suivant $cdeb$. Le
côté dc est le côté d'un
triangle équilatéral, pa-
rallèle à cab, mais placé
en sens contraire; son
sommet est au point ff',
et il est facile alors de
compléter les contours du
polyèdre; le triangle fed
a sa projection horizon-
tale vue, le reste des parties vues et cachées s'en déduit immédiatement.

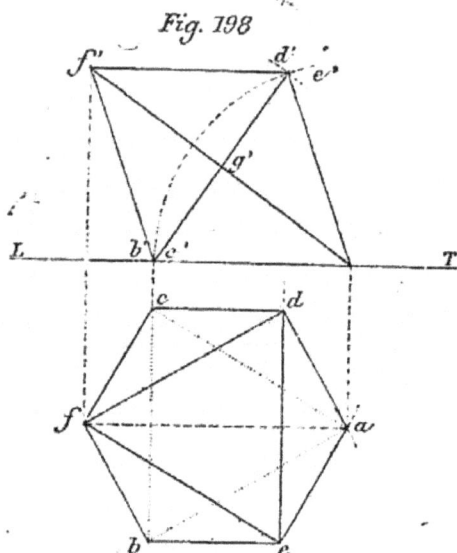

Fig. 198

Exercice. — On donne deux points par leurs projections, et la cote d'un troisième point qu'on déterminera par la
condition que le triangle formé par les trois points soit équilatéral. Construire sur ce triangle un *octaèdre régulier*.

DODÉCAÈDRE

258. Le dodécaèdre est le solide compris sous *douze* faces
qui sont des pentagones réguliers égaux. (Fig. 199.)

Nous plaçons une de ces faces $abcde$ sur le plan horizontal
un des côtés étant perpendiculaire au plan vertical.

Au côté ed est adjacent un pentagone que nous pouvons
supposer rabattu sur le plan horizontal, il coïncidera avec $abcde$,
et un sommet u sera rabattu en u_1.

De même, au côté cd correspond un pentagone qui, rabattu, se confondra avec $abcde$, et le sommet u se rabattrait
en u_2. Il faut relever le point rabattu en u_1 et u_2. Le point u_1
décrit le cercle u_1u situé dans un plan perpendiculaire

à ed (205); le point u_2 décrit le cercle u_2u situé dans le plan perpendiculaire à cd (205), l'intersection donne la projection horizontale u, et l'arête ud est évidemment dirigée suivant un rayon du cercle circonscrit au pentagone.

Nous pouvons déterminer la cote du point u : c'est le côté de l'angle droit d'un triangle rectangle dont $u\alpha$ est un autre côté et dont l'hypoténuse est αu_2, c'est donc uu' et l'angle $u\alpha u'$ est l'angle que fait avec le plan horizontal le plan du pentagone adjacent au côté cd (205).

L'arête partant du point c sera dirigée encore suivant le rayon et égale à du, ce qui nous donnera le point s. Il nous reste à déterminer le dernier sommet du pentagone. Ce sommet est à une distance de la base égale à l'apothème du pentagone, prenons sur $\alpha u'$ une longueur $\alpha t'$ égale à l'apothème, αt_1 sera la projection de l'apothème, le point t situé sur la perpendiculaire au milieu de dc sera le sommet cherché. Nous pouvons donc obtenir *cinq* pentagones, *udest*, *scbqr*, *bqpna*, *naexm*, *exvud*, groupés autour du pentagone horizontal.

Les sommets *usqnx* sont dans un même plan horizontal dont la cote est uu'.

Les sommets *trpmv* sont dans un plan horizontal dont la cote est t_1t'.

Nous verrons tout à l'heure que les dix sommets que nous venons de trouver sont sur une même circonférence.

Nous pouvons superposer à cette première couronne de *six* pentagones, *six* autres pentagones placés en sens inverse : ainsi *vu* et *ut* seraient deux côtés adjacents, les côtés *tk* et *vl* dirigés suivant des rayons et égaux à du formeraient avec *lk* un pentagone égal à l'un des pentagones construits, et l'on aurait les cinq pentagones *vlktu*, *vlfmx*, *mfgpn*, *pghrq*, *rhkts*, et enfin le pentagone horizontal *fghkl*, égal au pentagone de base, inscrit dans le même cercle, mais inversement placé ; ce pentagone est dans un plan horizontal dont la cote au-dessus des sommets *trpmv* est égale à la cote des points *usqnx* au-dessus du plan horizontal.

Il est donc facile de construire la projection verticale. Faisons la distinction des parties vues et cachées. Sur la projection horizontale, le pentagone supérieur *fghkl* est vu ainsi que les arêtes qui partent de ses sommets ; on complète alors le contour du polyèdre en plein, et tout le reste est caché.

Sur la projection verticale tout est vu, parce que il y a toujours deux pentagones qui ont même projection verticale.

Nous avons construit une projection auxiliaire sur un plan vertical $L_1 T_1$ perpendiculaire au premier et parallèle aux arêtes bc et fl. La figure offre une grande symétrie ; et la distinction des parties vues ne présente aucun embarras.

Nous avons dit que les sommets se projetaient sur le même cercle. En effet, le dodécaèdre est inscriptible dans une sphère; le centre est au milieu de la hauteur, et par suite à égale distance des deux plans horizontaux $p't'p'v'm'$ et $s'q'u'n'x'$, par suite ces plans déterminent dans la sphère des cercles égaux qui ont même projection horizontale.

Nous observerons encore que toutes les faces sont deux à deux parallèles, égales, mais disposées en sens inverse, que tous les sommets sont deux à deux sur des droites égales passant par le centre de la sphère circonscrite et partagées en ce point en deux parties égales. Toutes ces droites sont des axes ; l'un d'eux est projeté en vraie grandeur en $e'h'$.

258 *bis. Nous allons nous proposer de construire les projections d'un dodécaèdre dont un axe est vertical.* (Fig. 200.)

D'un même sommet partent trois arêtes qui font avec l'angle des angles égaux et qui se projettent sur le plan horizontal suivant trois droites ab, ac, ad faisant entre elles des angles de 120°.

Nous plaçons une de ces droites perpendiculaire à la ligne de terre.

Les extrémités b et c par exemple, de ces arêtes sont sur une même horizontale, puisque les droites sont égales et font des angles égaux avec le plan horizontal, donc leur distance est la vraie grandeur de la diagonale du pentagone qui forme une des faces du solide, nous connaissons le côté du dodécaèdre donné, nous pouvons donc construire ce pentagone et la diagonale, et placer la longueur trouvée entre les deux lignes ab et ac.

Soit bc la diagonale ; nous allons déterminer sa cote.

La distance $a\alpha$ est la projection de la distance du sommet à la diagonale, distance que nous pouvons connaître. (Nous avons fait la figure 200 avec les mêmes dimensions que la figure 199, en sorte que la diagonale bc de la figure 200 est égale à la diagonale fh de la figure 199, et la longueur $a\alpha$ est la projection de la longueur $g\gamma$.)

Nous construisons le triangle rectangle $a\alpha\alpha'$ dans lequel $a\alpha'$ est égal à $g\gamma$ (fig. 199) ; $\alpha\alpha'$ est la cote de bc, et l'angle $\alpha a\alpha'$ est l'angle du pentagone dont la face est bac avec le plan horizontal.

Nous prenons la longueur $a\beta'$ égale à l'apothème du pentagone ; la longueur $\beta\beta'$ sera la cote du côté opposé au sommet a, et ce côté qui est horizontal se projette sur le plan horizontal suivant $e\beta f$.

Nous obtenons donc les trois pentagones qui ont leurs sommets au point a, et nous pouvons construire les projections verticales des sommets.

Les trois pentagones sont : $abefc$, $a'b'e'f'c'$; $acghd$, $a'c'g'h'd'$, $adklb$, $a'd'k'l'b'$.

Nous considérons l'extrémité de l'axe opposée au point a. Nous avons en ce point trois arêtes parallèles aux arêtes inférieures, dirigées en sens inverse et qui se projettent horizontalement suivant xm, xn, xp, égales aux précédentes, sur lesquelles nous établissons trois pentagones égaux aux premiers et dont les projections horizontales sont : $xmqrp$, $xpstn$, $xnuvm$. Si nous menons ensuite les lignes ev, fq, vg, sh, kt, lu, nous obtiendrons la projection horizontale du dodécaèdre.

Considérons le pentagone $efqmv$ et cherchons la cote du point m au-dessus du plan horizontal qui contient l'arête ef.

La longueur βm est la projection de l'apothème du pentagone, par conséquent si nous construisons le triangle rectangle $\beta m\delta$ dans lequel l'hypoténuse $m\delta$ est égale à l'apothème, $\delta\beta$ sera la cote du sommet m, et par suite celle des sommets n et p au-dessus du plan horizontal passant par ef.

Les trois pentagones supérieurs sont parallèles aux trois inférieurs, nous pouvons construire les cotes de leurs sommets. Nous prenons au-dessus du plan horizontal $m'n'p'$ une cote $m'x'$ égale à la cote $\alpha\alpha'$, nous avons le sommet supérieur x' ; nous prenons au-dessous du plan $m'n'p'$ une cote égale à la

199

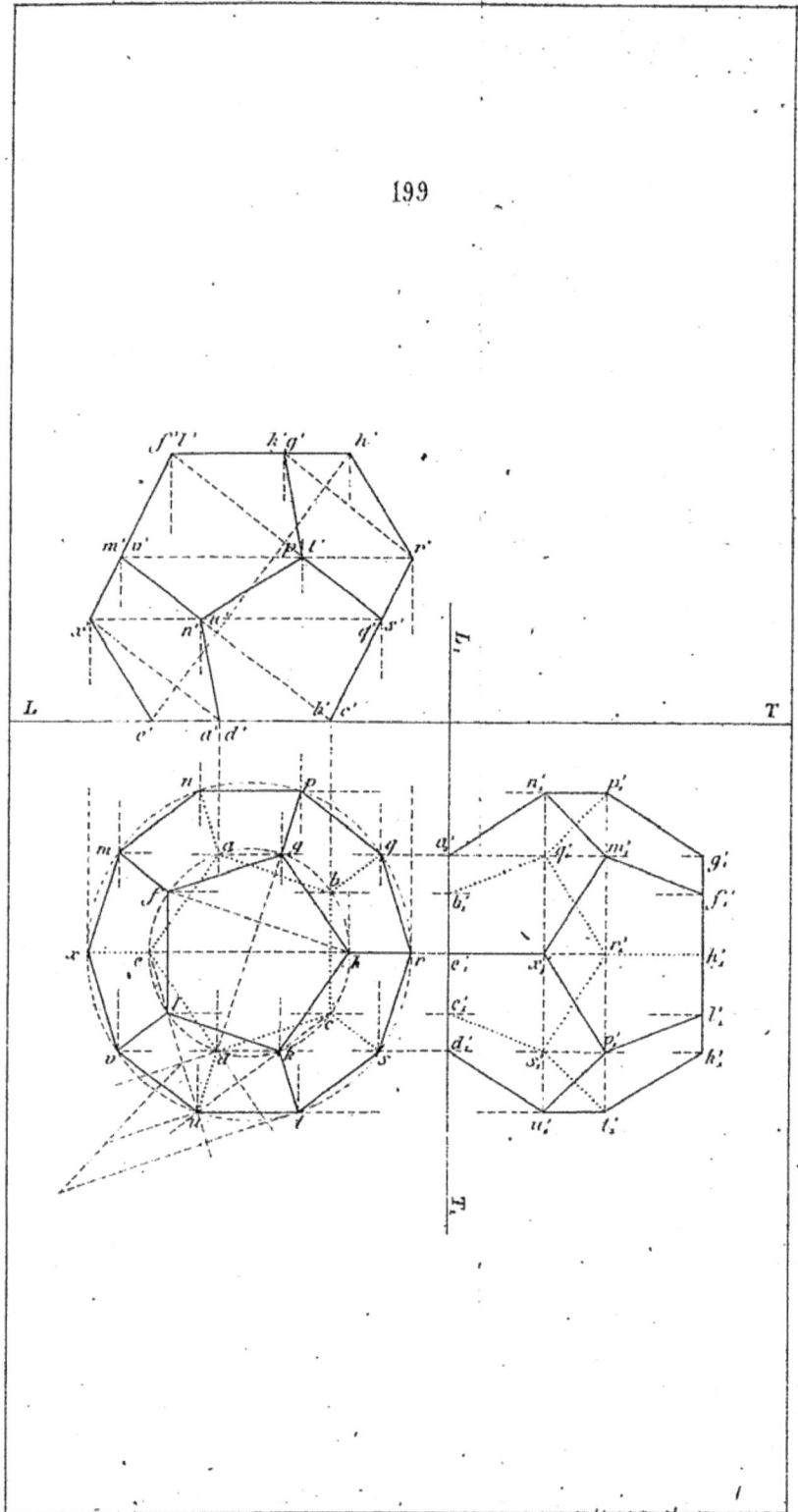

200

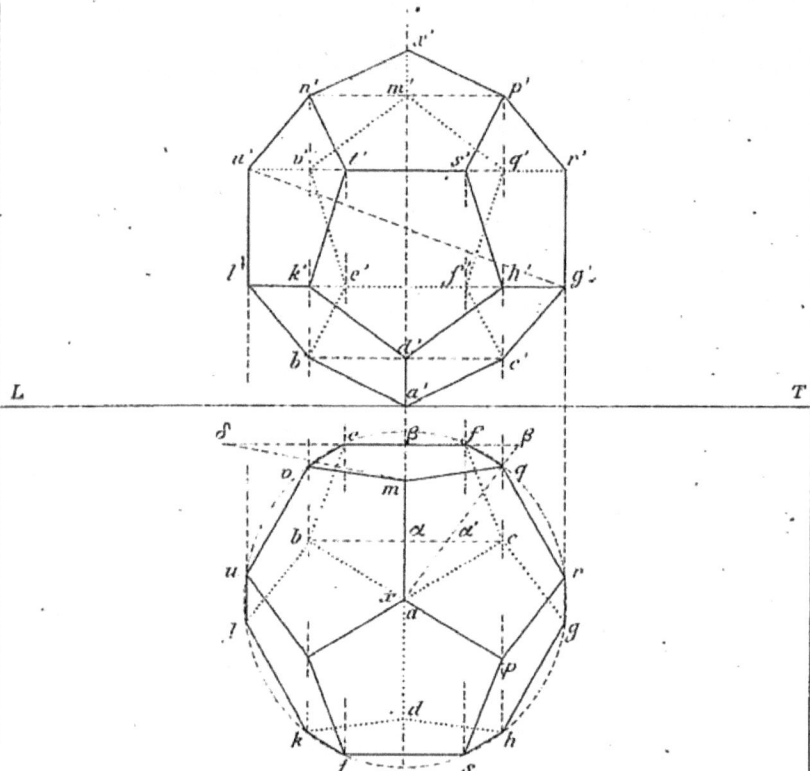

Librairie CH. DELAGRAVE. 15 .rue Soufflot , Paris.

différence $\varsigma\varsigma'-\alpha\alpha'$, nous avons le plan horizontal dans lequel sont placés les sommets *qrstuv*.

Il est donc facile d'achever la projection verticale.

La ponctuation de la figure ne présente aucune difficulté.

Exercice. — On donne trois points par leurs projections.

Construire les projections d'un dodécaèdre régulier dont un des points donnés est un sommet, et dont une des faces est le pentagone inscrit dans le cercle passant par les trois points.

ICOSAÈDRE

239. L'icosaèdre régulier est le solide compris sous vingt faces égales qui sont des triangles équilatéraux. (Fig. 201.)

On donne le côté du triangle équilatéral.

On peut en déduire le rayon du cercle sur lequel serait inscrit un pentagone régulier ayant pour coté la longueur donnée.

On trace donc le cercle et l'on inscrit le pentagone *bcdef* (nous plaçons un des côtés *cd* perpendiculaire au plan vertical). La figure est la projection horizontale d'une pyramide régulière, et nous déterminons la hauteur de la pyramide par la condition que chacun des triangles, tel que *cad*, soit la projection d'un triangle équilatéral.

Le côté *af* est parallèle au plan vertical, décrivons du point *a'* comme centre avec un rayon égal au côté *fb* un arc de cercle qui déterminera le point *f'* sur la verticale du point *f*, les sommets *bcde* auront la même cote.

Traçons un pentagone inscrit dans le même cercle que le premier et disposé en sens inverse, ses sommets étant au milieu des arcs soutendus par les côtés du premier en *ghklm* ; puis joignant les sommets des deux pentagones, nous formons dix triangles *bgc*, *bgm*, *bmf*, *mfl*, etc., égaux ; déterminons la cote du point *h* par la condition que le triangle *chd* soit la projection d'un triangle équilatéral dont *cd* est le côté :

hs sera la projection de l'apothème de ce triangle : or nous avons cet apothème en vraie grandeur en $c'a'$; du point c' comme centre avec $c'a'$, comme rayon nous décrivons un arc qui coupe en h' la verticale du point h ; si nous plaçons les sommets *hgklm* dans le plan horizontal ainsi obtenu nous formons dix triangles équilatéraux, égaux à ceux dont se compose la pyramide inférieure. Au-dessus de ce second plan horizontal nous prenons sur la verticale du point a une hauteur égale à la cote des points $b'c'd'e'f'$; nous obtenons le point p' qui est le sommet d'une pyramide pentagonale régulière dont la face est *ghklm*. Nous avons ainsi constitué le solide compris sous vingt faces triangulaires.

Nous avons fait une projection auxiliaire sur un plan vertical L_1T_1, parallèle à l'un des côtés du pentagone de base ; la figure est plus symétrique que dans la première projection.

Nous observons encore que les sommets sont situés deux à deux sur des droites égales passant par le centre de la sphère circonscrite et qui sont des axes du solide ; les faces sont deux à deux parallèles, mais les triangles sont disposés en sens inverse.

259 *bis*. Nous allons maintenant construire une *projection de l'icosaèdre sur le plan d'une de ses faces.*

Nous plaçons la face *abc* donnée dans le plan horizontal, une des arêtes perpendiculaire à la ligne de terre.

Nous considérons la pyramide pentagonale qui a son sommet au point a et dont un des côtés est *bc*. Nous allons construire le plan du pentagone qui est la base de cette pyramide.

Ce pentagone rabattu sur le plan horizontal autour de *bc* se rabattra suivant $be_1d_1f_1c$. Le point d_1 en se relevant décrira un cercle dont le rayon est d_1q et projeté en vraie grandeur sur le plan vertical suivant le cercle décrit du point b' comme centre avec $b'd_1$, comme rayon (205). Mais le sommet d viendra à une distance du point a égale au côté de l'icosaèdre ; par conséquent nous décrivons de a' comme centre avec le côté de l'icosaèdre comme rayon, un arc qui coupe le premier au point d' qui est la projection verticale du point d, et nous en déduisons sa projection horizontale.

Le plan du pentagone a pour trace verticale $d'b'$.

La droite $e_1 f_1$, qui a pour projection verticale e'_1 vient se placer dans ce plan en $e'f'$, ef.

La projection horizontale du pentagone relevé est donc $bedfc$, nous joignons le point a, a' aux différents sommets.

Construisons le centre de la sphère circonscrite au solide : nous prenons le centre ω du triangle abc, nous élevons une verticale par ce point, cette verticale est un lieu du centre de la sphère ; nous menons le plan perpendiculaire au milieu de ad, $a'd'$; la trace verticale de ce plan sera $\alpha'\omega'$ perpendiculaire au milieu de $a'd'$: ce plan est un second lieu du centre de la sphère, le centre de la sphère est donc le point ω', ω.

Si nous prenons les points symétriques des six sommets obtenus par rapport à ce centre, nous aurons les six autre sommets de l'icosaèdre.

Le triangle lkm, $l'k'm'$ est horizontal comme parallèle à abc. Il est entièrement *vu* sur la projection horizontale, il est facile de déduire de ce fait la disposition des parties vues et cachées.

Exercice. — On donne deux points par leurs projections, et la cote d'un troisième point qu'on déterminera par la condition que le triangle formé par les trois points soit équilatéral. Construire sur le triangle un icosaèdre régulier.

DES OMBRES

260. Ombre d'un point. — On considère un point a, a et une droite RR', on mène par le point une parallèle à la droite et l'on cherche ses traces. Si la droite RR' est la direction d'une série de rayons parallèles, le point A_h sera l'*ombre* du point a, a'. Les plans de projection étant supposés opaques, la trace verticale A_v de la droite sera l'ombre du point aa', en supposant que le rayon ait d'abord traversé le plan horizontal, ce sera une *ombre virtuelle*.

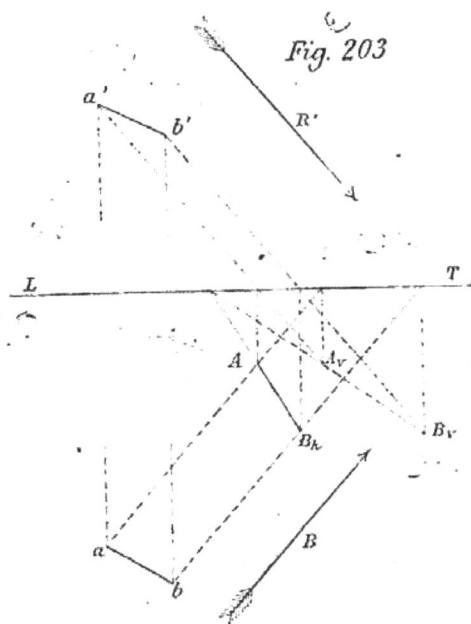

La droite RR' pourrait être assujettie à passer par un point fixe. On mènera alors par aa' et par le point une droite; les traces de cette droite seront les ombres du point éclairé par des rayons convergents.

261. Ombre d'une droite. — Considérons un autre point $b'b'$, on trouvera de même son ombre réelle B_h, son ombre virtuelle B_v et la droite $A_h B_h$ sera l'*ombre réelle* de la droite ab, $a'b'$; c'est la trace du plan mené par cette droite parallèlement à RR'. L'ombre $A_v B_v$ sera l'ombre virtuelle, et ces deux droites étant les traces sur les deux plans de projec-

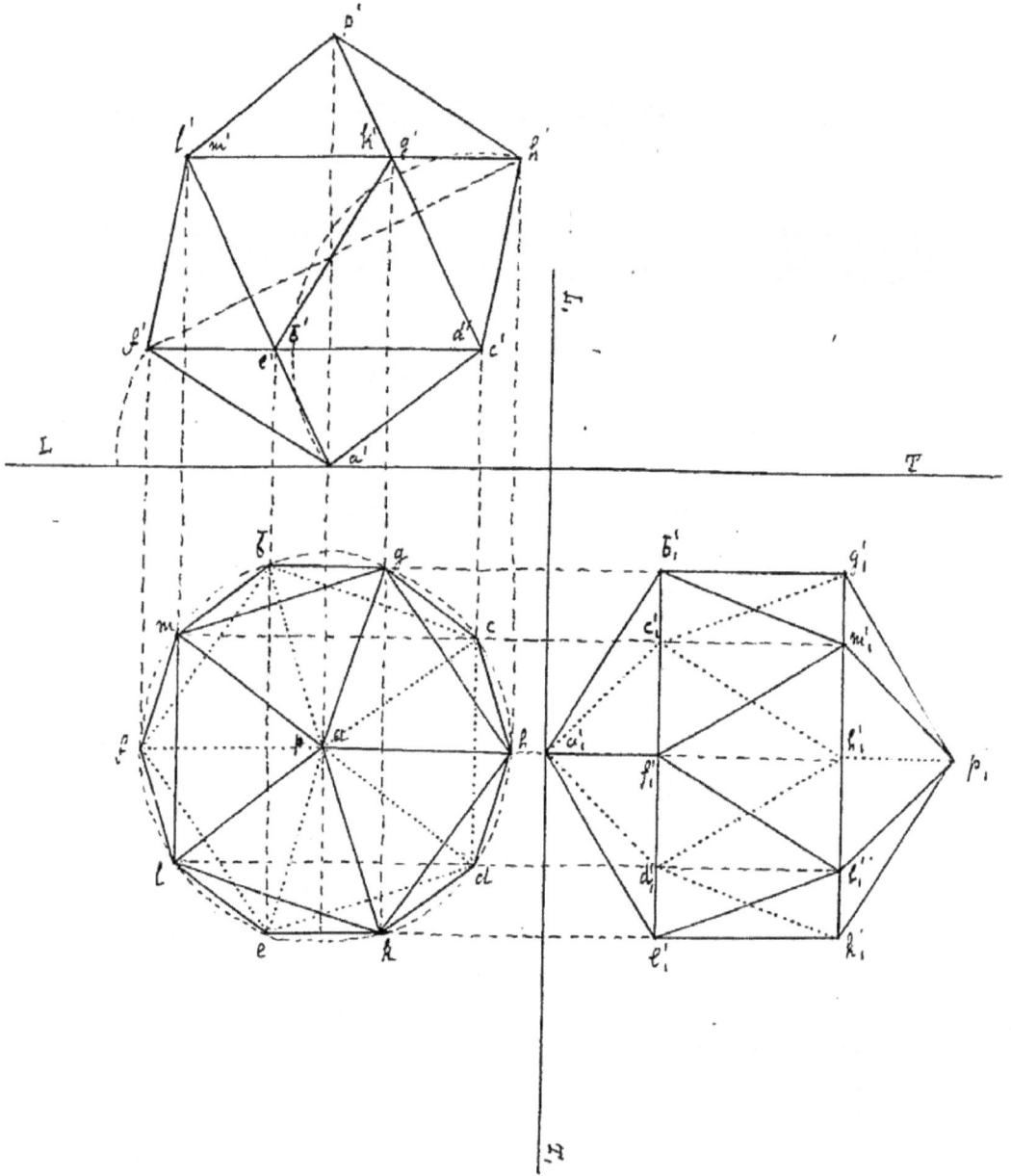

201.

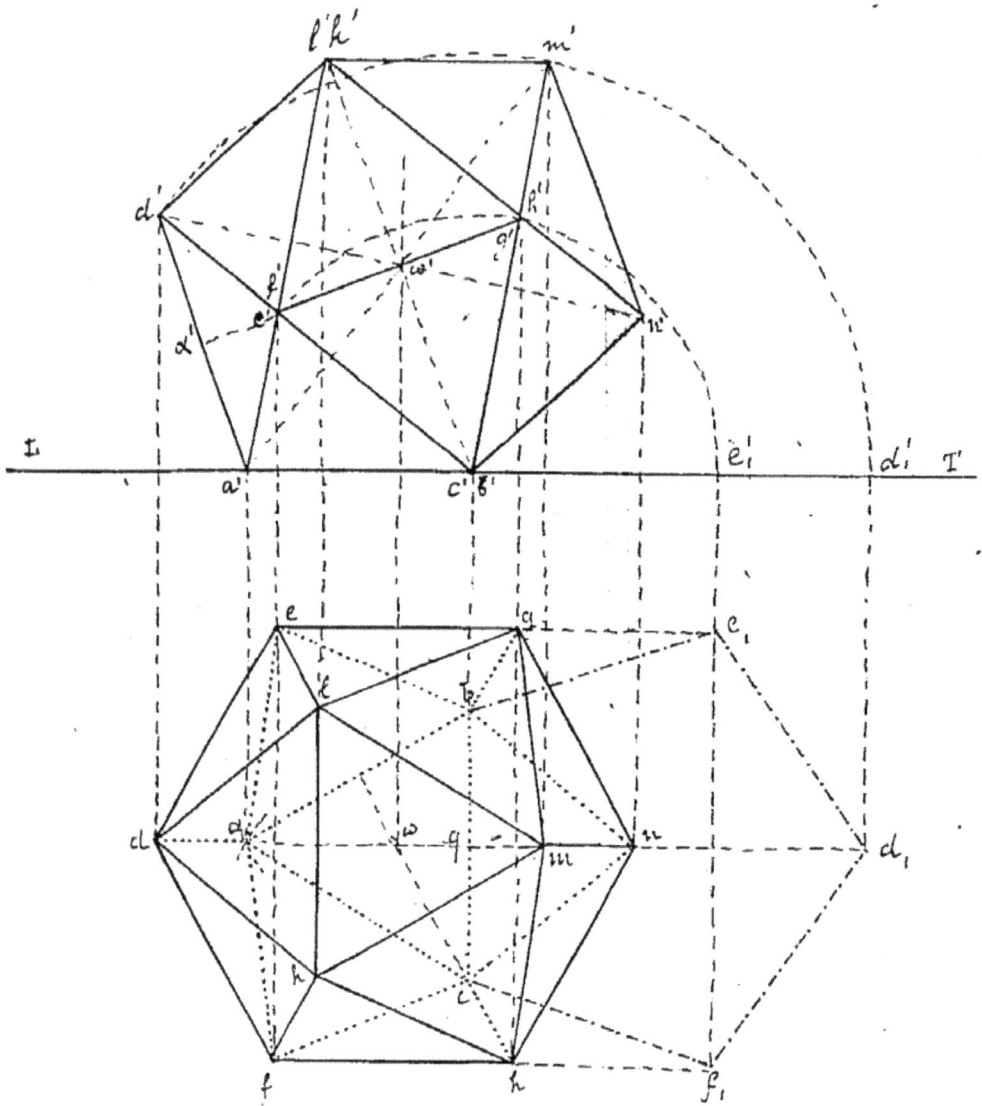

202.

tion du plan mené par ab, $a'b'$ parallèlement à R R', doivent se couper en un même point de la ligne de terre.

L'ombre est la projection oblique de la droite, les projetantes étant parallèles à RR'.

Il est inutile de répéter tout le raisonnement pour montrer que l'ombre de la droite éclairée par un point lumineux, c'est-à-dire par des rayons convergents, est la trace du plan mené par la droite et par le point.

Il peut arriver que A_h soit réelle et B_h virtuelle ; alors l'ombre est réelle jusqu'au point α où elle rencontre la ligne de terre, elle est virtuelle dans l'autre partie. Au contraire, l'ombre sur le plan vertical A_vB_v est réelle du point B_v au point α, et virtuelle au delà.

L'ombre de la droite ab, a'b' est donc la ligne brisée $A_h\alpha B_v$ que nous avons tracée en traits pleins sur la figure; les prolongements doivent être mis en traits mixtes.

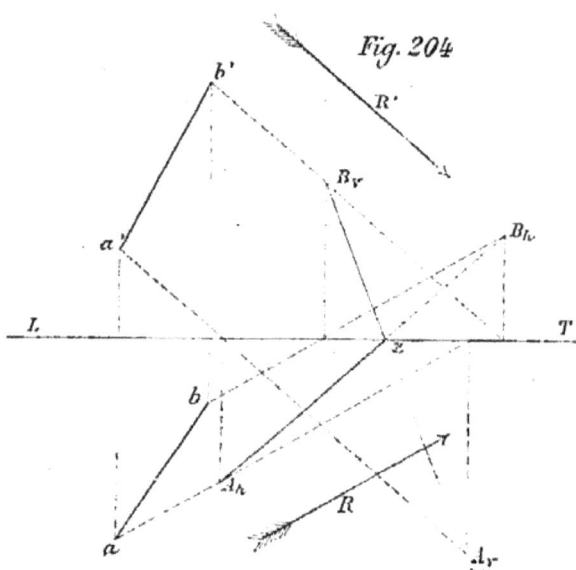

Fig. 204

Lorsqu'on a les traces de la droite dont on cherche l'ombre, les traces sont évidemment leur ombre à elles-mêmes, et font partie des ombres de la droite sur les plans de projection; cela est d'ailleurs une conséquence de ce que l'ombre est formée par les traces d'un plan passant par la droite, et par suite les traces du plan doivent contenir les traces de la droite.

L'ombre portée par une droite sur un plan ou sur une surface quelconque est l'intersection du plan mené par la droite parallèlement aux rayons avec le plan ou avec la surface.

Tout ce que nous venons de dire s'applique exactement

au cas où les rayons, au lieu d'être parallèles, sont des rayons qui divergent d'un point.

261 *bis*. Droite parallèle à un plan de projection. — Si l'on considère une droite parallèle à un plan de projection, la trace sur ce plan de projection d'un plan passant par la droite, sera parallèle à cette droite, et si les rayons sont parallèles la longueur de l'ombre sera évidemment égale à la longueur de la droite.

261 *ter*. Ombre d'un polygone. — On obtiendra l'ombre d'un polygone en construisant les ombres de ses dif-

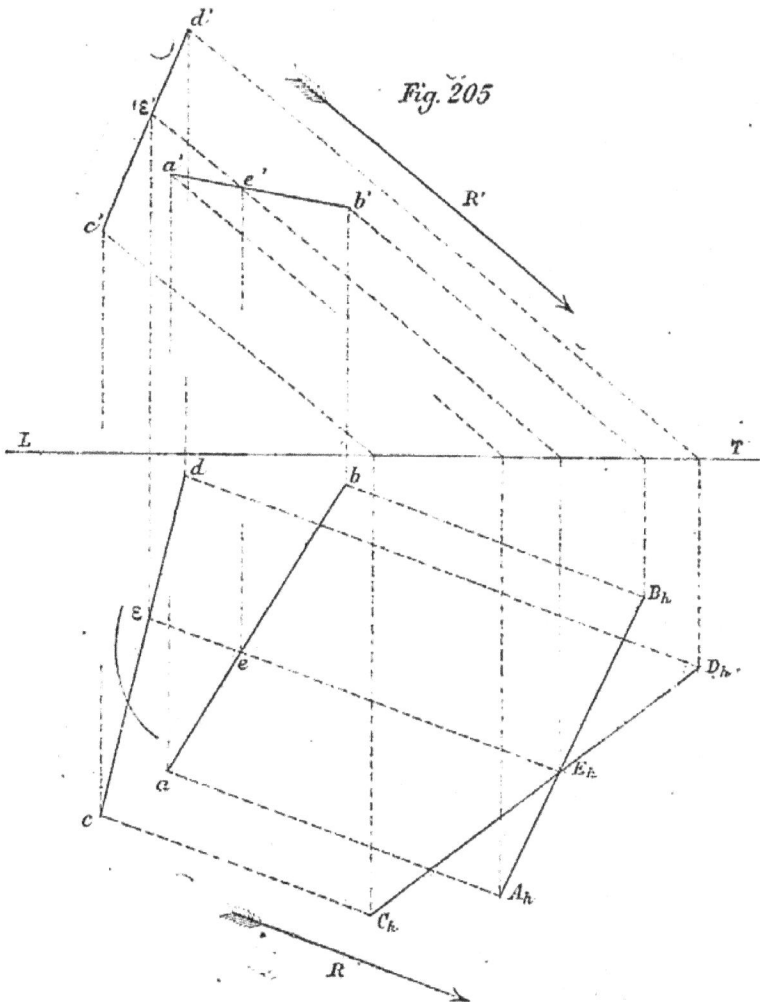

Fig. 205

férents sommets. Les rayons passant par ces sommets formeront un prisme ou une pyramide d'ombre selon que les rayons sont parallèles ou divergents. Si le polygone est parallèle au plan de projection, l'ombre par rayons parallèles sera égale au polygone, l'ombre par rayons divergents lui sera semblable.

262. Ombre portée par une droite sur une autre. — On donne deux droites ab, $a'b'$ et cd, $c'd'$, on les éclaire par des rayons parallèles à RR', et l'on demande de trouver l'ombre portée par la droite cd sur la droite ab : c'est-à-dire de trouver le point de rencontre du plan mené par la droite cd parallèlement à RR' avec la droite ab. On cherche alors les ombres des deux droites (261), on trouve A_hB_h et C_hD_h qui se coupent en E_h : Il y a donc un rayon E_he qui rencontre la droite ab en e et la droite cd en ε. Ce rayon qui rencontre à la fois les deux droites est une droite du plan d'ombre mené par cd ; son intersection avec ab au point e est donc le point

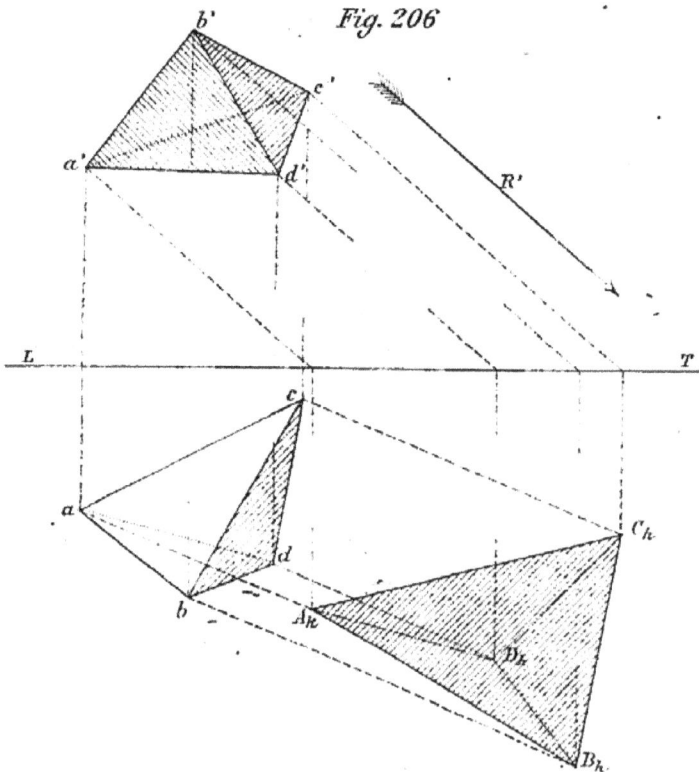

Fig. 206

de rencontre de la droite et du plan, c'est-à-dire l'ombre de *cd* sur *ab*. D'ailleurs c'est le point εε′ de *cd* qui porte ombre en *e* sur *ab*.

La même construction s'applique évidemment au cas d'un point lumineux.

263. Ombre d'un corps solide. Polyèdre. —

Considérons maintenant un polyèdre, un tétraèdre par exemple, donné par ses deux projections *abcd*, *a′b′c′d′*. Cherchons les ombres des sommets ; ce sont les points ABCD (260), et en joignant les points deux à deux, nous avons les ombres des arêtes. On voit alors que le contour ABC est le contour utile de l'ombre, le point D tombe dans l'intérieur de ce contour, en sorte que les ombres AD, DB, CD, sont inutiles.

Mais quand on doit ainsi trouver l'ombre d'un polyèdre, il faut s'efforcer de reconnaître comment le rayon glisse sur le corps de manière à ne pas construire des ombres inutiles.

Nous prenons pour exemple un dodécaèdre donné par ses deux projections. (Fig. 207.)

Nous commençons par chercher un sommet qui donne une ombre utile. La disposition de la figure permet de juger à première vue que le rayon qui passe par le point *aa′* et qui porte son ombre A_v touchera extérieurement le solide sans le pénétrer ni avant ni après le point de contact ; le point *aa′* sera un point de la ligne de séparation d'ombre et de lumière sur le dodécaèdre, le point A_v un point d'ombre utile. S'il y avait doute on couperait le solide par un plan vertical parallèle au rayon et passant par le point *aa′*. Ce plan couperait le solide suivant un polygone, et l'on verrait quels sont les rayons extrêmes situés dans le plan et ayant un seul point commun avec le solide.

La droite *ab*, *a′b′* est ici perpendiculaire au plan vertical et son ombre est A_vB_v ; arrivé au point *bb′*, le rayon peut suivre l'arête *bp* ou *bc*, mais il est évident que le rayon passant par le point *pp′* traversera immédiatement le solide, donc le rayon suit *bc* dont l'ombre est B_vC_v ; arrivé au point *c,c′*, le rayon peut suivre l'arête *cs* ou l'arête *cd*, s'il suivait *cs* il est clair qu'au point *s* en particulier, le rayon devrait avoir traversé d'abord le solide pour passer par ce point; donc le point s,s' n'est pas un point de la ligne de séparation et le rayon doit suivre l'arête cd, $c'd'$. Cette arête a pour ombre C_vD_v, réelle jusqu'au point α, mais qui se brise au point α pour se retourner sur le plan horizontal suivant αD_h; arrivé au point d,d' le rayon pourrait suivre dt ou de, il est clair qu'il doit suivre de, $d'e'$, et sans répéter le même raisonnement il est facile de voir qu'il parcourt ef, $e'f'$, puis fg, $f'g'$, ensuite gk, $g'k'$; l'ombre de gk, $g'k'$ est G_hK_h qui coupe la ligne de terre au point ς et se recourne en ςK_v. Le rayon parcourt ensuite kl, lm, et revient enfin au point aa'.

La ligne de séparation d'ombre et de lumière ou la *séparatrice* est donc $abcdefgklm. — a'b'c'd'e'f'g'k'l'm'$. Les arêtes ainsi déterminées sont situées entre une face obscure et une face éclairée.

On voit que l'ombre portée est l'ombre de la séparatrice, on pourrait donc construire les ombres de toutes les arêtes du polyèdre, et examinant quelles sont celles dont les ombres forment le contour extérieur de l'ombre portée, on aura les arêtes qui constituent la séparatrice.

264. Ombre d'une droite sur un polyèdre. —

On considère une pyramide qui a pour base $cdefg$ dans le plan horizontal, son sommet est au point SS′; et une droite ab, $a'b'$ donnée par ses deux projections. (Fig. 208.)

Nous éclairons l'ensemble par des parallèles à une direction RR′.

Pour obtenir l'ombre de la pyramide nous cherchons l'ombre S_h de son sommet et nous joignons cette ombre aux traces des arêtes; le contour extérieur de l'ombre est formé par les ombres extérieures S_hd et S_hf; par conséquent les arêtes Sd, $S'd'$ et Sf, $S'f'$ constituent la séparatrice.

Nous construisons l'ombre de la droite (261), le point a est la trace horizontale, le point b,b' fait son ombre en B_h et l'ombre de la droite est aB_h, qui coupe les ombres des arêtes aux points $l_1m_1k_1r_1$ que nous ramenons sur les droites par des parallèles au rayon en $lmkr$; le plan d'ombre de la droite dont la trace est aB_h rencontre la base de la pyramide aux points p et q qui appartiennent à l'ombre portée dont le con-

tour est *prklmq*. Il faut observer que les ombres des arêtes-
noyées dans l'ombre générale doivent être représentées en
traits mixtes, de même que les lignes *lm*, *l'm'* et *lq*, *l'q'* qui
sont tracées sur des faces entièrement ombrées.

Les parties d'ombre propre ou portée utiles mais cachées,
telles que *pr*, la partie *ft* et *k'l'* doivent être représentées en
points ronds.

Remarque. — Si la droite est perpendiculaire à l'un
des plans de projection, au plan horizontal par exemple, le
plan d'ombre sera le plan vertical passant par la droite et
dont la trace sera parallèle à la projection horizontale du
rayon. Les points de rencontre des arêtes avec ce plan se
relèveront simplement en projection verticale.

**265. Ombre portée par deux polyèdres l'un
sur l'autre.** — C'est l'intersection d'un des polyèdres avec
le prisme ou la pyramide d'ombre qui s'appuie sur la séparatrice de l'autre. C'est donc l'intersection de deux polyèdres,
et l'on peut appliquer les constructions que nous avons indiquées d'une manière générale (250-254). Cependant on peut
employer la méthode des projections obliques qui conduit souvent à des tracés plus simples. Nous prenons pour exemple le
dodécaèdre construit sur la figure 199 ; et nous traçons un
polygone que nous prenons horizontal 1.2.3.4.5.6., 1'2'3'4'5'6'
qui sera la base d'un prisme oblique parallèle à RR'. (Fig. 200.)

Ce polygone représente la séparatrice d'un second polyèdre, cette séparatrice ne serait pas, en général, un polygone plan ; mais, ainsi qu'on le verra, la nature de ce polygone
est indifférente. Nous figurons l'ombre portée par le dodécaèdre sur le plan horizontal, en construisant les ombres de
toutes ses arêtes (263) ; l'ombre de la séparatrice du second
polyèdre est le polygone 1.2.3.4.5.6. Quelle que soit cette séparatrice, on obtiendra toujours un polygone dans le plan
horizontal.

Nous remarquons que l'ombre AB du côté *ab*, *a'b'* est croisée au point α₁ par l'ombre du côté 23 ; donc il y a une parallèle au rayon qui s'appuie sur les deux lignes ; et le côté 23
porte ombre au point α situé à la rencontre de cette parallèle

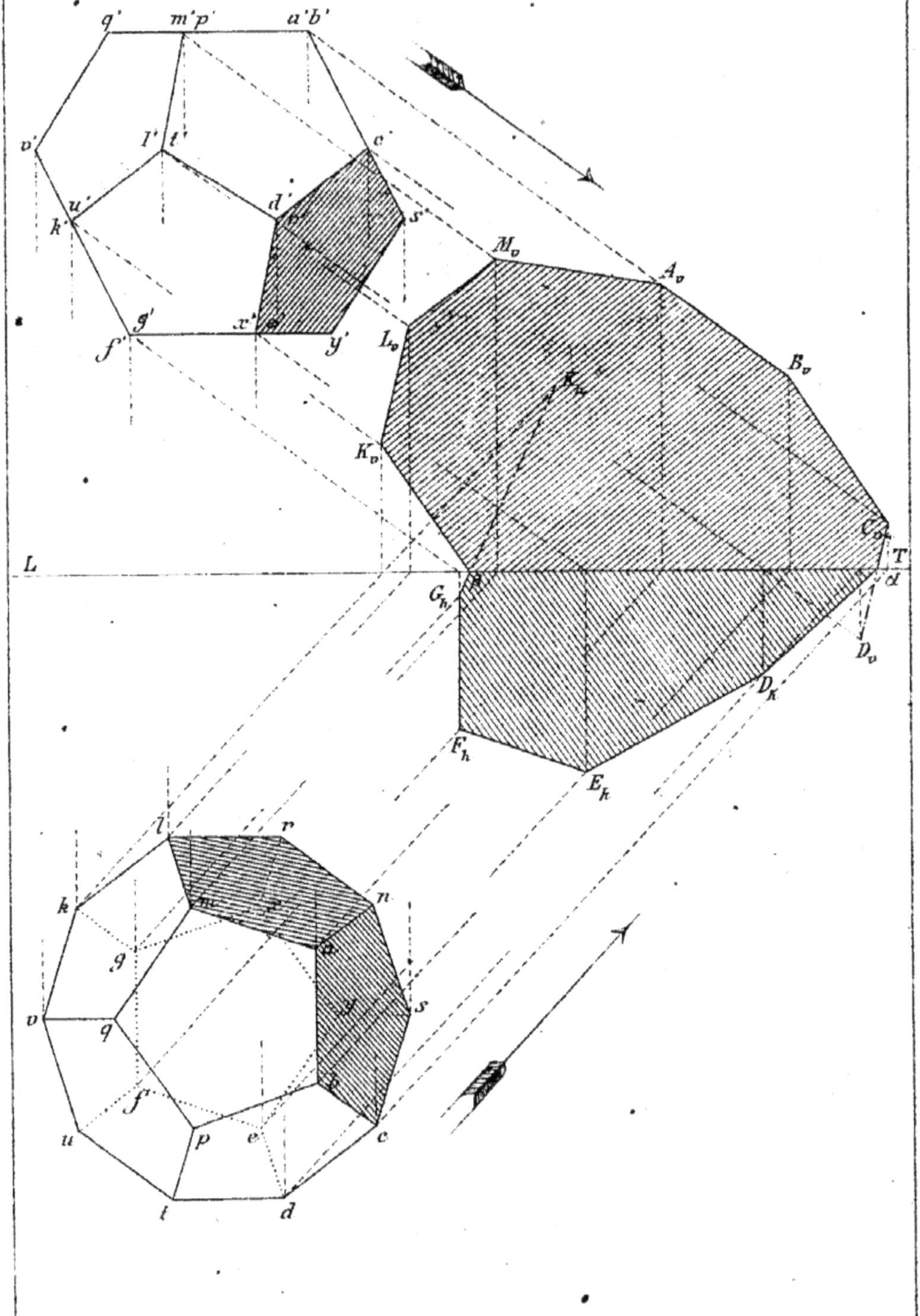
q'
m'p'
a'b'
v'
l' t'
c'
u'
k'
d'
s'
g'
f'
x'
y'
M_v
A_v
L_v
B_v
K_v
C_v
T
L
G_h
D_v
D_h
F_h
E_h
l
r
k
m
n
g
a
v
q
s
f
b
u
p
e
c
t
d

208

et du côté ab, $a'b'$ (262). Le point α est le point où le côté ab, $a'b'$ perce la face 23 du prisme. Le sommet 2 est projeté obliquement dans l'intérieur de deux faces du dodécaèdre, la face EKLBA et la face FNCAE, mais il est clair que l'arête du prisme qui passe par ce sommet rencontre d'abord la face *eklba*, et c'est sur cette face qu'il portera ombre utile. Nous menons la droite A2β₁ que nous relevons par des parallèles au rayon en αβ et le point γ où cette ligne rencontre l'arête du prisme menée par 2 est le point cherché. Nous ne construisons pas le second point inutile comme ombre, mais si l'on voulait appliquer cette méthode à l'intersection du prisme et du polyèdre, on ferait une construction analogue dans la face *fncae*. Le côté 12 rencontre EK au point δ₁, nous le relevons en δ par une parallèle au rayon.

Le sommet 1 est projeté obliquement sur les faces MFEKG et FNCAE, il est facile de voir qu'il rencontre d'abord la première de ces faces : nous menons la droite E1θ₁ que nous relevons par des parallèles au rayon en eθ et nous obtenons le point de rencontre λ de l'arête 1 avec la face. Le point de sortie s'obtiendrait de la même manière si l'on considérait l'intersection complète du prisme et du dodécaèdre indépendamment de la question d'ombre. L'ombre du côté 16 sort de la face MFEKG au point ε₁ sur l'arête KG, et nous ramenons ce point en ε par une parallèle au rayon. Le point 6 se trouve projeté sur les faces GKLHR et FNVXM ; il est clair que le point d'entrée est sur la première de ces faces, nous le construisons à l'aide de la droite L6μ₁. (Du reste, nous avons une autre indication résultant de ce que le polygone pour être continu doit passer de la face *mefgk* à la face adjacente, dont l'arête est croisée par le côté 1,6.) Le point obtenu est le point π.

Les arêtes 65 et LH donnent le point ρ₁ que nous relevons en ρ ; le point 5 porte son ombre au point σ que nous relevons à l'aide de la droite HD (qui passe par hasard par le point 5), et enfin les séparatrices se rencontrent au point φ₁ que nous relevons en φ et qui limite l'ombre portée utile.

Le contour de cette ombre, qui n'est qu'une partie du polygone d'intersection des deux polyèdres, est αγδλεπρσφ.

Nous avons indiqué comment on obtiendrait le reste de

l'intersection, nous pouvons ajouter que l'intersection pré-
senterait un cas d'*arrachement* parce que les ombres ne se
superposent qu'en partie.

La projection verticale de cette ombre se relève soit sur
les arêtes du prisme, soit sur les arêtes du dodécaèdre ; on
peut ainsi, comme nous l'avons fait pour le point σ, σ', relever
le point sur une des droites auxiliaires (ici c'est la droite
$h'a'$, hd) qui ont servi à le construire.

209

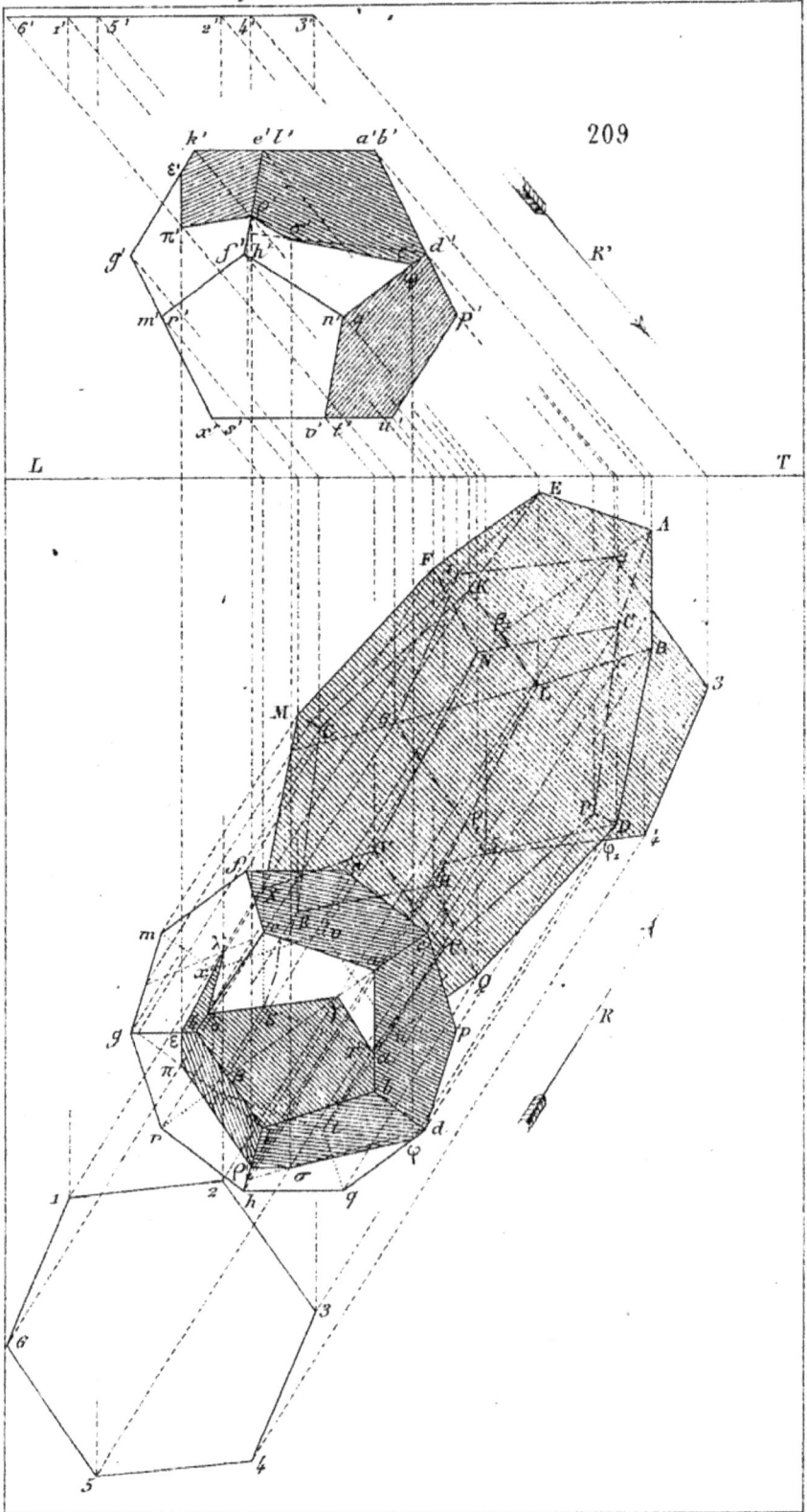

PERSPECTIVE CAVALIÈRE

PERSPECTIVE CAVALIÈRE

266. Considérons un point $a'a'$ donné par ses deux projections ; menons par ce point une droite quelconque dont la trace verticale est le point A'.

A' est une projection oblique ou une ombre du point aa' sur le plan vertical.

Considérons un point bb', menons par ce point une parallèle à la direction choisie, et soit B' la trace verticale.

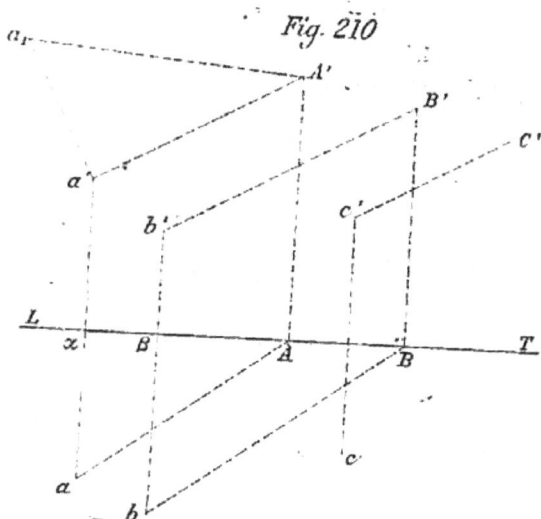

Fig. 210

B' est la projection oblique ou une ombre du point b, b' sur le plan vertical.

Or il est évident que le rapport $\dfrac{a'A'}{a\alpha}$, $\dfrac{b'B'}{b\beta}$ est constant pour tous les points dont nous prendrons les projections obliques par des parallèles aux directions $a'A'$, $b'B'$.

Donc, si nous voulons construire la projection oblique d'un autre point c', c, nous mènerons par la projection verticale du point une parallèle à la direction $a'A'$, et nous prendrons sur cette parallèle une longueur égale à l'éloignement du point multiplié par le rapport $\dfrac{a'A'}{a\alpha}$.

267. Définitions. — Le système de projection ainsi défini se nomme *perspective cavalière*. La direction $a'A'$ se nomme la direction des *lignes fuyantes*, et le rapport $\dfrac{a'A'}{a\alpha}$ se nomme *le rapport de réduction*. Le plan vertical se nomme *tableau*. La projetante du point a, a' sur le plan vertical perce le plan en un point a' qui est à lui-même sa projection, le point A' est la projection d'un autre point de cette perpendiculaire. Donc la *fuyante* est la *projection cavalière* d'une perpendiculaire au tableau.

Il est facile de définir les *projetantes;* rabattons le plan perpendiculaire au plan vertical et passant par la droite $a'A'$; le point A' ne change pas, le point a, a' se rabat en a_1 à une distance égale à son éloignement $a\alpha$ et la ligne $a_1 A'$ est le rabattement de la droite qui joint le point de l'espace à sa projection A'; c'est le rabattement de la projetante qui est alors définie par sa projection verticale et par l'angle $a_1 A'a'$ qu'elle fait avec le plan vertical.

267 *bis.* Une droite parallèle au plan vertical aura évidemment pour perspective cavalière une droite égale et parallèle.

268. Perspective d'un cube. — Considérons un cube ayant une face dans le plan vertical et situé derrière le plan vertical, ses projections sont *abdcefhk* et $a'b'c'd'e'f'h'k'$.

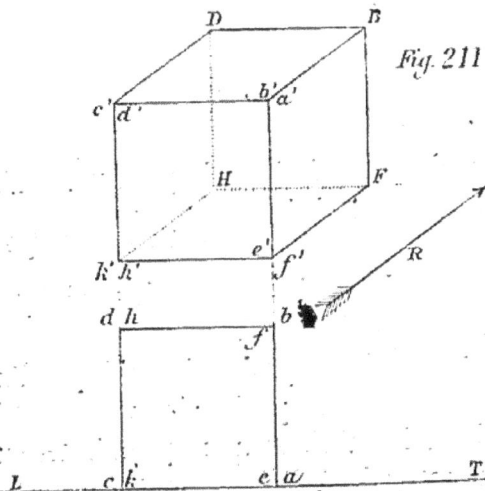

Fig. 211

Nous prenons des fuyantes parallèles à R ; c'est-à-dire que les droites perpendiculaires au tableau se projetteront suivant des parallèles à R; la droite ab, $a'b'$ se projettera suivant $a'B$, la longueur de cette ligne ayant avec la ligne ab un rapport égal au rapport de réduction.

Nous construirons de même les projections des autres sommets DHF, la figure DBFH sera un carré égal au carré situé dans le plan vertical (267 *bis*), et nous obtiendrons la perspective cavalière du cube. Or la droite BD se trouve projetée au-dessus de la droite *a'c'*, nous voyons la face supérieure du cube; la face

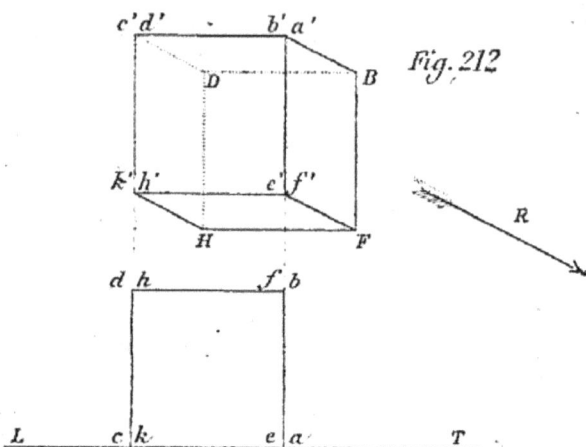

Fig. 212

BF*a'e'* est ainsi vue, et si nous supposons le cube opaque les autres faces sont cachées. Cette disposition de fuyantes nous montre donc le cube *vu par dessus*.

Au contraire, dans la figure 212, la disposition des fuyantes montre la *face inférieure* du cube.

Il est nécessaire de bien observer la convention que nous indiquons ici quand on veut mettre une figure en perspective cavalière.

On indique généralement la direction des fuyantes par une ligne, telle que R ayant la forme d'une flèche, et l'on donne l'angle qu'elle fait avec une horizontale ; il faut considérer cette ligne comme la projection d'une perpendiculaire au tableau située derrière le tableau, *la pointe de la flèche étant la projection du point le plus éloigné du tableau*, et par le choix convenable des fuyantes on montre les faces qu'on a intérêt à faire connaître.

269. Perspective d'un point. — Ainsi nous avons un point *aa'* donné par ses deux projections ou par sa cote et son éloignement.

Nous avons en F la direction des fuyantes. (Fig. 213.)

Le rapport de réduction est donné, égal à $\frac{1}{2}$ par exemple.

Nous menons par *a'* une parallèle aux fuyantes ; le point est en avant du tableau, nous prolongeons la fuyante dans le sens $a'A'$ et nous prenons $a'A'$ égal à la moitié de l'éloignement. A′ est la perspective du point de l'espace.

Considérons la projection horizontale a du point et mettons le point a en perspective cavalière.

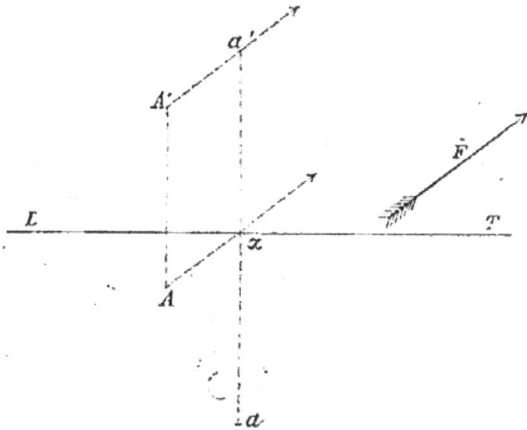

Fig. 213

Le pied de la perpendiculaire abaissée du point a sur le tableau est le point α : cette perpendiculaire aura pour projection αA puisque le point est en avant du tableau ; nous prenons encore αA égal à la moitié de l'éloignement, et A est la perspective cavalière de la projection horizontale ; il est évident, d'après les constructions que nous avons faites, que le point A, perspective de la projection horizontale du point, et le point A′, perspective du point, sont sur une même verticale dont la longueur est égale à la cote.

270. Propriétés. — On peut donc considérer la perspective cavalière comme une double projection, orthogonale sur le plan horizontal, oblique sur le plan vertical, et c'est ainsi qu'on fera très facilement toutes les constructions qu'on aura besoin d'effectuer sur une figure donnée.

La perspective cavalière d'une figure, quand on connaît la direction des fuyantes et le rapport de réduction, suffit pour définir d'une manière complète la figure dans l'espace, les longueurs parallèles au tableau sont en vraie grandeur, et l'on peut connaître les distances au tableau par le rapport de réduction.

271. Perspective d'une droite. — Mettons en perspective une droite $a'b'$, ab donnée par ses deux projections. (Fig. 214.)

F est la direction des fuyantes, le rapport de réduction est $\frac{1}{2}$.

Nous construisons comme nous venons de le faire, la perspective A′ du point et la perspective A de la projection, et

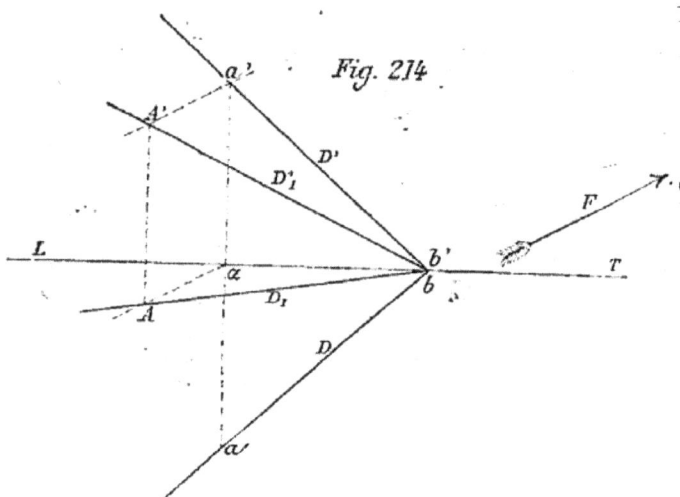

Fig. 214

nous obtenons en A′b la perspective de la droite et en Ab la perspective de la projection horizontale (269).

272. Applications. 1° Perspective cavalière d'un cercle horizontal.

— Appliquons les constructions de la perspective cavalière à la perspective d'un cercle horizontal. La direction des fuyantes est F, le rapport de réduction $=\frac{1}{2}$. Nous ferons passer le tableau ou plan vertical par le diamètre yox. Les deux points b et c sont dans le tableau et sont dans leur propre perspective. D'ailleurs la perspective du cercle sera une ellipse dont bc est un diamètre. Considérons un point M du cercle; nous menons la perpendiculaire Ma au tableau. Cette droite située derrière le tableau aura pour perspective cavalière am parallèle aux fuyantes, et telle que $am=\frac{1}{2}a\mathrm{M}$. (Fig. 215.)

Si nous prenons le point M_1 situé sur la même perpendiculaire au tableau, la droite M_1a aura pour perspective cavalière am_1 parallèle aux fuyantes, mais la longueur sera comptée en sens inverse de la précédente, et le point aura sa perspective en m_1, tel que $am_1=\frac{1}{2}a\mathrm{M}$. Nous voyons donc que bc est le diamètre des cordes telles que mm_1. Nous projette-

rons de même les points H et K qui nous donneront le diamètre *hOk* conjugué de *bc*. En effet, la tangente *bz* au cercle
au point *b* aura pour perspective la parallèle *be* aux fuyantes
et, par suite, au diamètre *hok*; il en sera de même pour la
tangente au point *c*.

Fig. 215.

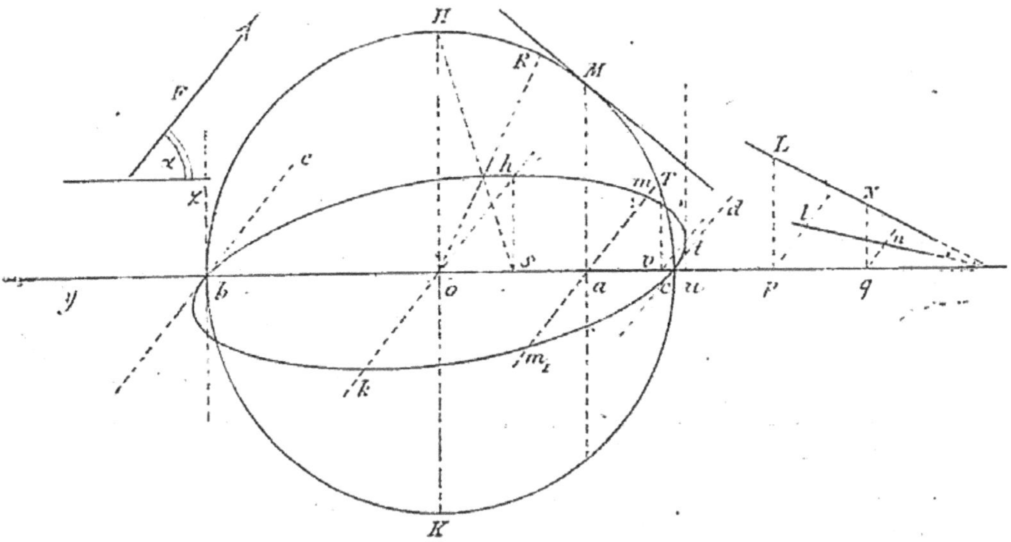

Nous pouvons chercher ce que devient la tangente au
point M; il suffira évidemment de construire la perspective
cavalière d'un autre point de cette tangente.

On peut demander de trouver le point de l'ellipse pour
lequel la tangente est parallèle à une direction donnée *ln*.

Nous commençons par déterminer la droite dont la perspective est *ln*.

Nous menons par le point *l* une parallèle aux fuyantes qui
rencontre le diamètre fixe au point *p*; la droite *lp* est la perspective de la perpendiculaire au tableau L*p*; et si nous prenons la longueur L*p* = 2*lp*, le point L est le point dont la
perspective est *l*; nous construisons de la même façon le
point N dont la perspective est *n*. La droite LN est celle qui
a pour perspective *ln*; comme vérification, ces deux droites,
doivent rencontrer le diamètre *xy* au même point *x*.

Nous menons le rayon *o*R perpendiculaire à la direction LN;

le point R est le point de contact d'une tangente parallèle à LN ; nous construisons sa perspective cavalière (la construction n'est pas faite), et nous obtenons le point cherché.

Nous pouvons appliquer cette construction à la recherche du point de l'ellipse pour lequel la tangente est perpendiculaire à xy.

Abaissons du point h la perpendiculaire hs sur xy ; cette ligne sera la perspective de Hs : donc, nous menons au cercle la tangente Tu parallèle à Hs, et cette tangente a pour perspective tu perpendiculaire à xy ; le point de contact T se projette en menant d'abord Tv, puis vt parallèle aux fuyantes.

273. 2° **Ombre d'un point.** — Considérons un point a,a' donné par ses deux projections, F est la direction des fuyantes déterminée par l'angle α qu'elle fait avec l'horizontale. (Fig. 216.)

Le rapport de réduction est donné, et égal à $\frac{1}{2}$ par exemple.

Nous construisons ainsi que nous l'avons indiqué (269) la perspective cavalière du point ; nous obtenons le point A, la perspective de la projection horizontale est a_1.

Fig. 216.

Le point A étant un point matériel, cherchons son ombre sur le plan horizontal.

Nous éclairons le point par des rayons parallèles à une direction donnée, et nous mettons d'abord ce rayon en perspective ainsi que nous l'avons montré (271).

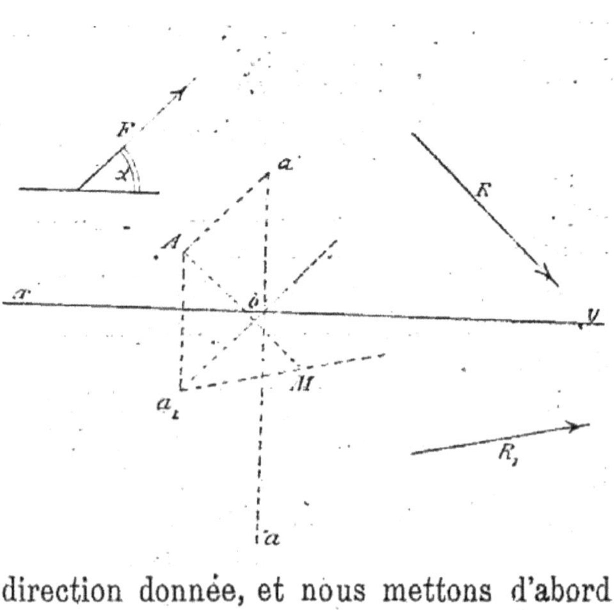

Soit R la perspective du rayon, et R$_1$ la perspective de sa projection horizontale.

Imaginons par le point un plan vertical parallèle au rayon, la trace de ce point passera par le point a_1 et sera parallèle à R$_1$, ce sera une ligne telle que a_1M ; le rayon est dans ce plan vertical, et rencontrera le plan horizontal en un point de la trace horizontale du plan : *nous menons donc par le point* A *une parallèle à* R, *par* a$_1$ *une parallèle à* R$_1$, *et ces deux droites se rencontrent en un point* M, *ombre du point* A.

Nous pouvons construire l'ombre d'une ligne, d'un po-lyèdre, en tenant compte des indications contenues dans les paragraphes 261 à 265, qui s'appliquent absolument ainsi que nous allons le montrer par un exemple.

274. Exemple. — On donne un prisme droit dont la base est un hexagone régulier, sa projection horizontale est *abcdef*, sa projection verticale sur le plan *xy* est *aa'd'd*.

On place sur ce prisme un octaèdre régulier dont l'axe est vertical et coïncide avec le prolongement de l'axe du prisme, sa projection horizontale est *ghkl* (257), sa projection verti-cale est *g'o'k'ω'* (257); *on demande :* 1° construire la perspective cavalière des deux solides, les fuyantes étant parallèles à la direction $_\varphi$ déterminée par l'angle α, le rapport de réduction étant égal à $\frac{1}{2}$. (Fig. 217.)

2° Construire les ombres propres, les ombres portées sur le plan horizontal par les deux solides et par l'octaèdre sur le prisme, les rayons lumineux étant parallèles à la droite RR' donnée par ses deux projections.

Nous profitons de la symétrie de la figure par rapport au plan de front *ad*, et c'est ce plan que nous prenons pour plan de tableau.

La ligne *enc* dans le plan horizontal a pour perspective E*n*C, la ligne *bmf* a pour perspective B*m*F, les points *a* et *d* sont leur propre perspective, et la base du prisme devient *a*BC*d*EF.

Les arêtes sont verticales, parallèles au tableau et se pro-jettent en vraie grandeur; nous menons donc par les diffé-rents sommets de la base des verticales égales à *aa'*, et nous obtenons en *a'*B'C'*d'*E'F' la base supérieure. Observons que la face EFF'E' est en vraie grandeur. Nous construisons maintenant la perspective du carré horizontal $g'h'l'k'$: la diagonale $h'l$, perpendiculaire au tableau, se projette suivant H'L', et il en résulte que la perspective du carré est g'H'k'L', nous joignons les sommets aux points o' et ω' et nous obtenons la perspective de l'octaèdre.

Ombres. — Nous mettons le rayon en perspective : R'$_1$ est la perspective du rayon, R$_1$ la perspective de sa projection horizontale.

Nous obtiendrons l'ombre de l'arête EE' du prisme en menant par le point E une parallèle à la perspective de la projection horizontale R$_1$, et l'ombre du point E' s'obtiendra en menant par ce point une parallèle à R'$_1$, perspective du rayon : l'ombre est le point t.

Suivons le contour du solide à partir du point E', il est clair que le rayon doit suivre E'd' dont l'ombre est tv, puis d'C' dont l'ombre est vz, ensuite C'B' dont l'ombre est zu; enfin B'B dont l'ombre est Bu.

Les autres sommets porteraient ombre dans l'intérieur de ce contour, *la séparatrice* est donc EE'd'C'B'B.

Construisons l'ombre de l'octaèdre sur le plan horizontal. Le point $o'o$ forme son ombre en β; il est manifeste d'après la direction du rayon que le point g' ne peut porter d'ombre utile (le rayon devrait traverser le corps) ; prenons le point H' et cherchons d'abord la perspective de sa projection horizontale; pour l'obtenir il suffit de mener par ce point une verticale égale à sa cote, et qui nous donne le point H ; le point HH' porte ombre au point δ (273). Le rayon suit ensuite B'k' qui a pour ombre $\delta\varepsilon$, égale et parallèle puisque la droite est horizontale, ce qui nous évite de construire directement l'ombre du point k'. Le rayon suit $k'\omega'$ dont l'ombre est $\varepsilon\theta$, puis ω'L' dont l'ombre est $\theta\lambda$ (nous n'avons pas construit directement l'ombre du point L', nous avons mené $\varepsilon\lambda$ égale et parallèle à K'L'), puis L'g' dont l'ombre est $\lambda\gamma$ (nous avons construit directement le point γ, il eût suffi de mener $\lambda\gamma$ égale et parallèle à L'g'), enfin $g'o'$ dont l'ombre est $\gamma\beta$.

La *séparatrice* est donc o'B'k'L'$g'o'$.

Il reste à obtenir l'ombre portée par l'octaèdre sur le prisme.

. Nous n'avons qu'à répéter sur le plan de la base supérieure du prisme les constructions que nous avons faites sur le plan horizontal.

Le point O' est à lui-même son ombre ; le point H' a pour projection sur le plan le point H_1, tel que $H'H_1$ soit égal à la cote du point au-dessus du plan de la base, cote égale à $o'h'$; nous menons par H_1 la parallèle à la perspective R_1 de la projection horizontale du rayon, par H' une parallèle à la perspective R'_1, et ces deux droites se croisent au point χ qui est l'ombre portée par le point sur le plan de la base du prisme. Le reste de l'ombre peut se construire exactement comme nous l'avons fait; ainsi le point μ est l'ombre du . point $g_1 g'$. Remarquons que les contours des ombres des deux solides se croisent au point π, c'est le point où les deux séparatrices portent ombre l'une sur l'autre, et si nous menons par ce point une parallèle au rayon $\pi\rho$, nous obtenons le point ρ, $\mu\rho$ doit être comme vérification parallèle à $g'L'$) ; de même le point ψ fournit le point σ, $\chi\sigma$ doit être parallèle à $B'k'$.

Nous bornerons pour le moment à cet exemple les notions sur la perspective cavalière, nous y reviendrons, et nous les compléterons dans la seconde partie.

217

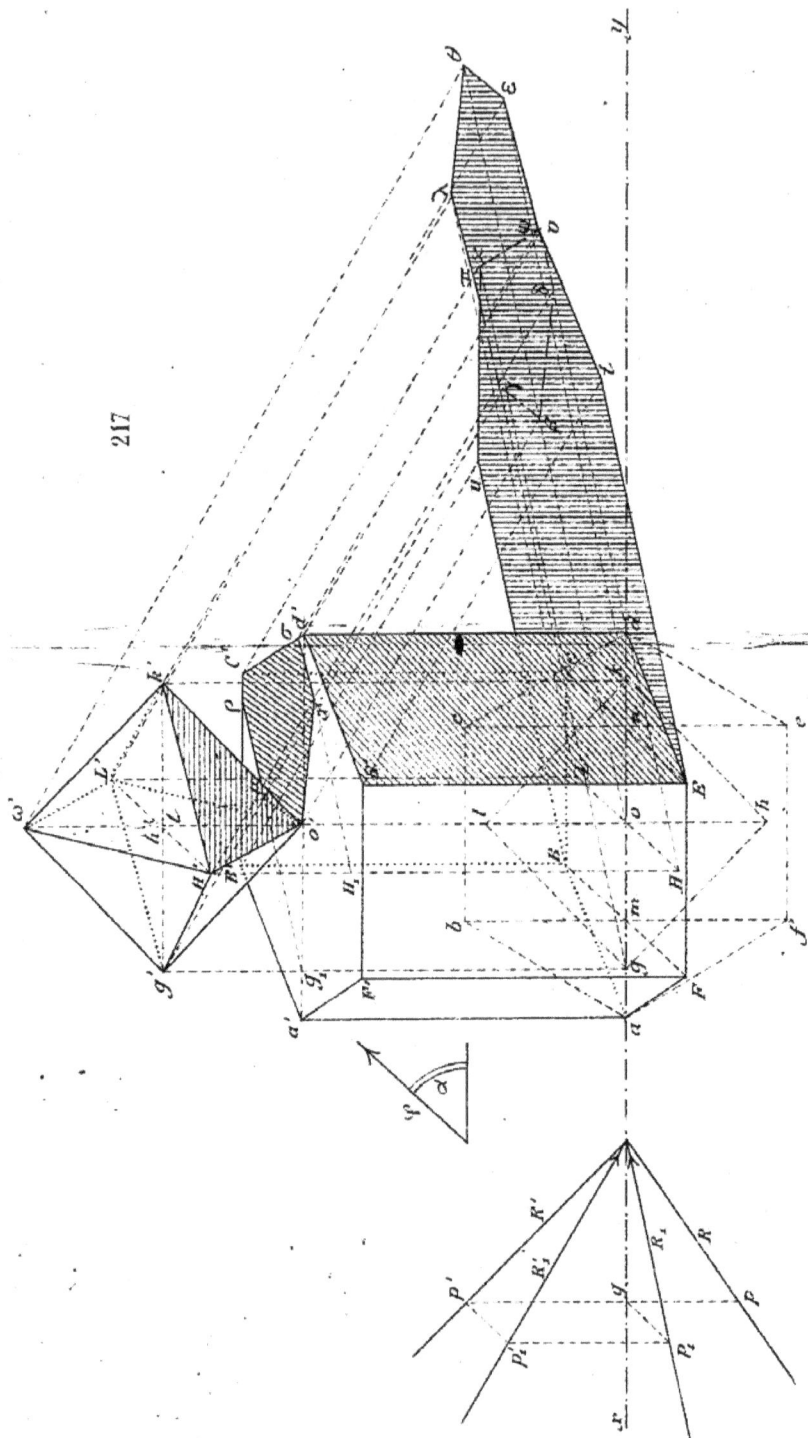

Librairie CH. DELAGRAVE, 15, rue Soufflot, Paris.

PROJECTIONS COTÉES

PROJECTIONS COTÉES

275. Nous pensons qu'il est nécessaire de compléter l'étude de la ligne droite et du plan en montrant comment on résout les problèmes par la méthode des projections cotées.

Nous avons déjà exposé le principe de cette méthode et nous le rappelons ici.

Un point est défini par sa projection sur un plan et par sa distance au plan.

On choisit le plan de projection horizontal, réellement perpendiculaire au fil à plomb, et les distances au plan sont des hauteurs verticales, qu'on inscrit à côté de la projection du point.

On écrit donc à côté de chaque point un nombre qui indique la distance au plan, ou la hauteur au-dessus du plan. Ce nombre se nomme *la cote* du point.

Pour que ce nombre donne une indication réelle, dont on puisse se servir, il faut choisir une unité de longueur; ainsi l'on écrit à côté d'un point le nombre 10, il faut convenir que ce nombre 10 représentera des mètres ou des décimètres, ou telle autre unité de longueur qu'il plaira de choisir.

Dans la pratique, on exprime les distances réelles au plan en mètres, et comme il serait souvent impossible de représenter sur des feuilles de dessin les longueurs avec leurs grandeurs réelles, on convient de les diminuer dans un certain rapport.

276. Échelle. — On établit ce même rapport entre les distances des points entre eux, afin que toutes les parties de la figure conservent les unes par rapport aux autres les mêmes relations ; et ce rapport se nomme *échelle* du dessin.

On dessine une *figure semblable* à la projection réelle, et toutes les longueurs qu'on obtiendra par des constructions ou qu'on calculera comme nous l'indiquerons devront être multipliées par le rapport inverse de l'échelle pour faire connaître les grandeurs de l'espace.

Par extension on donne le nom d'*échelle* à une figure qui représente le rapport de similitude et qu'on trace de manière à pouvoir y mesurer des longueurs quelconques placées sur le dessin. Ainsi tout dessin exécuté par la méthode des projections cotées doit être accompagné d'une échelle tracée d'après un type analogue à celui de la figure 218 qui représente l'échelle de $\frac{1}{100}$ ou 1 centimètre pour 1 mètre.

Fig. 218.

Echelle de $\frac{1}{100}$ ($0^m,01$ pour 1^m)

On voit qu'on doit diviser une partie en longueurs représentant 1 mètre, et ajouter à gauche une division entière partagée en dixièmes, de manière qu'on puisse prendre une longueur telle que $4^m,20$ par exemple avec une seule ouverture de compas.

277. Inscription des cotes. — Les cotes des points s'inscrivent en chiffres dessinés parallèlement au bord inférieur de la feuille de dessin.

LIGNE DROITE

278. Une droite est déterminée par deux points.

Ainsi l'on donne le point *a* coté 1,25, le point *b* coté 2,50 ; ces deux points (fig. 219) déterminent une droite, et tous les points de cette droite ont leurs projections sur *ab*.

279. Problème. — *Étant donnée la projection d'un point d'une droite, trouver sa cote.* (Fig. 219.)

La projection du point est *c*. Imaginons le plan vertical

qui projette la droite et rabattons-le. Le point a vient en a', tel que aa' représente $1^m,25$ à l'échelle du dessin (nous la supposons égale à $\frac{1}{100}$).

Le point b vient en b', tel que bb' représente $2^m,50$; le point c vient en c' ; nous prenons une ouverture de compas égale à cc', nous la portons sur l'échelle à partir de la division O, nous trouvons $1^m,90$. C'est la cote du point c.

Dans la pratique des projections cotées on ne fait pas ces rabattements ; menons l'horizontale $a'c'_1 b'_1$, nous obtenons $\dfrac{c'c'_1}{b'b'_1} = \dfrac{ac}{ab}$.

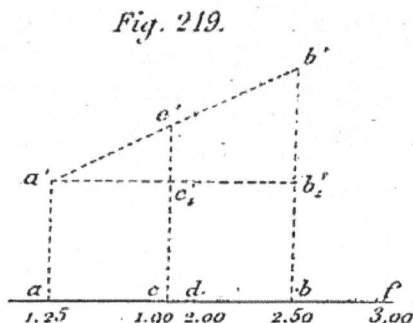

Fig. 219.

$b'b'_1$ est la différence de cote entre les points a et $b = 2^m,50$ — $1^m,25 = 1^m,25$.

On mesure à l'échelle $ac = 1^m,35$, $ab = 2^m,70$, et l'on en déduit $c'c'_1$, différence de cote entre a et $c = \dfrac{1^m,25 \times 1^m,35}{2^m,70}$ $= 0^m,65$; alors la cote du point $c = 1^m,25 + 0^m,65 = 1^m,90$. On fait toujours ainsi l'opération arithmétique de la quatrième proportionnelle.

280. Problème. — *Placer sur une droite un point de cote donnée.* La droite est donnée par les points 1,25 et 2,50 (fig. 219), placer sur cette droite le point dont la cote est 1,90. La proportion précédente, dans laquelle l'inconnue est la longueur ac, va nous donner le point.

$$c'c'_1 = 1,90 - 1.25 = 0,65, \quad b'b'_1 = 1,25.$$

On mesure ab sur l'échelle, et l'on trouve $2^m,70$.

$$ac = \frac{2,70 \times 0,65}{1,25} = 1^m,35.$$

On prend sur l'échelle la longueur qui correspond à $1^m,35$ et on la porte de a en c.

Le point C est le point cherché.

Points à cote ronde. — On applique ce calcul à la détermination des points dont la cote est un nombre exact de mètres et qu'on nomme *points à cote ronde.*

Ainsi cherchons sur la droite le point dont la cote est 2 mètres. Soit x la distance de ce point au point a, nous calculons la quatrième proportionnelle $x = \dfrac{0,75 \times 2,70}{1,25} = 1^m,62.$

Nous prenons sur l'échelle $1^m,62$ et nous obtenons le point d coté 2 mètres.

Nous pouvons déterminer de la même manière le point coté 3 mètres ; ici nous remarquons que nous avons le point b coté $2^m,50$, et prenant $bf = bd$, nous aurons le point f coté 3 mètres.

Désormais il est facile de placer les autres points à cote ronde, et l'on peut intercaler les points à cote fractionnaire, en partageant la distance des points dans le rapport de la fraction à l'unité ; et souvent on place à vue des points compris entre deux cotes fractionnaires bien déterminées.

281. Définition. Intervalle. — La distance qui existe sur le dessin entre les projections de deux points à cote ronde distants verticalement de 1 mètre se nomme l'*intervalle.* Et lorsque la projection est donnée, ainsi que l'intervalle et la cote d'un point, la droite est déterminée.

Trace de la droite. — On obtient la trace de la droite en cherchant le point de cette droite dont la cote est nulle.

282. Problème. — *Mener par un point une parallèle à une droite.*

On donne une droite ab par deux points à cote ronde. On veut mener par un point c, coté 5,25, une parallèle à la droite (fig. 220).

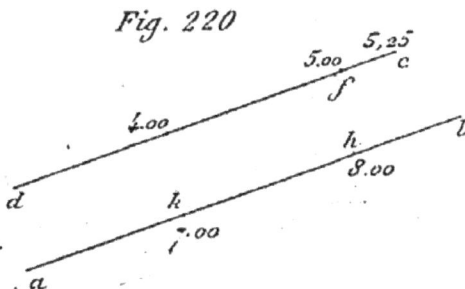

Les deux droites étant parallèles ont leurs projections parallèles et les intervalles égaux. Traçons cd parallèle à ab, cherchons le point coté 5,00 sur cette ligne ; la

Fig. 220

différence de cote entre le point 5,00 et le point c est égale à $\frac{1}{4}$ de l'unité de hauteur, la distance entre les deux points sera égale à $\frac{1}{4}$ de l'intervalle, nous prenons $cf = \frac{1}{4} \, kh$ et le point f à la cote 5,00. Il faut porter la longueur du côté convenable pour que les deux droites descendent dans le même sens.

Ensuite on connaît l'intervalle $= kh$ et l'on peut coter la droite cd.

283. Droite horizontale. — Une droite horizontale a tous les points à la même cote; on peut écrire en deux points le même chiffre; il vaut mieux (fig. 221) écrire une seule fois la cote, mais *parallèlement à la ligne*, et non plus parallèlement au bord inférieur de la feuille de papier.

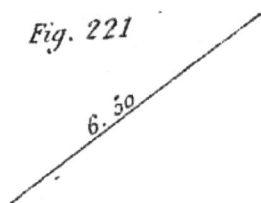

Fig. 221

284. Problème. *Trouver la distance de deux points donnés par leurs cotes.*

La distance des deux points est l'hypoténuse d'un triangle rectangle qui a pour côté de l'angle droit la distance des projections, et pour autre côté de l'angle droit la différence des cotes. (Fig. 222.)

Fig. 222.

Ainsi on connaît les deux points a (7,25) et b (11,75) la différence de cote $= 4,50$.

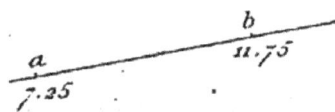

La longueur ab mesurée sur l'échelle du dessin $= 2,40$

La distance des deux points $= \sqrt{(4,5)^2 + (2,4)^2} = 5,1$.

285. Problème. — *Prendre sur une droite à partir d'un point une longueur égale à une longueur donnée.* (Fig. 222.)

On veut prendre sur la droite ab à partir du point a une longueur de 3 mètres.

On commence par calculer la longueur dont la projection est l'intervalle, c'est-à-dire la distance réelle qui sépare deux points dont les cotes diffèrent de 1 mètre, le calcul est semblable à celui que nous venons d'effectuer ; ensuite on remarque que les longueurs réelles sont proportionnelles à leurs projections.

Soit l la distance réelle correspondante à l'intervalle, x la projection cherchée et i l'intervalle : on a $\dfrac{x}{i} = \dfrac{3}{l}$.

Lorsque l'on connaît la distance de deux points a et b, dont la distance réelle est de $5^m,1$; la projection ab ayant pour longueur mesurée à l'échelle 2^m40, on calcule x par la proportion $\dfrac{x}{2,40} = \dfrac{3}{5,1}$.

286. Problème. — *Déterminer l'angle que fait une droite avec le plan de projection.* (Fig. 219.)

Cet angle est l'angle aigu du triangle rectangle, tel que $a'b'_1 b'$ dans lequel on a $b'b'_1 = a'b'_1 \times tg\alpha$, d'où $tg\alpha = \dfrac{b'b'_1}{a'b'_1}$.

Connaissant deux points de la droite on peut donc calculer la tangente de l'angle qu'elle fait avec le plan horizontal. Lorsqu'on connaît l'intervalle i, l'expression de $tg\alpha$ devient $tg\alpha = \dfrac{1}{i}$.

Définition. Pente. — La quantité $\dfrac{1}{i}$ est ce qu'on nomme la pente de la droite, et l'on donne autant que possible une droite, non pas par la valeur de l'angle α qu'elle fait avec le plan de projection, mais par sa pente $\dfrac{1}{5}$ par exemple, ce qui veut dire que la droite est parallèle à l'hypoténuse d'un triangle rectangle dont la hauteur est égale à l'unité, et la base égale à 5 unités.

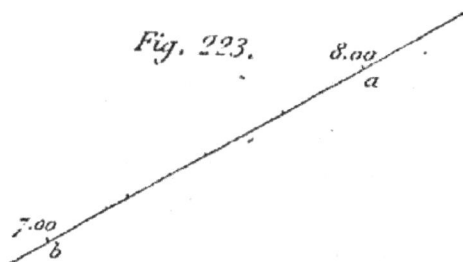

Fig. 223.

Une droite dont on donne la projection est donc déterminée par la cote d'un de ses points et la pente.

Ainsi on donne (fig. 223) le point a d'une droite cotée 8,0, et la pente de $\frac{1}{4}$ descendant de a vers b, on porte sur ab une longueur égale à 4 mètres à l'échelle du dessin, soit 4 centimètres (toutes les figures sont faites à l'échelle de $\frac{1}{100}$), et l'on a le point b coté 7,00. La droite est alors déterminée.

Condition pour que deux droites se coupent. — Il est clair que les projections doivent se croiser et que les droites doivent avoir même cote au point de rencontre de ces projections.

287. Remarque. — Nous avons montré comment il fallait avoir recours aux calculs pour faire les déterminations que demande la méthode des projections cotées ; il semble au premier abord qu'il serait plus commode de prendre les projections verticales des droites sur lesquelles on opère, et de mesurer directement les longueurs qui représentent les cotes.

Dans les applications des projections cotées, il arrive le plus souvent que les longueurs horizontales sont extrêmement grandes par rapport aux dimensions verticales; ainsi dans les dessins des cartes, tracés de canaux, de routes, de chemins de fer, de fortifications, des différences de hauteur de quelques mètres correspondent souvent à des longueurs de plusieurs centaines de mètres. L'échelle du dessin est nécessairement prise en raison des dimensions en longueurs pour limiter l'étendue du papier, et elle est très faible. L'échelle de $\frac{1}{1,000}$, dans laquelle 1 millimètre représente 1 mètre, est une des plus grandes. Si l'on veut faire les déterminations de cotes par le tracé, on ne peut obtenir sur une longueur mesurée sur l'échelle une erreur plus petite que $\frac{1}{10}$ de millimètre qui correspond à 10 centimètres, et l'on arrive à des erreurs trop grandes pour l'exécution du travail que le dessin doit représenter.

DU PLAN

288. Le plan peut toujours être défini par trois points ou deux droites qui se coupent, ou par sa ligne de plus grande pente. C'est cette dernière détermination qui est seule en usage dans les projections cotées, et l'on y ramène toutes les autres. Nous prions le lecteur de se reporter à la première partie de ce traité (§ 72 à 77), et nous rappelons seulement les propriétés de la ligne de plus grande pente.

Elle est perpendiculaire aux horizontales du plan et sa projection est perpendiculaire aux projections des horizontales. Elle fait avec le plan horizontal le même angle que le plan. Une ligne de plus grande pente suffit pour le déterminer.

On donne une droite *ab* par deux points *a* coté 8,00 et *b* coté 12,00. Cette ligne est la ligne de plus grande pente d'un plan ; on connaît la projection horizontale *c* d'un point, on demande sa cote (fig. 224). Imaginons l'horizontale du plan qui passe par le point *c*, sa projection horizontale est *cd* et croise la ligne de plus grande pente du plan au point *d*, dont on peut déterminer la cote qui est la même que celle du point *c*. On trouve dans notre figure que le point *c* a pour cote 10,80.

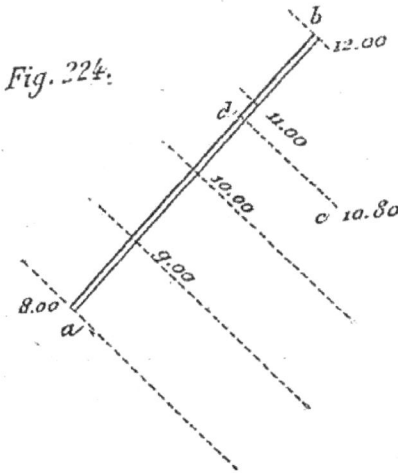

Fig. 224.

En général, quand on connaît la ligne de plus grande pente d'un plan, on gradue cette droite en y plaçant dans toute l'étendue utile les points à cote ronde, et en inscrivant les cotes parallèlement aux horizontales ; la ligne prend le nom d'*échelle de pente*, on la représente par deux traits de grosseur inégale (l'un très fin), sur lequel on amorce les horizontales.

289. Problème. — *Un plan étant donné par deux droites qui se coupent, ou trois points, construire son échelle de pente.*

On donne deux droites *ab* et *ac* qui se croisent au point *a* coté 9,30, le point *b* est coté 6,60, le point *c* coté 7,50. (Fig. 225.)

On cherche sur les deux droites un point à même cote, par exemple le point coté 8,0, et l'on joint les deux points ainsi obtenus ; la ligne *ef* est une horizontale du plan des deux droites, on lui mène une perpendiculaire quelconque *kh*, c'est la projection de la ligne de plus grande pente.

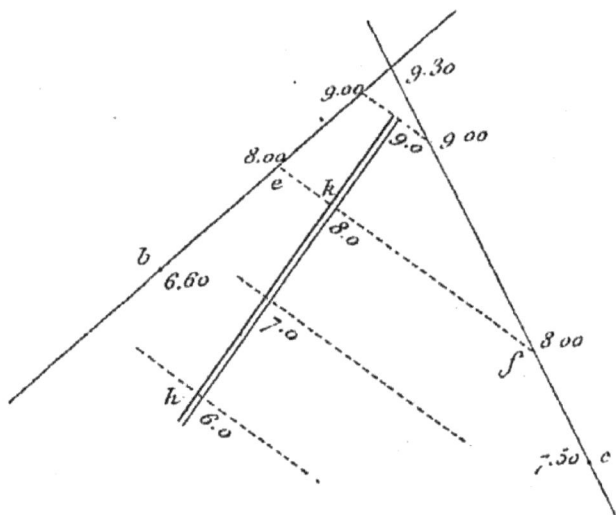

Fig. 225.

On cherche sur l'une des droites le point à cote ronde différant d'une unité du point 8,0, par exemple, le point 9,0 sur la ligne *ab*, et l'on mène une parallèle *ef*; on obtient sur l'échelle de pente l'intervalle 8-9, et on le reporte de manière à graduer l'échelle.

On définit donc un plan par un point, sa pente (qui est celle de son échelle de pente), *la projection de cette échelle ou la direction des horizontales.*

290. Problème. — *Mener par un point dans un plan donné une droite de pente donnée.*

Le plan est donné par son échelle de pente *df* (fig. 226).

On donne le point a du plan (nous l'avons placé immédiatement sur une horizontale), on veut mener par ce point une droite située dans le plan et dont la pente soit égale à $\frac{1}{3}$.

Nous allons chercher le point où cette droite rencontrera l'horizontale 9,0 du plan.

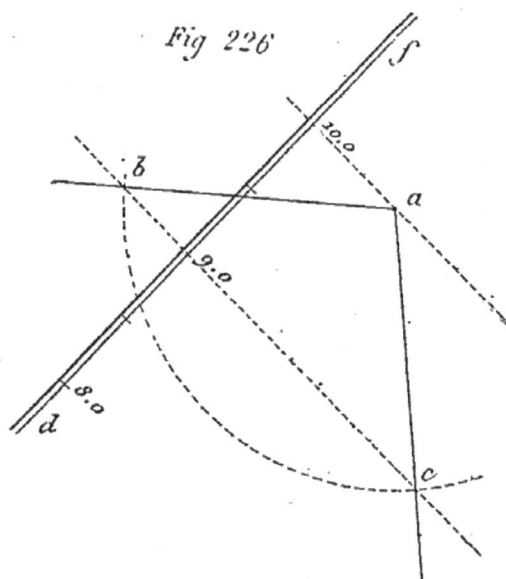

Fig. 226.

Ce point sera coté 9,0, la différence de cote avec le point a est de 1 mètre, donc la distance horizontale qui doit séparer le point a du point c doit être égale à 3 mètres. Nous décrivons du point a, comme centre avec un rayon égal à 3 mètres, un arc de cercle qui rencontre l'horizontale 9,0 aux points b et c, il y a donc deux solutions, et la droite cherchée peut avoir pour projection ab ou ac.

Il est évident que la pente de la droite doit être plus faible que la pente du plan.

Si elle est égale, l'arc de cercle touchera l'horizontale de même cote, et la ligne tracée dans le plan sera une ligne de plus grande pente.

291. Problème. — *Faire tourner un plan autour d'un axe vertical.*

On donne un plan par sa ligne de plus grande pente fh, on se propose de faire tourner ce plan autour d'un axe vertical qui perce le plan en un point projeté au point a et dont la cote est connue. (Fig. 227.)

Tous les points du plan décriront des cercles horizontaux autour de l'axe, et une horizontale quelconque restera dans le plan horizontal qui la contient ; de plus, elle sera constamment tangente à un cercle décrit dans le plan horizontal qui la contient, ayant son centre sur l'axe, et pour rayon la distance de l'axe à l'horizontale.

Les projections de tous les centres sont confondues avec le point a, puisque l'axe est vertical.

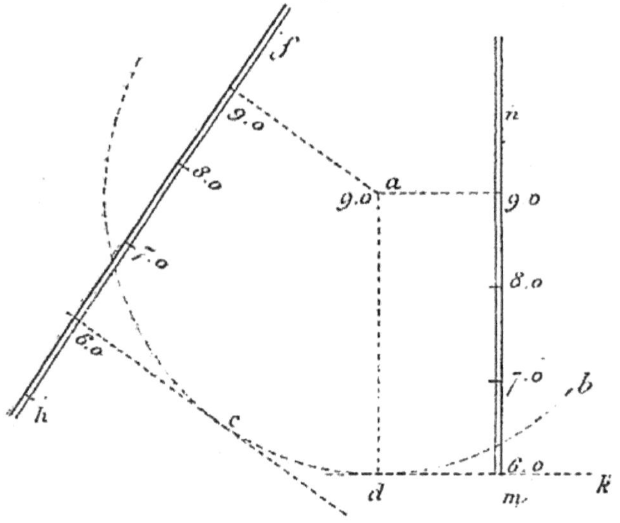

Ainsi l'horizontale 6,0 du plan restera tangente au cercle décrit du point a comme centre avec la distance du point a à la droite comme rayon. Décrivons ce cercle bc, situé dans le plan

Fig. 227.

horizontal 6,0; une tangente quelconque dk à ce cercle peut être regardée comme une position particulière de l'horizontale 6,0. Le point a du plan n'a pas changé, et la droite ad menée par le point de contact est une ligne de plus grande pente du plan dont on a les cotes aux points a et d. On peut donc figurer une parallèle mn à cette droite, et la graduer, de manière qu'elle ait un point sur l'horizontale dk, et cette parallèle mn sera une échelle de pente du plan dans la nouvelle position où nous l'avons amené après la rotation.

292. Problème. — *Mener par une droite un plan de pente donnée.*

La droite est ab (fig. 228), on veut mener par cette droite un plan dont la pente soit $\frac{1}{3}$.

La ligne de plus grande pente doit donc être telle que l'intervalle soit égal à 3. (Ici 3 centimètres à l'échelle de $\frac{1}{100}$).

Traçons par le point a pris sur la droite une ligne quelconque *am* que nous coterons de manière à lui donner la pente de $\frac{1}{3}$ (*am* = 3 centimètres).

Cette ligne pourra être considérée comme une position particulière de la ligne de plus grande pente du plan cherché, si l'on fait tourner ce plan autour de la verticale du point *a*.

Dans cette rotation le cercle décrit par le point *m* sera dans le plan horizontal dont la cote est 11,0, et l'horizontale

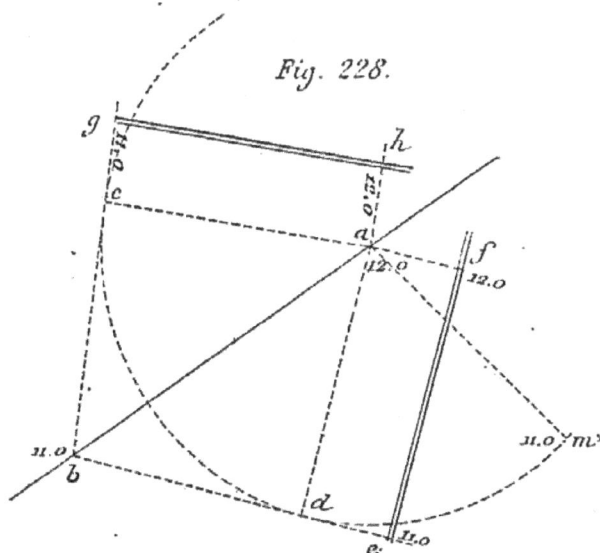

Fig. 228.

11,0 du plan restera toujours tangente à ce cercle.

Le plan doit passer par la droite, donc le point 11,0 de la droite sera sur l'horizontale 11,0 du plan.

Menons par le point *b* coté 11,0 une tangente *bd* au cercle, nous obtenons l'horizontale 11,0 du plan qui est déterminé en outre par le point *a* dont la cote est connue.

L'échelle de pente est perpendiculaire à *bd*, nous la figurons en *ef*, nous la cotons 11,0 au point *e* et nous prenons l'intervalle *ef* = *ad*. On peut mener du point *b* une seconde tangente *bc* qui fournit une seconde solution, l'échelle de pente de ce second plan est *gh*; son intervalle est égal à celui du premier plan.

Pour que le problème soit possible, il faut qu'on puisse mener par le point *b* une tangente au cercle, c'est-à-dire que *ab* soit plus grand que *am*; il faut donc *que la pente du plan soit plus grande que la pente de la droite.*

Si les deux pentes sont égales, il n'y aura qu'une seule solution, et *ab* sera la ligne de plus grande pente du plan construit.

293. Problème. — *Construire l'intersection de deux plans.*

L'échelle de pente du premier plan est *ab*, l'échelle de pente du second plan est
dc. (Fig. 229.)

Considé-
rons dans les
deux plans les
horizontales à
la cote 13.0,
elles sont dans
un même plan
et se rencon-
trent en un
point *f* qui ap-
partient à l'in-
tersection.

Les hori-
zontales 12,0
se rencontrent
en un point *g*.

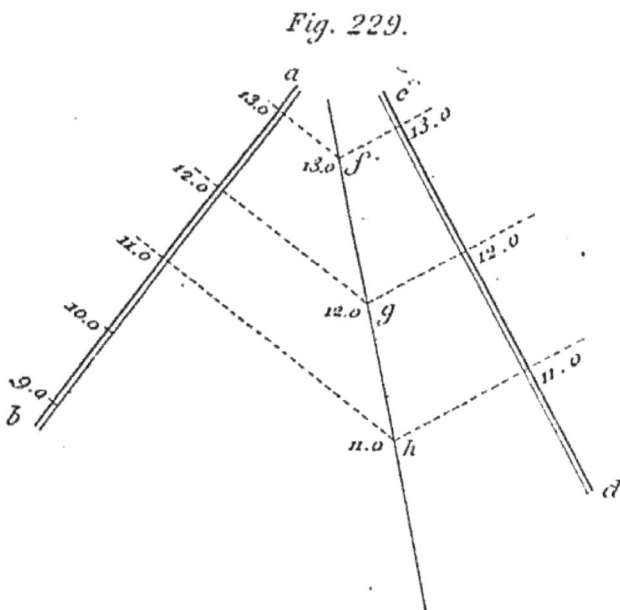

Fig. 229.

Les horizontales 11,0 se rencontrent en un point *h*.

Tous ces points appartiennent à l'intersection des deux
plans et doivent être en ligne droite. La ligne d'intersection
est en même temps graduée à ses points de rencontre avec
les diverses horizontales.

294. Problème. — *Construire l'intersection de deux plans
dont les échelles de pente sont parallèles en projection.*

Les échelles de pente sont *ab* et *cd* parallèles, mais les
intervalles sont différents sur ces échelles, et les plans ne
sont pas parallèles. (Fig. 230.)

Les horizontales perpendiculaires à des droites dont les
projections sont parallèles, sont parallèles entre elles ; les
deux plans se coupent suivant une horizontale dont il faut
obtenir un point.

Nous coupons par un troisième plan dont nous prenons
arbitrairement l'échelle de pente *ef* et la pente.

Nous construisons l'intersection du plan *ab* et *ef*; nous obtenons la droite *hk*; nous construisons l'intersection des plans *cd* et *ef*, nous obtenons la droite *mn*. Ces deux droites sont dans le plan *ef* et se rencontrent au point projeté en *p*.

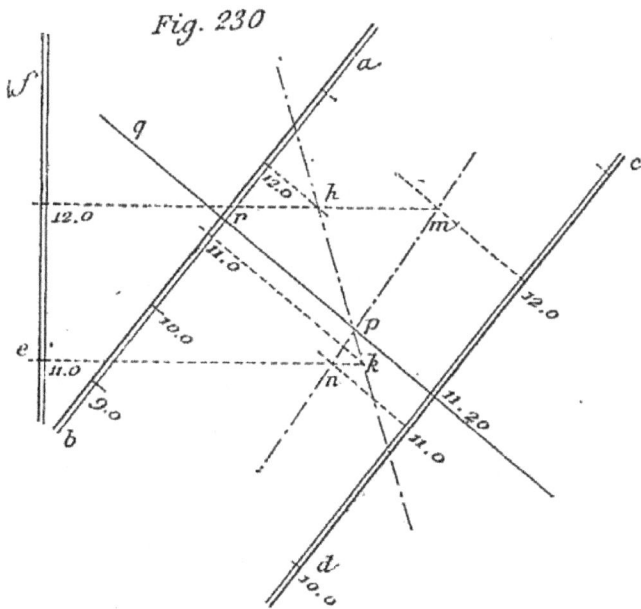

Fig. 230

L'intersection des deux plans proposés est la droite horizontale *pq*.

Nous fixons sa cote au moyen de la cote du point où elle rencontre une des échelles de pente ; le point *r* situé sur *ab* serait coté 11,20. C'est la cote de l'intersection des deux plans.

Exercice. — Construire l'intersection de deux plans dont les échelles de pente sont *presque* parallèles en projection.

295. Problème. — *Construire le point de rencontre d'une droite et d'un plan.*

Le plan est donné par l'échelle de pente *ab*.

La droite a pour projection *cd*. (Fig. 231.)

Nous faisons passer par la droite un plan quelconque ; il suffit de mener par les points cotés de la droite des parallèles *mf* et *ph* à une direction arbitraire, elles déterminent un plan, dont il est même inutile de figurer l'échelle de pente, et dont elles sont les horizontales ; ainsi nous plaçons la droite *mf* à a cote 10,0 et la droite *ph* à la cote 11,0.

Les horizontales de même cote de ce plan et du plan proposé se rencontrent aux points f et h; les deux plans se coupent suivant fh qui croise la droite donnée au point k. Le point k est le point de rencontre cherché; il est sur la droite, sa cote est facile à obtenir : ici sa cote est 11,15.

Fig. 231

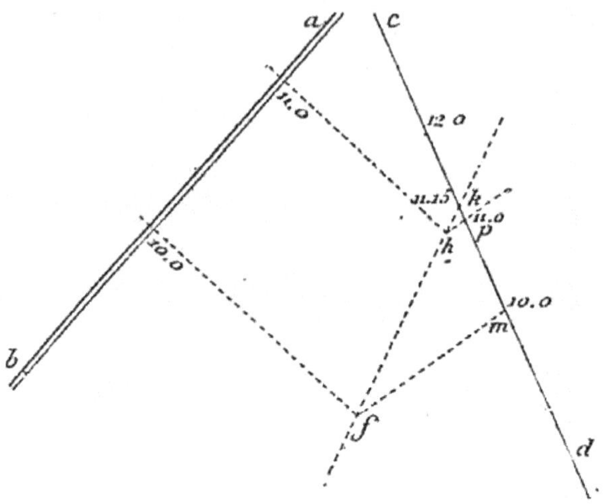

DROITES ET PLANS

PERPENDICULAIRES

296. Quand une droite est perpendiculaire à un plan sa projection horizontale est perpendiculaire à la trace horizontale du plan.

La projection de la perpendiculaire à un plan est donc perpendiculaire aux horizontales, *ou parallèle à l'échelle* de pente du plan.

Ainsi considérons un plan dont ab est l'échelle de pente (fig. 232). Nous prenons un point c du plan, sa cote est 12,0, et nous traçons par ce point une paral-

Fig. 232

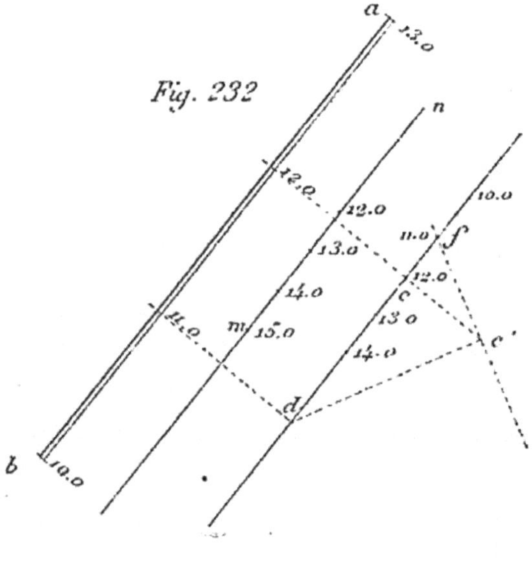

lèle *cd* à l'échelle de pente. Cette parallèle est la projection d'une perpendiculaire au plan mené par le point *c* ; il faut coter cette ligne. Imaginons le plan vertical dont la trace est *cd*, et rabattons-le sur le plan horizontal 11,0, le point *c* viendra en *c'*, la longueur *cc'* étant égale à 1 mètre ; le point *d* ne change pas, et la droite *c'd* représente la trace du plan donné sur le plan vertical ; menons par *c'* une perpendiculaire à cette droite, cette perpendiculaire *c'f* est le rabattement de la perpendiculaire cherchée.

Si nous désignons par α l'angle de pente du plan, et par β l'angle de pente de la perpendiculaire, ces deux angles étant complémentaires nous aurons :

$$tg\alpha \times tg\beta = 1.$$

Or $tg\alpha = \dfrac{1}{i}$, $tg\beta = \dfrac{1}{i}$; *i* et *i'* étant les intervalles du plan et de la perpendiculaire, donc

$$\frac{1}{ii'} = 1 \text{ ou } i'' = \frac{1}{i}.$$

Les intervalles sont donc réciproques.

Ainsi l'intervalle sur l'échelle de pente étant égal à 2 mètres, l'intervalle sur la perpendiculaire est égal à $\dfrac{1^{m}}{2} = 0^{m},50$.

Nous portons donc à partir du point *c* sur la perpendiculaire des longueurs égales à $0^{m},05$ (à l'échelle de $\dfrac{1}{100}$) et nous avons les points de la perpendiculaire dont les cotes diffèrent de 1 mètre.

D'ailleurs il est évident que les cotes doivent être placées de manière que la perpendiculaire descende dans le sens opposé à la ligne de plus grande pente du plan.

297. Problème. — *Mener une perpendiculaire à un plan par un point extérieur.* (Fig. 232.)

Le plan est donné par son échelle de pente *ab*. Le point est le point *m* coté 15,0.

La projection de la perpendiculaire est *mn* parallèle à

l'échelle de pente; son intervalle est inverse de celui du plan; l'intervalle du plan = 2 mètres, l'intervalle sur la perpendiculaire $\frac{1^{m}}{2} = 0^{m},50$; nous portons des intervalles égaux à $0^{m}05$ en cotant en sens inverse de l'échelle de pente. On pourra construire ensuite le point de rencontre de la perpendiculaire avec le plan en suivant la méthode exposée (295), et l'on pourra calculer la distance du point au plan. (284.)

298. Problème. — *Mener par un point un plan perpendiculaire à une droite.*

La droite donnée est *ab*, le point donné est le point *c* coté 8,00. (Fig. 233.)

L'échelle de pente doit être parallèle à la projection de la droite; nous traçons *cd* parallèle à *ab*. L'intervalle sur le plan doit être inverse de l'intervalle sur la droite.

L'intervalle sur la droite = $1^{m},50$, l'intervalle du plan = $\frac{1}{1,50} = 0^{m},66$. Nous portons sur l'échelle *cd* des longueurs égales à $0^{m},0066$ (à l'échelle de $\frac{1}{100}$) et nous cotons les points de manière que l'échelle descende en sens inverse de la droite.

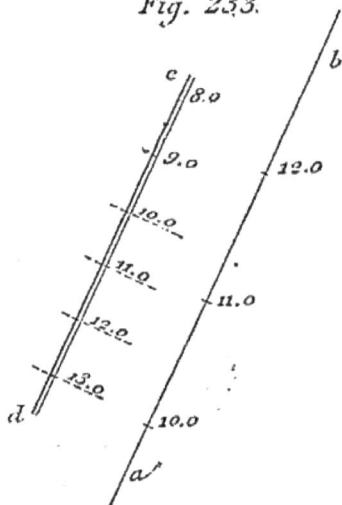

Fig. 233.

Distance du point à la droite.

On construira comme nous l'avons montré le point de rencontre de la droite et du plan, on joindra ce point au point *c* et l'on calculera la longueur de cette droite.

299. Problème. — *Rabattre un plan sur un plan horizontal.*

On donne l'échelle de pente d'un plan *ab*, un point *c* du plan coté 12,65 (fig. 234). On se propose de rabattre le plan et le point sur le plan horizontal 10,0.

Calculons la distance réelle de deux points de l'échelle de

pente dont les cotes diffèrent de 1 mètre ; l'intervalle est égal à 1 mètre ; la distance $= \sqrt{1 + 1} = \sqrt{2} = 1,41$.

Le plan étant rabattu autour de l'horizontale 10,0 qui reste fixe, l'horizontale $\overline{11,0}$ se rabattra suivant une droite parallèle distante de la première de $1^m,41$, et si nous portons sur une droite *fh*, parallèle à l'échelle de pente, des longueurs égales à 1,41, nous aurons le rabattement d'une échelle de pente, c'est l'échelle de division du plan rabattu, et les horizontales du plan se rabattent

Fig. 234.

suivant des perpendiculaires passant par les points de division.

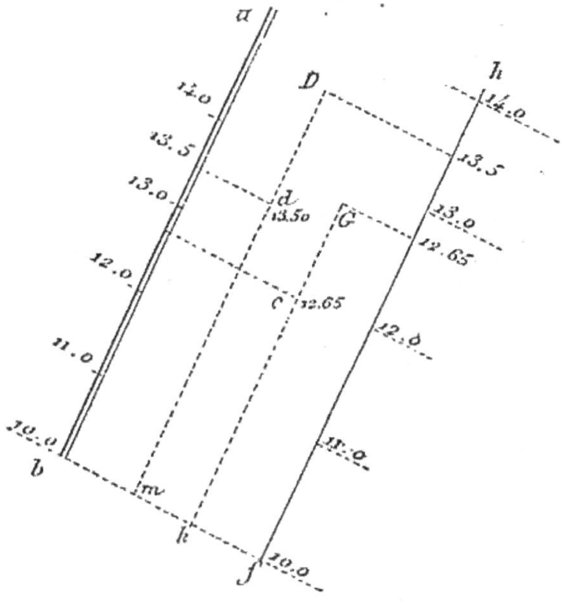

La position du point *c* par rapport aux horizontales du plan ne changera pas dans le rabattement ; nous prenons sur l'échelle *fh* le point 12,65 et nous menons la perpendiculaire à *fh* ; le point *c* sera rabattu sur cette ligne. D'autre part, ce point se rabattra sur une perpendiculaire à la charnière, c'est-à-dire à l'horizontale 10,0, donc son rabattement est C.

300. Problème. — *Relever un plan rabattu.* (Fig. 234.)

Relevons le point D que nous considérons comme un point du plan, rabattu avec lui. Ce point D se relève sur la perpendiculaire D*m* à la charnière ; si l'on cherche la position du point D par rapport aux horizontales rabattues, on trouve qu'il correspond à 13,50 ; il viendra donc se placer sur l'horizontale 13,50 du plan relevé ; sa position est donc le point *d*.

301. Problème. — *Construire l'angle de deux droites.*

Nous supposons que les deux droites *ab* et *cd* se coupent au point *f*, qui est le sommet de l'angle et qui est coté 12,75. (Fig. 235.)

Nous cherchons sur chaque droite le point coté 10,0, et nous traçons la ligne *ac* qui est une horizontale du plan des deux droites.

Nous rabattons le plan autour de cette horizontale sur le plan horizontal 10,0 ; le point *f* vient sur la perpendicu-

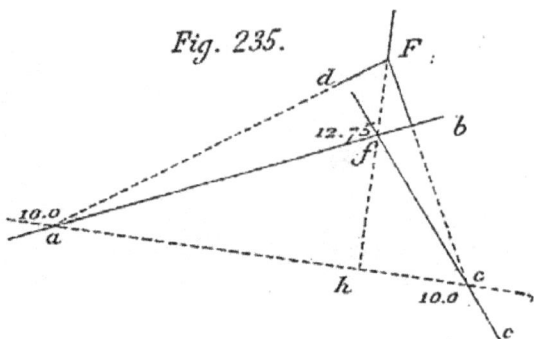

Fig. 235.

laire *fh* à l'horizontale à une distance du point *h* égale à $\sqrt{(1,50)^2 + (2,75)^2} = 2^m,30$ (la longueur mesurée $hf = 1^m,50$ et la différence de cote est $2^m,75$).

Nous prenons $hF = 2^m,30$, et nous joignons le point F aux points *a* et *c* ; l'angle *aFc* est l'angle cherché.

302. Problème. — *Construire l'angle de deux plans.*

Les échelles de pente des deux plans sont *ab* et *cd* (fig. 236). Nous construisons l'intersection *fh*.

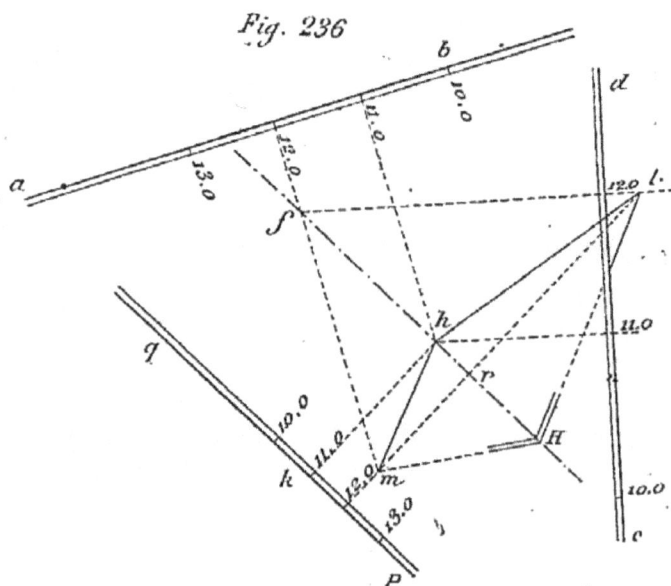

Fig. 236

Nous menons par le point h un plan perpendiculaire à l'intersection, l'échelle de pente est parallèle à fh, nous plaçons une de ses horizontales, passant par h perpendiculaire à hf, et nous la cotons 11,0, nous plaçons l'échelle de pente de ce plan perpendiculaire en pq.

Nous calculons l'intervalle $fh = 2^m,05$.

L'intervalle du plan perpendiculaire $= \dfrac{1}{2,05} = 0,48$; nous pouvons graduer l'échelle de pente en faisant descendre les cotes en sens inverse de celles de la droite fh.

Nous pouvons construire les intersections du plan pq avec le plan ab et avec le plan cd; ce sont les droites hm et hl, et l'angle de ces deux droites fera connaître l'angle des deux plans. Nous rabattons cet angle autour de ml qui est l'horizontale 12,0 du plan; le point h se rabat en H à une distance $r\mathrm{H} = \sqrt{1 + (0,48)^2} = 1^m,12$, et l'angle $m\mathrm{H}l$ est l'angle cherché.

303. Problème. — *Construire l'angle d'une droite et d'un plan.*

L'angle d'une droite avec un plan est l'angle que fait la droite avec sa projection sur le plan; on peut donc construire la projection, en prenant d'abord le point de rencontre de la droite et du plan, en abaissant d'un point de la droite une perpendiculaire sur le plan. Il est préférable ici de se contenter d'abaisser d'un point de la droite uue perpendiculaire sur le plan et de prendre l'angle des deux droites qui est le complément de l'angle cherché.

304. Problème. — *Construire la plus courte distance de deux droites.*

On donne la droite ab et la droite cd. (Fig. 237.)

On se propose de construire la perpendiculaire commune.

Construisons un plan parallèle à la fois aux deux droites: par un point f coté 12,0 pris sur ab, nous menons la parallèle fh à cd; ta est l'horizontale 13,0 de ce plan.

Nous menons une perpendiculaire au plan par le point f; la projection de cette perpendiculaire est fk perpendiculaire

à l'horizontale *ta*; son intervalle est inverse de l'intervalle *fv*
du plan ; *fv* = 0^m,72, l'intervalle de la perpendiculaire
$= \frac{1}{0,72} = 1^m,38$; la perpendiculaire est donc cotée, et nous
avons soin de la faire descendre en sens inverse du plan.

Nous conduisons par chaque droite un plan parallèle à
la perpendiculaire, *l'intersection des deux plans sera la perpendiculaire commune.*

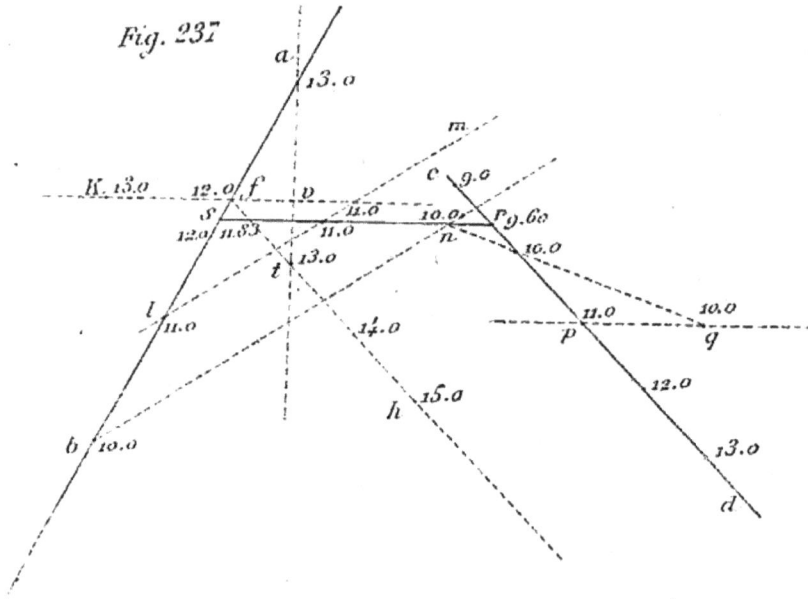

Fig. 237

Le plan de *ab* et de *kf* est un de ces plans ; *lm* est l'horizontale 11,0 de ce plan, *bn* est l'horizontale 10,0.

Nous traçons par le point *p* coté 11,0 sur *cd* la parallèle *pq*
à la perpendiculaire. Le plan de *cd* et de *pq* est le second
plan ; *qn* est son horizontale 10,0.

Les horizontales 10,0, *bn* et *qn* se croisent au point *n* qui
est un point de l'intersection ; d'ailleurs cette ligne doit être
parallèle à *kf*, nous pouvons tracer sa projection *snr*, qui s'appuie sur les deux droites aux points *s* et *r*. On doit vérifier
que la cote du point *s* obtenue sur la droite *snr* dont on connaît l'intervalle égal à l'intervalle de *rf*, est la même que
celle qu'on obtiendrait sur la droite *ba*. Une vérification analogue se ferait pour le point *r*.

On calculerait la longueur de la ligne *sr* ainsi que nous l'avons montré précédemment. (284.)

Nous reviendrons dans la seconde partie du cours sur cette méthode, et nous en montrerons les applications aux surfaces.

FIN DE LA PREMIÈRE PARTIE.

TABLE DES MATIÈRES

FIN DE LA TABLE DU PREMIER VOLUME.

Sceaux. — Imprimerie Charaire et fils.

www.ingramcontent.com/pod-product-compliance
Lightning Source LLC
Chambersburg PA
CBHW070233200326
41518CB00010B/1545